中等职业教育“十一五”规划教材
数控技术应用专业

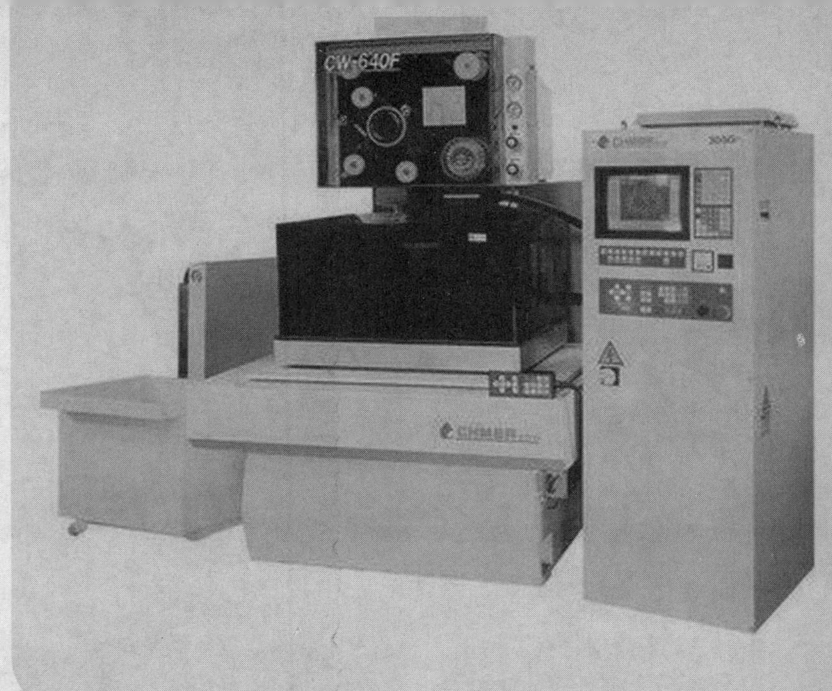

工作过程导向

电加工项目教程

DIANJIAGONG
XIANGMUJIAOCHENG

适用专业
· 数控技术应用专业
· 模具设计与制造专业
· 机电一体化专业

主　编：韩喜峰
副主编：孟召琴　潘有崇
编　者：丁建飞

华中科技大学出版社
中国·武汉

内容提要

本书以零件的数控快走丝电火花线切割加工工作过程为主线进行编写。全书共分五个项目，三个附录。项目一为电火花原理及应用；项目二为数控快走丝电火花线切割（一）；项目三为数控快走丝电火花线切割（二）；项目四为程序编制；项目五为数控电火花成型机床的加工操作方法；附录一为线切割安全操作规程；附录二为线切割机床日常保养知识；附录三为电火花机床的安全操作规程及机床保养。本书每一项目都设置了目标明确、操作性强的具体任务，并在完成任务的过程中插入理论知识，基本上做到理论与实践相结合。

本书可作为数控技术应用专业、模具设计及制造专业、机电一体化专业的中等职业教育教材，也可作为从事数控电加工机床工作的工程技术人员的参考书及数控电加工机床短期培训用书。

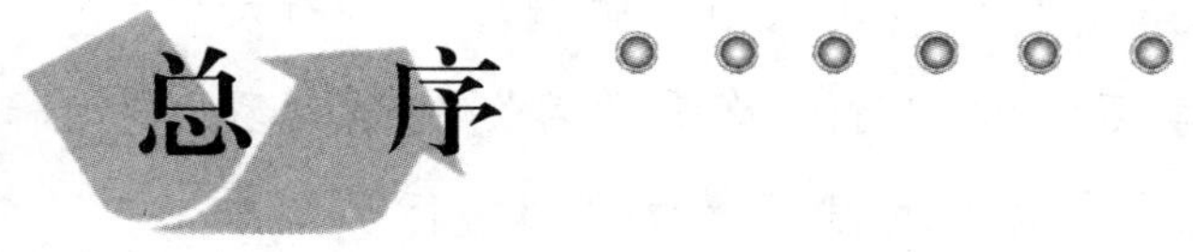

世界职业教育发展的经验和我国职业教育发展的历程都表明，职业教育是提高国家核心竞争力的要素。职业教育这一重要作用和地位，主要体现在两个方面。其一，职业教育承载着满足社会对人才需求的重任，培养为社会直接创造价值的高素质劳动者和专门人才的教育模式。职业教育既是经济发展的需要，又是促进劳动就业的需要。其二，职业教育还承载着满足个性需求的重任，是促进以形象思维为主的具有另类智力特点的青少年成才的教育模式。职业教育既是保证教育公平的需要，又是教育协调发展的需要。

职业教育不仅有着自己的特定目标——满足社会经济发展的人才需求以及与之相关的就业需求，而且有着自己的特殊规律——促进不同智力群体的个性发展以及与之相关的智力开发。

长期以来，由于我们对职业教育作为一种类型教育的规律缺乏深刻的认识，加之学校职业教育又占据绝对主体地位，因此职业教育与经济、企业联系不紧，导致职业教育的办学模式未能冲破“供给驱动”的束缚，教学方法也未能跳出学科体系的框架，所培养的职业人才，其职业技能的专深不够、职业工作的能力不强，与行业、企业的实际需求及我国经济发展的需要相距甚远。实际上，这些都不利于个人通过职业这个载体实现自身所应有的职业生涯的发展。

因此，要遵循职业教育的规律，强调校企合作、工学结合，在“做中学”，在“学中做”，就必须进行教学改革。职业教育的教学应遵循“行动导向”的教学原则，强调“为了行动而学习”、“通过行动来学习”和“行动就是学习”的教育理念，让学生在由实践情境构成的以过程逻辑为中心的行动体系中获取过程性知识，去解决“怎么做”（经验）和“怎么做更好”（策略）的问题，而不是在由专业学科构成的以架构逻辑为中心的学科体系中去追求陈述性的知识，只解决“是什么”（事实、概念等）和“为什么”（原理、规律等）的问题。由此，作为教学改革核心课程的改革成功与否，就成为职业教育教学改革成功与否的关键。

当前，在学习和借鉴国内外职业教育课程改革成功经验的基础之上，工作过程导向的课程开发思想已逐渐为职业教育战线所认同。所谓工作过程，是“在企业里为完成一件工作任务并获得工作成果而进行的一个完整的工作程序”，是一个综合的、时刻处于运动状态但结构相对固定的系统。与之相关的工作过程知识，是情境化的职业经验知识与普适化的系统科学知识的交集，它“不是关于单个事务和重复性质工作的知识，而是在企业内部关系中将不同的子工作予以连接的知识”。以工作过程逻辑展开的课程开发，其内容编排以典型职业工作任务以及实际的职业工作过程为参照系，按照完整行动所特有的“资讯、决策、计划、实施、检查、评价”结构，实现学科体系的解构与行动体系的重构，实现在变化的具体的工作过程之中获取不变的思维过程完整性的训练，实现实体性技术、规范性技术通过过程性技术的物化。

近年来，教育部在中等职业教育和高等职业教育领域，组织了我国职业教育史上最大的职业教育师资培训项目——中德职教师资培训项目和国家级骨干师资培训项目。这些骨干教师通过学习、了解、接受先进的教学理念和教学模式，结合中国的国情，开发了更适合我国国情、更具有中国特色的职业教育课程模式。

华中科技大学出版社结合我国正在探索的职业教育课程改革，邀请我国职业教育领域的专家、企业技术专家和企业人力资源专家，特别是接受过中德职教师资培训或国家级骨干教师培训的中等职业学校的骨干教师，为支持、推动这一课程开发项目应用于教学实践，进行了有意义的探索——工作过程导向课程的教材编写。

华中科技大学出版社的这一探索，有以下两个特点。

第一，课程设置针对专业所对应的职业领域，邀请相关企业的技术骨干、人力资源管理者以及行业著名专家和院校骨干教师，通过访谈、问卷和研讨，由企业技术骨干和人力资源管理者提出职业工作岗位对技能型人才在技能、知识和素质方面的要求，结合目前我国中职教育的现状，共同分析、讨论课程设置中存在的问题，通过科学合理的调整、增删，确定课程门类及其教学内容。

第二，教学模式针对中职教育对象的智力特点，积极探讨提高教学质量的有效途径，根据工作过程导向课程开发的实践，引入能够激发学习兴趣、贴近职业实践的工作任务，将项目教学作为提高教学质量、培养学生能力的主要教学方法，把“适度”、“够用”的理论知识按照工作过程来梳理、编排，以促进符合职业教育规律的新的教学模式的建立。

在此基础上，华中科技大学出版社组织出版了这套工作过程导向的中等职业教育“十一五”规划教材。我始终欣喜地关注着这套教材的规划、组织和编写的过程。华中科技大学出版社敢于探索、积极创新的精神，应该大力提倡。我很乐意将这套教材介绍给读者，衷心希望这套教材能在相关课程的教学中发挥积极作用，并得到读者的青睐。我也深信，这套教材在使用的过程中，通过教学实践的检验和实际问题的解决，能够不断得到改进、完善和提高。我希望，华中科技大学出版社能继续发扬探索、研究的作风，在建立具有我国特色的中等职业教育和高等职业教育的课程体系的改革中，作出更大的贡献。

是为序。

教育部职业技术教育中心研究所

《中国职业技术教育》杂志主编

学术委员会秘书长

中国职业技术教育学会

理事、教学工作委员会副主任

职教课程理论与开发研究会主任

姜大源 研究员、教授

2008 年 7 月

前　言

近几年来，数控电火花机床的应用日益广泛，企业对掌握电火花机床的技能型人才的需求年年增加，因此，培养数控电火花机床应用领域的专业技能型人才十分迫切。在这种情况下，多位长期从事中职数控电火花机床应用专业教学的教师，与参加了“全国中职学校数控/机电专业骨干教师赴德培训班”的教师通力合作，针对我国中职学校生源特点，结合国外先进的职业教育理念及多年的数控技术应用职业教学经验，以培养学生学习能力及操作技能为目的，编写了本教材。

本教材共分为五个项目，以零件加工方法和操作为主线，以具体的任务为驱动力，引导读者系统地掌握零件的装夹、零件的找正、程序的编写等各种方法，并且配有大量的思考题和零件图，以便读者进行练习。

本书由武汉机电工程学校韩喜峰主编。参加本书的编写人员有武汉机电工程学校韩喜峰（编写项目一、项目二和项目五的部分内容，负责全书统稿工作）、陕西省电子工业学校孟召琴（编写项目二大部分内容、项目三、项目四部分内容）、江西省冶金技师学院潘有崇（编写项目五大部分内容）、武汉机电工程学校丁建飞（编写项目三大部分内容）。

由于编者水平和经验所限，书中难免有错漏和不当之处，恳请同行专家和读者批评指正。

编　者

2009.5.2

目 录

contents

项目一 电火花原理及其应用

项目二 数控快走丝电火花线切割（一）

项目三 数控快走丝电火花线切割（二）

项目四 程序编制

项目五 数控电火花成型机床的加工操作方法

附 录 操作规程和日常保养

contents

电火花原理及其应用

【教学重点】

- 电火花加工的原理
- 电火花机床加工的必备条件
- 数控电火花机床加工的对象
- 电火花加工的特点

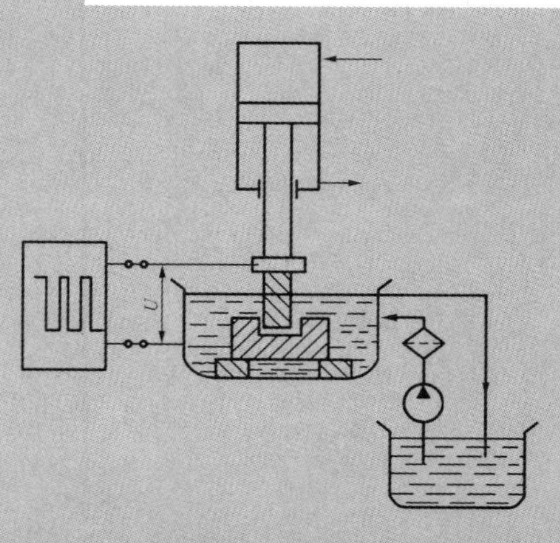

教学建议

序号	任务	建议学时	建议教学方式	备注
1	任务 1-1	1	讲授、示范教学、辅导教学	
2	任务 1-2	1	讲授、辅导教学	
3	任务 1-3	1	讲授、辅导教学	
4	任务 1-4	1	讲授、辅导教学	
总计		4		

教学准备

序号	任务	设备准备	刀具准备	材料准备
1	任务 1-1	电火花机床 1 台		
2	任务 1-2			
3	任务 1-3			
4	任务 1-4			

教学评价

序号	任务	教学评价
1	任务 1-1	好□　一般□　差□
2	任务 1-2	好□　一般□　差□
3	任务 1-3	好□　一般□　差□
4	任务 1-4	好□　一般□　差□

任务 1-1　电火花加工的原理

任务 1-1（1）　画出电火花加工基本组成图并简述其工作过程

仔细观察一台工作中的数控电火花成型机床（如图 1-1 所示），了解其基本组成和工作原理，画出其基本组成图，简述其加工工作过程。

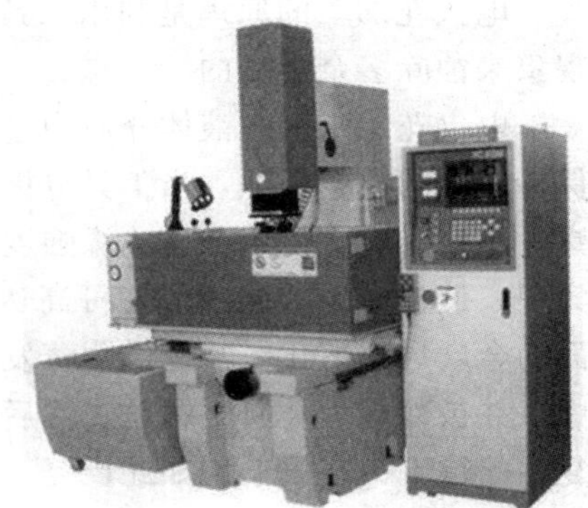
图 1-1　数控电火花成型机床

任务 1-1（2）　工作过程

第 1 步　阅读与该任务相关的知识。

第 2 步　数控电火花成型机床的基本组成如图 1-2 所示。

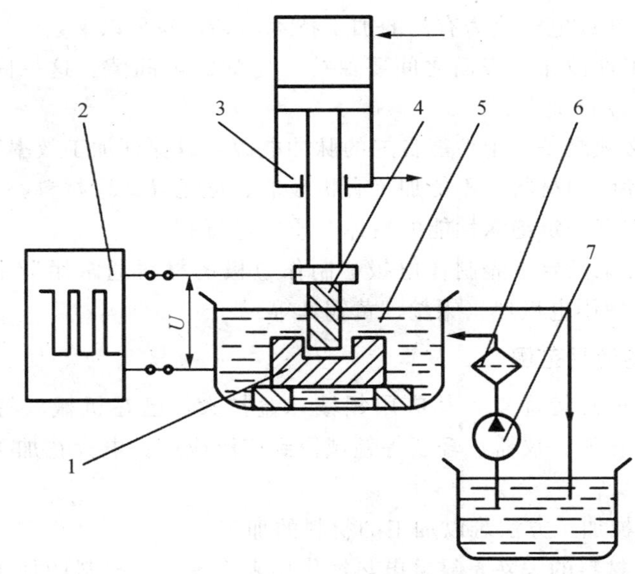

图 1-2　电火花成型加工原理图

1—工件　2—脉冲电源　3—自动进给装置　4—工具电极　5—工作液　6—过滤器　7—泵

数控电火花加工过程分为如下四个阶段：

① 极间介质电离、击穿，形成放电通道；

② 介质热分解、电极材料熔化、气化，热膨胀和局部微爆炸；

③ 金属材料抛出；

④ 极间介质消电离。

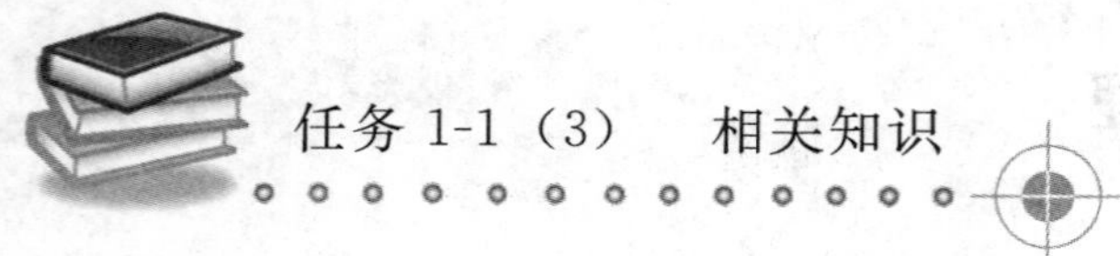

任务 1-1（3） 相关知识

1. 电火花加工的原理

电火花加工的原理是利用工具和工件（正、负电极）之间脉冲性火花放电时的电腐蚀现象来蚀除多余金属的。

电火花加工是在液体介质中进行的，机床的自动进给调节装置使工件和工具电极之间保持适当的放电间隙，当工具电极和工件之间施加很强的脉冲电压（达到间隙中介质的击穿电压）时，会击穿介质绝缘强度最低处。由于放电区域很小，放电时间极短，能量高度集中，使放电区的温度瞬时可高达 10 000℃～12 000℃，从而导致工件表面和工具电极表面的金属局部熔化，甚至汽化蒸发。局部熔化和汽化的金属在爆炸力的作用下抛入工作液中，并被冷却为金属小颗粒，然后被工作液冲离工作区。一次放电后，介质的绝缘强度恢复，等待下一次放电。如此反复，工件表面不断地被蚀除，并在工件上复制出工具电极的形状，从而达到成型加工的目的。

2. 电火花加工的必备条件

经验表明，把火花放电转化为有用的加工技术，必须满足以下条件。

① 工具电极和工件被加工表面之间要保持一定的放电间隙。这一间隙随加工条件而定，通常为几微米至几百微米。

② 电火花加工必须配备一个性能良好的脉冲电源，以保证加工效率和表面粗糙度 。

③ 只能加工能导电的材料，不能加工有机玻璃、尼龙等绝缘材料。

④ 火花放电需在有一定绝缘性能的液体介质中进行。

⑤ 电火花成型加工需要事先制作电极，制作电极的材料通常用紫铜、石墨或钢；电火花线切割加工则要使用电极丝（钼丝、黄铜丝等）。

3. 电火花加工的适用范围

由于电火花加工的独特优点，其应用领域日益扩大，已在机械（特别是模具制造）、宇航、航空、电子、核能、仪器、轻工等领域得到广泛应用。电火花加工的适用范围主要有如下两点。

(1) 用于传统机械加工方法难以加工的材料的加工。

电火花加工时，材料的去除是靠放电热蚀作用来实现的，材料的加工性能主要取决于材料的熔点、导热系数（热导率）等热学性质，而几乎与其硬度、韧性、抗拉强度等机械性质无关。这样，工具电极材料就不必比工件硬，故电极制造就比较容易。具体情况包括如下四点。

① 加工模具，如冲模、锻模、塑料模、拉伸模、压铸模、挤压模、玻璃模、胶木模、陶土模、粉末冶金烧结模、花纹模等。电火花加工可在淬火后进行，免去了热处理变形的修正问题。多种型腔可整体加工，避免了常规机械加工方法因需拼装而带来的误差。

② 在航空、宇航等领域中常使用高温合金等难以加工的材料，这些材料常用电火花

加工。例如，喷气发动机的涡轮叶片和一些环形件上，大约需要有100万个冷却用小孔，其材料为又硬又韧的耐热合金，适合用电火花加工。

③ 微细精密加工。电加工通常可用于0.01～1 mm范围内的型孔加工，如化纤异型喷丝孔、发动机喷油嘴、电子显微镜栅孔、激光器件的微孔等。

④ 精加工各种成形刀具、样板、工具、量具、螺纹等成形零件。

(2) 用于特殊及复杂形状零件的加工。

由于电极和工件之间没有接触式的机械切削运动，故适宜加工低刚度工件和需要进行微细加工的工件。由于脉冲放电时间短，材料的加工表面受热影响的范围小，故适宜加工热敏材料。

任务1-1（4）　思考与交流

① 电火花加工过程可以分为哪四个阶段?

② 电火花加工有哪些必备条件?

任务1-2　电火花加工的特点

任务1-2（1）　简述电火花加工的特点

仔细阅读本任务的相关知识，简述电火花加工的主要优缺点。

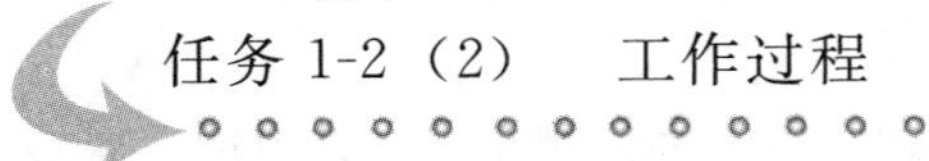

任务1-2（2）　工作过程

第1步　阅读与该任务相关的知识。

第2步　电火花加工的主要优点包括：脉冲放电的能量大、密度高、持续时间短，从而使得加工不受加工材料的硬度和热传导的影响。

电火花加工的主要缺点包括：只能加工金属及半导体材料，加工表面产生二次硬化带易出现刃口破裂现象，烧蚀电极材料，蚀除率远低于车加工和铣加工的切削率。

任务1-2（3）　相关知识

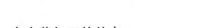

1. 电火花加工的特点

随着工业生产的发展和科学技术的进步，具有高熔点、高硬度、高强度、高脆性、高黏性和高纯度等性能的新材料不断出现。具有各种复杂结构与特殊工艺要求的工件越来越多，这就使得传统的机械加工方法不能加工或难以加工。因此，人们除了进一步发展和完善机械加工方法之外，还在不断地寻求新的加工方法。电火花加工法在应用中显示出了很多优异性能，得到了迅速发展，应用越来越广泛。

电火花加工具有以下特点。

① 脉冲放电的能量密度高，便于加工用普通的机械加工方法难以加工或无法加工的特殊材料和复杂形状的工件。不受材料硬度影响，不受热处理状况影响。

② 脉冲放电持续时间极短，放电时产生的热量传导扩散范围小，材料受热影响范围小。

③ 加工时，工具电极与工件材料不接触，两者之间宏观作用力极小。工具电极材料不需比工件材料硬，因此，工具电极制造容易。工件材料可以是任何硬度的金属材料，还可以是半导体材料等。

④ 可以改革工件结构，简化加工工艺，提高工件使用寿命，降低工人劳动强度。

2. 电火花加工的局限性

当然，电火花加工也存在一定的局限性，主要包括以下几方面。

① 只能用于金属材料及半导体材料的加工。

电火花不能加工塑料等绝缘材料，可加工金属材料及单晶铋、结晶硅等半导体材料及金刚石等半导体超硬材料。

② 加工表面产生二次硬化带。

二次硬化带（又称再硬化层）是指电火花加工过程中，在工具和被加工表面形成的硬化层。二次硬化带为浅白色，厚度为 0.003～0.12 mm。由于硬化层未经回火处理，处于高应力状态，在硬化层厚度较大情况下容易使工件在使用中出现刃口破裂现象。

③ 电极损耗大。

电火花在烧蚀工件材料的同时，也在工具电极上烧蚀电极材料。在多次重复加工中，工具电极尤其是电极尖角逐步失去原有形状，从而使加工产品变形（精度超差）。

④ 加工效率低。

电火花加工金属蚀除率为 100～200 mm^3/min，这一数值远低于车刀、铣刀的金属切除率。

任务 1-2（4）　思考与交流

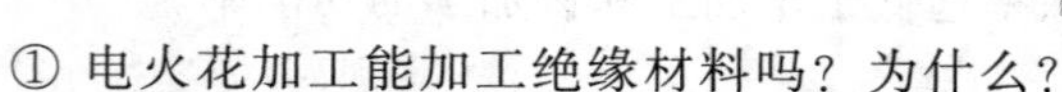

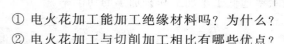

① 电火花加工能加工绝缘材料吗？为什么？

② 电火花加工与切削加工相比有哪些优点？

任务 1-3　电火花加工机床的类型

任务 1-3（1）　简述电火花机床的类型、特点和用途

列表比较目前电火花加工机床的类型、特点和用途。

任务 1-3（2）　工作过程

第 1 步　阅读与该任务相关的知识。

第 2 步　准确地分析数控电火花机床的类型。电火花机床的类型、特点和用途如表 1-1所示。

表 1-1　电火花机床的类型、特点和用途

类别	机床类型（或工艺方法）	特　点	用　途
1	电火花线切割机床	利用电极丝与工件的相对运动原理进行加工	用于冲模和具有直纹面零件的加工
2	电火花成型机床	利用工具电极和工件间的相对伺服进给运动原理进行加工，使电极与被加工表面有相同的截面和相应的形状	用于复杂型腔零件的加工
3	电火花穿孔机床	利用细管电极进行加工。细管直径一般为 0.3 mm 以上，管内冲入高压水基，具有工作液的细管电极旋转，穿孔速度很高	用于线切割预穿丝孔及深径比很大的小孔的加工
4	电火花磨削和镗磨	工具与工件间有相对的旋转运动；工具与工件间有径向和轴向的进给运动	用于高精度、表面粗糙度值小的小孔的加工，如拉丝模、挤压模、微型轴承内环、钻套等外圆及小模数滚刀等
5	电火花同步共轭回转加工	成型工具与工件均作旋转运动，但二者速度相等或成整倍数，相对接近的放电点有切向的相对运动速度；工具相对工件可作纵、横向进给运动	用于各种复杂型面的零件的加工，如高精度的异形齿轮，精密螺纹环规，高精度、高对称度、表面粗糙度值小的内外回转体表面等
6	电火花表面强化与刻字	工具在工件表面上振动，在空气中放火花；工具相对工件移动	用于模具刃口、刀具、量具刃口、表面强化、刻字、打印机等

任务 1-3（3）　相关知识

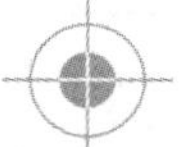

按工具电极和工件相对运动的方式和用途的不同，电火花加工大致可分为电火花线切割、电火花成型加工、电火花磨削和镗磨、电火花同步共轭回转加工、电火花高速小孔加工、电火花表面强化与刻字六大类型。前五类属于电火花成型、尺寸加工，是用于改变零件形状或尺寸的加工方法，最后一种则属于表面加工方法，用于改善或改变零件的表面性质。以上以电火花线切割和电火花成型加工应用最为广泛。

1. 电火花线切割机床

电火花线切割机床是利用电极丝与工件相对运动的原理进行加工的，主要用于冲模和具有直纹面零件的加工。

根据电极丝的运行速度不同，电火花线切割机床通常分为两类：一类是高速走丝电火花线切割机床（WEDM-HS）；另一类是低速走丝电火花线切割机床（WEDM-LS）。高速走丝电火花线切割机床又称为快走丝电火花线切割机床，如图 1-3 所示，其电极丝作高速往复运动，一般走丝速度为 8～10 m/s，电极丝可重复使用，加工速度较高，但快速走丝容易造成电极丝抖动和反向时停顿，使加工质量下降，它是我国生产和使用的主要机种，也是我国独创的电火花线切割加工模式。低速走丝电火花线切割机床又称为慢走丝电火花线切割机床，如图 1-4 所示，其电极丝作低速单向运动，一般走丝速度低于 0.2 m/s，电极丝放电后不再使用，工作平稳、均匀、抖动小、加工速度和加工质量较好，但价格较高，它是国外生产和使用的主要机种。快、慢走丝电火花线切割机床的区别见表 1-2。

图 1-3　快走丝线切割机床

图 1-4　慢走丝线切割机床

表 1-2　快、慢走丝线切割机床的主要区别

属　　性	机床类型	
	快走丝线切割机床	慢走丝线切割机床
走丝速度/（m/s）	≥2.5，常用值 6～10	<2.5，常用值 0.25～0.001
电极丝工作状态	往复供丝，反复使用	单向运行，一次性使用
电极丝材料	钼、钨钼合金	黄铜、铜、以铜为主体的合金
电极丝直径/mm	ϕ0.03～0.25，常用值 ϕ0.12～0.20	ϕ0.003～0.30，常用值 ϕ0.20
穿丝方式	只能手工	可手工，可自动
工作电极丝长度	数百米	数千米
电极丝张力/N	上丝后即固定不变	可调，通常为 2.0～25
电极丝振动	较大	较小
运丝系统结构	较简单	复杂
脉冲电源	开路电压 80～100 V，工作电流 1～5 A	开路电压 300 V 左右，工作电流 1～32 A
单边放电间隙/mm	0.01～0.03	0.01～0.12
工作液	线切割乳化液或水基工作液	去离子水，个别场合用煤油
工作液电阻率/（kΩ·cm）	0.5～50	10～100
导丝机构形式	导轮，寿命较短	导向器，寿命较长
机床价格	便宜	昂贵

快、慢走丝线切割机床加工水平的差异见表 1-3。

表 1-3　快、慢走丝线切割机床加工水平的差异

属　　性	机床类型	
	快走丝线切割机床	慢走丝线切割机床
切割速度/(mm^2/min)	20～160	20～240
加工精度/mm	±0.02～0.005	±0.005～0.002
表面粗糙度/μm	R_a3.2～1.6	R_a1.6～0.1
重复定位精度/mm	±0.01	±0.002
电极丝损耗/mm	均布于参与工作的电极丝全长加工 (3～10)×10^4 mm^2 时，损耗 0.01	不计
最大切割厚度/mm	钢 500，铜 610	400
最小切缝宽度/mm	0.09～0.04	0.014～0.0045

2. 电火花成型机床

电火花成型机床是利用工具电极和工件间的相对伺服进给运动原理加工工件的，工具和工件间有一个作为成形电极的伺服进给运动工具，它与被加工表面具有相同的截面和相应的形状。

电火花成型机床按控制方式可分为如下三种类型。

① 普通数显电火花成型机床。普通数显电火花成型机床是在普通机床的基础上加以改进而成的，它只能显示运动部件的位置，而不能控制运动。

② 单轴数控电火花成型机床。单轴数控电火花成型机床只能控制单个轴的运动，精度低，加工范围小，其外观如图 1-5 所示。

③ 多轴数控电火花成型机床。多轴数控电火花成型机床能同时控制多个轴的运动，精度高，加工范围广，其外观如图 1-6 所示。

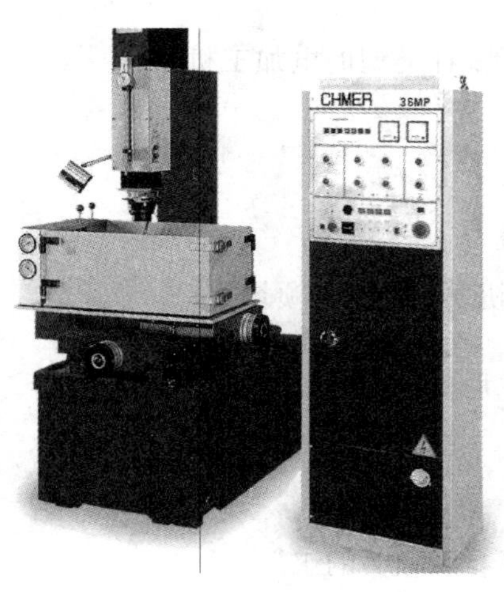

图 1-5　单轴数控电火花成型机床

图 1-6　三轴数控电火花成型机床

3. 电火花穿孔机床

电火花穿孔机床与电火花成型机床原理相同，电极工具使用细管，主要用于线切割预

穿丝孔及深径比很大的小孔的加工。细管直径一般大于 0.3 mm，管内冲入高压水基，工作液细管电极旋转，穿孔速度很高（30～60 mm/min），其外观如图 1-7 所示。

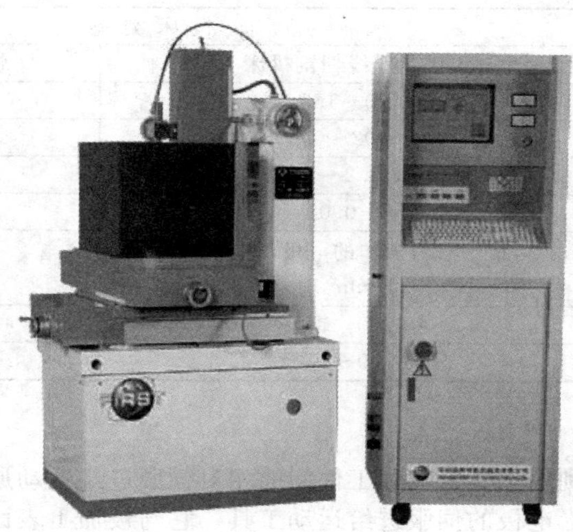

图 1-7　高速电火花穿孔机床

电火花穿孔机床主要用于加工穿丝孔，化纤喷丝头、喷丝板的喷丝孔，滤板、筛板的群孔，发动机叶片、缸体的散热孔，液压、气动阀体的油路、气路孔等。它也可以用来蚀除折断在工件中的铁头、丝锥（不损坏原孔或螺纹）。

任务 1-3（4）　思考与交流

参观学校现有的电加工机床，说说它们分别属于哪种类型的电加工机床？

任务 1-4　电火花加工的应用

任务 1-4（1）　简述各种类型电火花机床的适用领域

通过阅读相关知识和工厂参观，简述各种电火花加工机床的适用领域。

任务 1-4（2）　工作过程

第 1 步　阅读与该任务相关的知识，有条件时可参观相关的工厂。

第 2 步　目前主要有电火花线切割机床和电火花成型机床。电火花线切割机床适用于超硬半导体材料的加工、下料切割加工、窄缝加工、冲模切割加工、直纹面零件的加工等。电火花成型机床适用于高硬度零件的加工、型腔尖角部位的加工、小孔加工、型腔模加工、复杂型腔零件的加工等。

任务 1-4（3）　相关知识

1. 电火花线切割机床的应用

电火花线切割机床主要用于超硬半导体材料的加工、下料切割加工和窄缝加工及各种冲模和具有直纹面零件的加工等。图 1-8 为线切割机床加工的零件。图 1-9 为线切割机床加工出来的镜架连续模。

图 1-8　线切割机床加工的零件

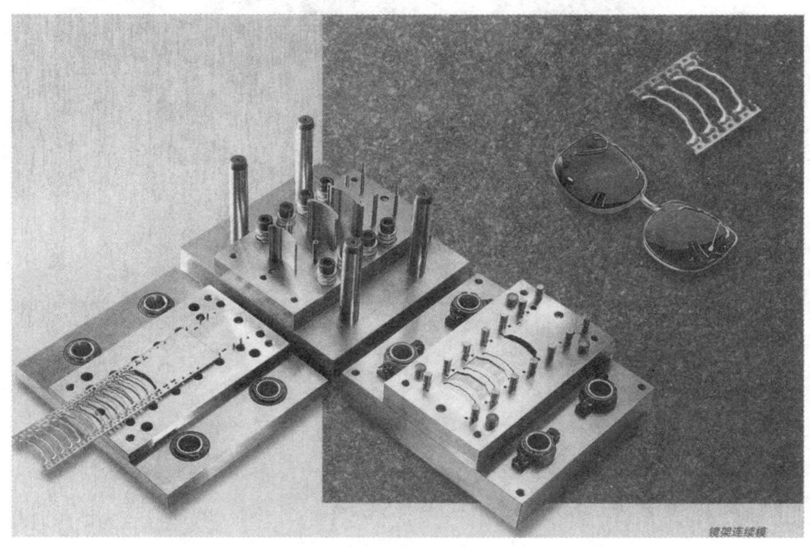

图 1-9　镜架连续模

2. 电火花成型机床的应用

电火花成型机床主要用于高硬度零件（硬度 50 HRC 以上）的加工、型腔尖角部位的加工、小孔加工、型腔加工及各种型腔模和各种复杂型腔零件的加工等。图 1-10 为电火花成型机床加工出来的手机棱角模具。图 1-11 为电火花成型机床加工出来的表壳冲压模。

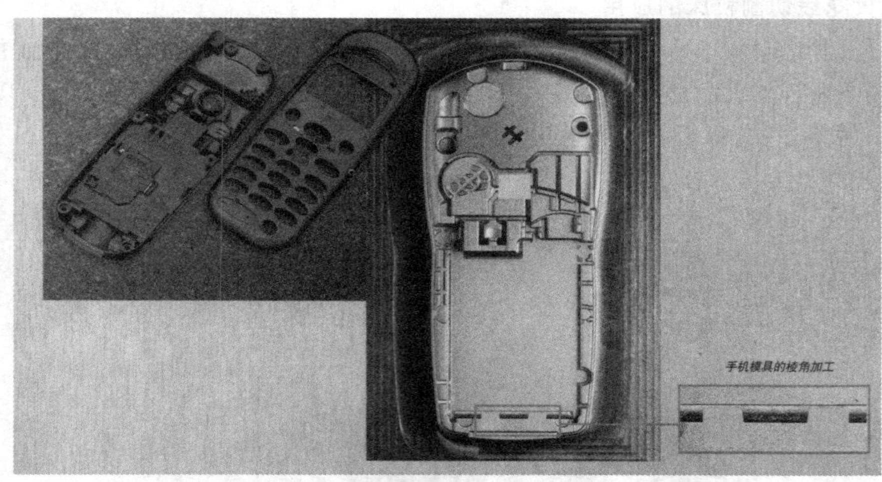

图 1-10 手机棱角模具

图 1-11 表壳冲压模

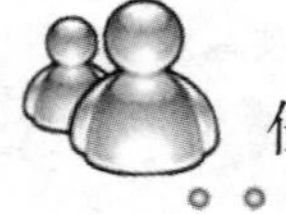

任务 1-4（4） 思考与交流

数控电火花线切割机床和电火花成型机床分别适用于加工哪种类型的零件？

数控快走丝电火花线切割(一)

【教学重点】

- 数控快走丝电火花线切割机床的认识
- 上丝操作
- 工件的装夹
- 电极丝的垂直校正
- 机床的电气控制

教 学 建 议

序　号	任　务	建议学时	建议教学方式	备　注
1	任务 2-1	2	讲授、示范教学、辅导教学	
2	任务 2-2	2	讲授、示范教学、辅导教学	
3	任务 2-3	2	讲授、示范教学、辅导教学	
4	任务 2-4	2	讲授、示范教学、辅导教学	
5	任务 2-5	1	讲授、示范教学、辅导教学	
6	任务 2-6	3	讲授、示范教学、辅导教学	
7	任务 2-7	2	讲授、示范教学、辅导教学	
8	任务 2-8	2	讲授、示范教学、辅导教学	
9	任务 2-9	1	讲授、示范教学、辅导教学	
总　计		17		

教 学 准 备

序　号	任　务	设备准备	刀具准备	材料准备
1	任务 2-1	线切割机床 4 台		
2	任务 2-2	线切割机床 4 台		
3	任务 2-3	线切割机床 4 台		
4	任务 2-4	线切割机床 4 台		
5	任务 2-5	线切割机床 4 台		
6	任务 2-6	线切割机床 4 台	磁力夹具、千分表、磁力表座	
7	任务 2-7	线切割机床 4 台	找正块	
8	任务 2-8	线切割机床 4 台		
9	任务 2-9	线切割机床 4 台		

（注：以每 40 名学生为一教学班，每 7～9 名学生为一个任务小组）

教 学 评 价

序　号	任　务	教学评价		
1	任务 2-1	好□	一般□	差□
2	任务 2-2	好□	一般□	差□
3	任务 2-3	好□	一般□	差□
4	任务 2-4	好□	一般□	差□
5	任务 2-5	好□	一般□	差□
6	任务 2-6	好□	一般□	差□
7	任务 2-7	好□	一般□	差□
8	任务 2-8	好□	一般□	差□
9	任务 2-9	好□	一般□	差□

任务 2-1　数控快走丝电火花线切割工作原理

任务 2-1（1）　认识电火花线切割加工原理

仔细观察一台工作中的数控快走丝电火花线切割机床，简述其工作过程。

任务 2-1（2）　工作过程

第 1 步　阅读与该任务相关的知识。

第 2 步　电火花线切割机床加工的工作过程是：脉冲电源的正极接在工件上，负极接在电极丝上，当两者靠近时会产生火花放电，从而蚀除工件上的金属达到加工的目的。加工过程中为了加工出所需的形状，工件在数控装置的驱动下沿坐标方向运动；为了防止电极丝烧断，运丝机构带动电极丝不停地作往复运动。

任务 2-1（3）　相关知识

1. 概述

电火花线切割加工（Wire cut Electrical Discharge Machining，简称 WEDM）又称线切割，其基本原理是利用连续移动的细金属丝（称为电极丝）作电极，对工件进行脉冲火花放电，蚀除金属、切割成型。电火花线切割机床如图 2-1 所示，加工状况如图 2-2 所示。电火花线切割加工主要用于加工各种形状复杂和精密细小的工件，如冲裁模的凸模、凹模、凸凹模、固定板、卸料板等，成形刀具、样板、电火花成型加工用的金属电极，各种微细孔槽、窄缝、任意曲线等。电火花线切割加工具有加工余量小、加工精度高、生产周期短、制造成本低等突出优点，已在生产中获得广泛应用，目前国内外的电火花线切割机床已占电加工机床总数的 60％以上。

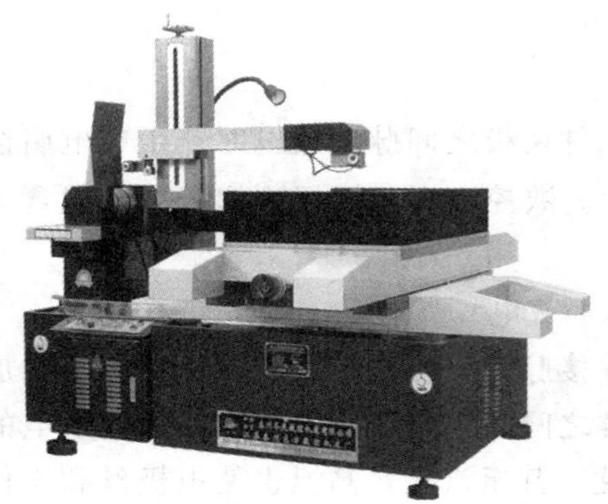

图 2-1　数控快走丝电火花线切割机床

图 2-2　电火花线切割加工状况

2. 组成

目前国内外 95%以上的电火花线切割机床都已采用数字化自动控制技术，数控系统驱动机床按照预先编制好的数控加工程序自动完成加工。数控电火花线切割系统包括两大部分，即线切割机床主体和控制系统。其中控制系统又有单板机控制系统、电脑台式控制系统和电脑立式控制系统三种，如图 2-3 所示。

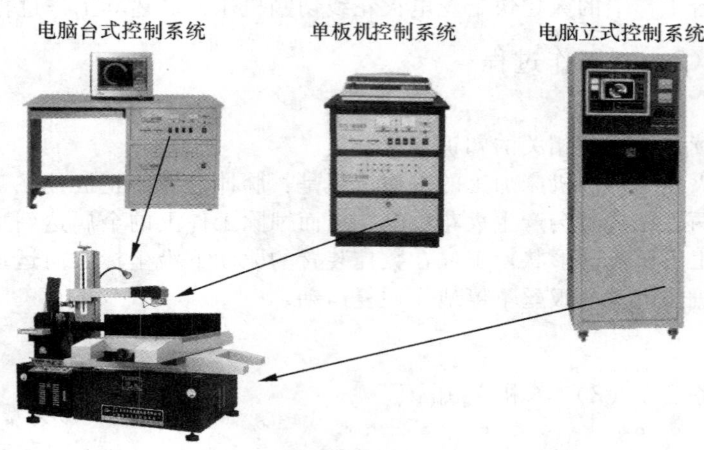

图 2-3 控制系统

3. 电火花线切割机床的型号

我国线切割机床的型号是根据 GB/T5375—1997《金属切削机床型号编制方法》编制的，如“DK7740”所表示的意思是：

D——机床类别代号（电加工机床）

K——机床特性代号（数控）

7——组别代号（电火花加工机床）

7——型号代号（7 为快走丝线切割机床，6 为慢走丝线切割机床）

40——基本参数代号（工作台横向行程 400 mm）

4. 数控电火花线切割机床的加工原理

电火花线切割加工是利用工具电极（钼丝）和工件两极之间脉冲放电时产生的电腐蚀现象对工件进行加工。其工作原理简图如图 2-4 所示。数控电火花线切割加工主要包含下列三部分内容。

(1) 电火花线切割加工时电极丝和工件之间的脉冲放电。

电火花线切割时电极丝接脉冲电源的负极，工件接脉冲电源的正极，正、负极之间加上脉冲电源。当一个电脉冲到来时，在电极丝和工件之间产生一次火花放电，火花放电的中心温度瞬时可高达 10 000℃。高温使工件金属熔化，甚至汽化，高温也使电极丝和工件之间的部分工作液汽化，这些汽化后的工作液和金属蒸气瞬间迅速膨胀、爆炸。热膨胀和局部微爆炸将熔化和汽化了的金属材料抛出从而实现对工件材料的加工。

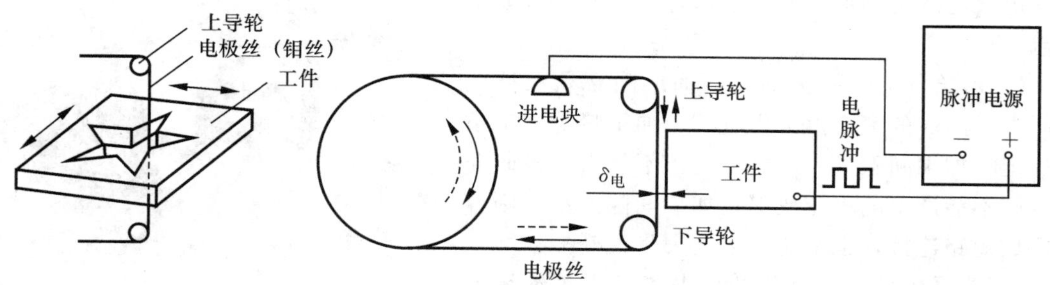

图 2-4 电火花线切割加工原理

（2）电极丝沿轴向（垂直或 Z 方向）作走丝运动。

为了避免火花放电停留在局部位置而烧断电极丝，电极丝必须沿轴向作走丝运动。钼丝整齐地缠绕在储丝筒上，并形成一个闭合状态，走丝电机带动储丝筒转动时，通过导丝轮使钼丝作轴线运动。

（3）工件相对于电极丝在 X、Y 平面内作数控运动。

工件安装在上、下两层的 X、Y 坐标工作台上，分别由步进电动机驱动作数控运动。工件相对于电极丝的运动轨迹，是由线切割编程所决定的。图 2-5、图 2-6、图 2-7 就是数控线切割加工的实例。

图 2-5 零件直壁二维型面加工实例

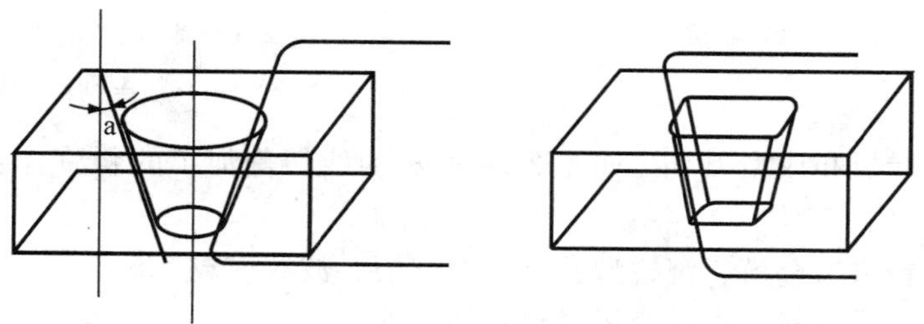

图 2-6 带斜度零件的锥度切割

电火花线切割加工能正常运行必备条件有如下三点。

① 钼丝与工件的被加工表面之间必须保持一定间隙，间隙的宽度由工作电压、加工量等加工条件决定。如果间隙过大，极间电压不能击穿极间介质，则不能产生电火花放电；如果间隙过小，则容易形成短路连接，也不能产生电火花放电。

② 必须在煤油、皂化油、去离子水等绝缘液体介质中进行，绝缘是为了利于产生火花放电。另外，液体介质还有排除间隙内电蚀产物和冷却电极的作用。

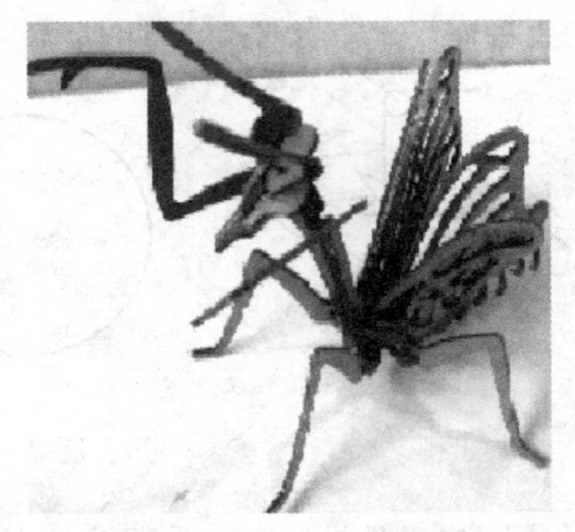

图 2-7 线切割加工的立体实物

③ 必须采用脉冲电源，即火花放电必须是脉冲性、间歇性的。间隙介质消除电离，下一个脉冲才能在两极间击穿放电。

5. 电火花线切割和电火花成型机的区别

① 电火花线切割的工具电极是沿着电极丝轴线移动着的线电极，成型机工具电极是成型电极，与要求加工出的零件有相适应的截面或形状。

② 线切割加工时工具和工件在水平两个方向同时有相对伺服进给运动，成型机工件和工具只有一个相对的伺服进给运动。

6. 线切割加工的应用

① 广泛应用于加工各种冲模。如图 2-8 所示为线切割加工的冷冲模具。

② 用于加工微细异形孔、窄缝和复杂形状的工件。如图 2-9 所示为线切割加工的复杂零件。

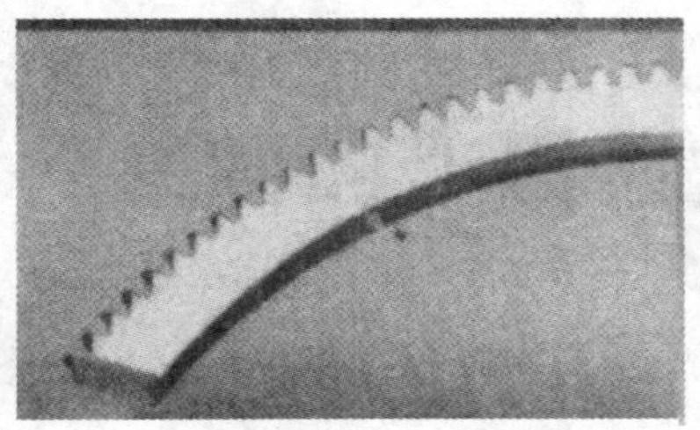

图 2-8 冷冲模具

图 2-9 具有微细结构、窄缝、复杂型面和曲线的零件

③ 用于加工样板和成型刀具。如图 2-10 所示为线切割加工的硬质合金器件与高速钢车刀。

④ 用于加工粉末冶金模、镶拼型腔模、拉丝模、波纹板成型模。

⑤ 用于加工硬质材料、贵重金属材料及切割薄片。

⑥ 用于加工凸轮、特殊齿轮。

图 2-10　硬质合金器件与高速钢车刀

7. 线切割加工的特点

与传统的车、铣、钻加工方式相比，线切割加工的特点如下。

① 直接利用 0.03～0.35 mm 金属线作电极，不需要特定形状，可节约电极的设计、制造费用。

② 不管工件材料硬度如何，只要是导体或半导体材料都可以加工，而且电极丝损耗小，加工精度高。

③ 适合于小批量、多品种及形状复杂零件、单件试制品的加工，且加工周期短，但因线切割加工金属的去除率低，不适合加工形状简单的大批量零件。

④ 电极丝与工件不直接接触，两者之间的作用力很小，故而工件的变形小，电极丝、夹具不需要太高的强度。

⑤ 工作液采用水基乳化液，成本低，不会发生火灾。

⑥ 利用四轴联动，可加工锥度、上下面异形体等零件。

⑦ 不能加工不导电的材料。

任务 2-1（4）　思考与交流

说说自己所见过的数控电火花线切割机床，并比较它们的差别。

任务 2-2　认识数控快走丝电火花线切割机床

任务 2-2（1）　认识数控电火花线切割机床各部分的名称及其功能

认真观察一台数控电火花线切割机床后，说出图 2-11 中数控电火花线切割机床各部分的名称及其功能。

任务 2-2（2）　工作过程

第 1 步　阅读与该任务相关的知识。

第 2 步　仔细观察数控电火花线切割机床，了解其各组成部分的名称及其功能。图 2-11所示数控电火花线切割机床各部分的名称及其功能如表 2-1 所示。

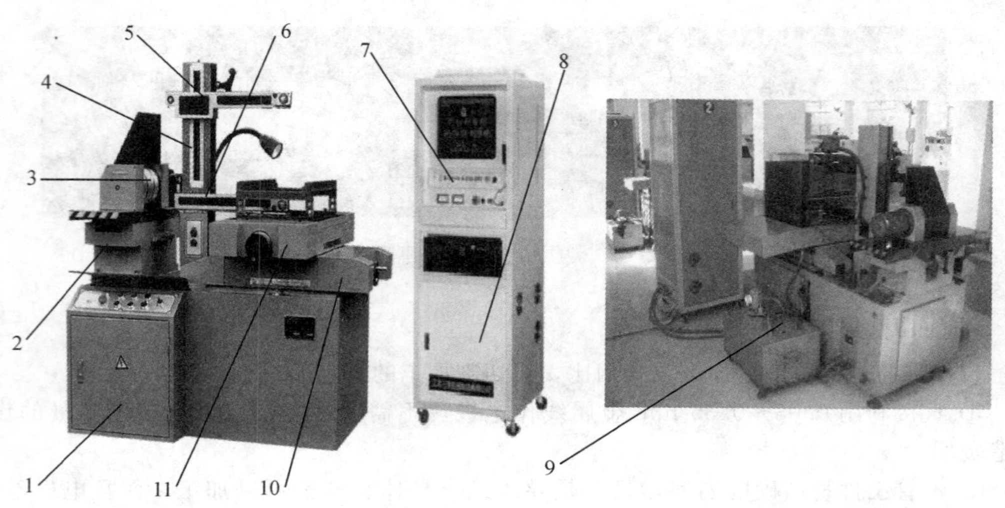

图 2-11　数控电火花线切割机床的组成

表 2-1　数控电火花线切割机床各部分的名称及其功能

序　号	名　称	功　能
1	电气控制柜	控制运丝电机的运转和冷却液电机的运转
2	运丝机构	通过机械传动使得储丝筒在作往复转动和往复移动的混合运动
3	储丝筒	电极丝绕在上面
4	立柱	上丝臂运动的导轨，以调节上、下丝臂的间距
5	上丝臂	支撑电极丝以形成闭合的循环回路
6	下丝臂	支撑电极丝以形成闭合的循环回路
7	脉冲电源	提供电加工所需的电源
8	数控装置	处理控制介质内的信息并驱动工作台带着工件运动
9	冷却液箱	存储冷却液
10	*X* 工作台	实现 *X* 方向的进给运动
11	*Y* 工作台	实现 *Y* 方向的进给运动

任务 2-2（3）　相关知识

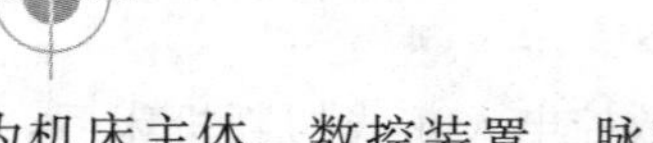

数控快走丝电火花线切割机床大体可分为机床主体、数控装置、脉冲电源及工作液循环系统四大部分。其基本组成如图 2-11 所示。

1. 数控电火花线切割加工机床的主体部分

数控电火花线切割机床的主体部分主要由机床床身、丝架、走丝机构、*XY* 数控工作台组成，如图 2-12 所示。

机床床身支撑着线切割机床的整个机体，其内部或两侧安装有机床电气柜和工作液箱，上部安装有坐标工作台、走丝机构、丝架、照明灯等部件。丝架由上丝臂、下丝臂和

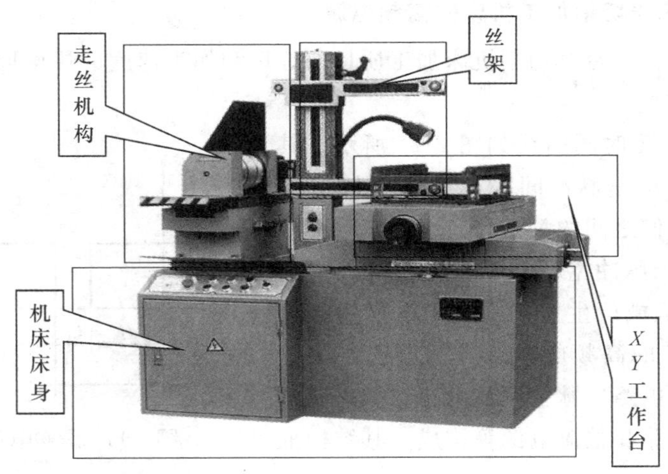

图 2-12　数控电火花线切割机床主体

立柱组成，其主要功能是当电极丝按给定的线速度运动时，对电极丝起支撑作用，并使电极丝工作部分与工作台平面保持一定的几何角度。运丝机构主要用来带动电极丝按一定线速度往复移动，并将电极丝整齐地绕在丝筒上。坐标工作台有 X 方向的坐标工作台和 Y 方向的坐标工作台，主要由拖板、导轨、丝杠运动架、齿轮传动机构四部分组成。用于装夹工件。

2. 数控电火花线切割机床的控制系统

数控电火花线切割机床的控制系统是进行切割加工的重要环节。它能自动控制电极丝相对工件按预先设定的程序进行切割加工，它不仅对走丝的轨迹进行控制，同时还对走丝的速度进行控制。图 2-13 为数控电火花线切割机床控制系统的线路板。控制系统的稳定性、可靠性、控制精度和自动化程度都直接影响加工工艺指标和工人的劳动强度。

图 2-13　控制系统的线路板

3. 数控电火花线切割加工机床的高频电源

在一定条件下，一台线切割机床加工质量的好坏和加工速度的快慢取决于线切割脉冲电源的性能。

脉冲电源的电压-时间曲线如图 2-14 所示，其中 t_i 是脉冲宽度，t_0 是脉冲间隔，t_p 是脉冲周期，U 是脉冲幅度。它们之间的关系为

脉冲周期 t_p = 脉冲宽度 t_i + 脉冲间隔 t_0

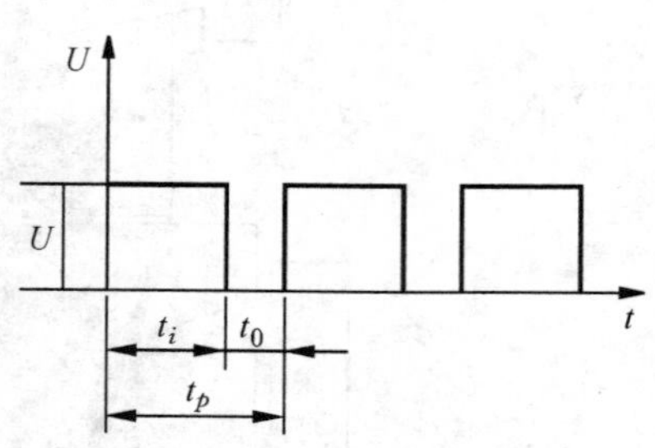

图 2-14　脉冲电源的电压-时间曲线

图 2-15 为某机械厂生产的 DK77 系列的数控电火花线切割机床的高频电源（脉冲电源）实物图。该电源由主振电路、脉宽调节电路、间隔调节电路、功率放大电路和整流电源等构成，其结构框图如图 2-16 所示。

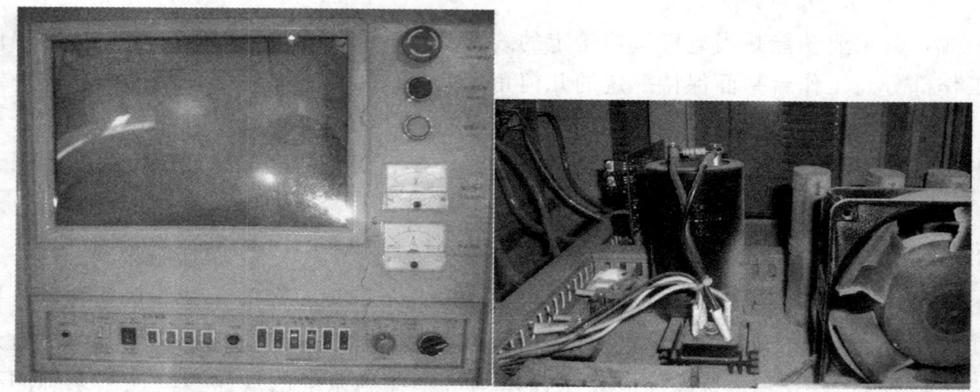

图 2-15　高频电源及其内部接线图

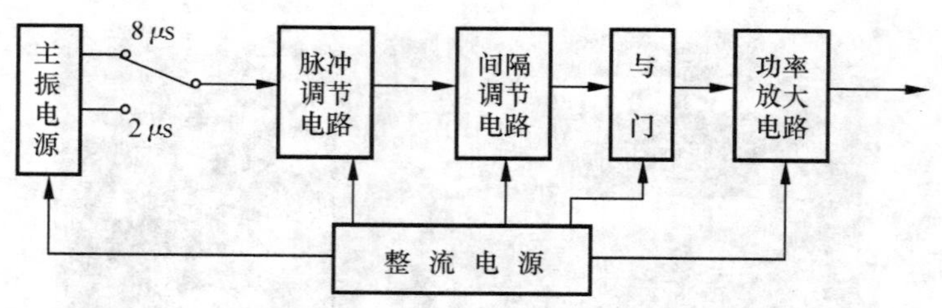

图 2-16　脉冲电源结构框图

如图 2-17 所示为某机械厂生产的 DK7740 型电火花线切割机床的高频电源操作面板，其操作方法如下。

① 接通面板上的电源开关，指示灯亮，机箱后的排风机运转，这就表示交流 220 V 电压已输入。

② 选择加工电压，在 60～100 V 之间分六档可调，拨动波段开关，电压表指示值即

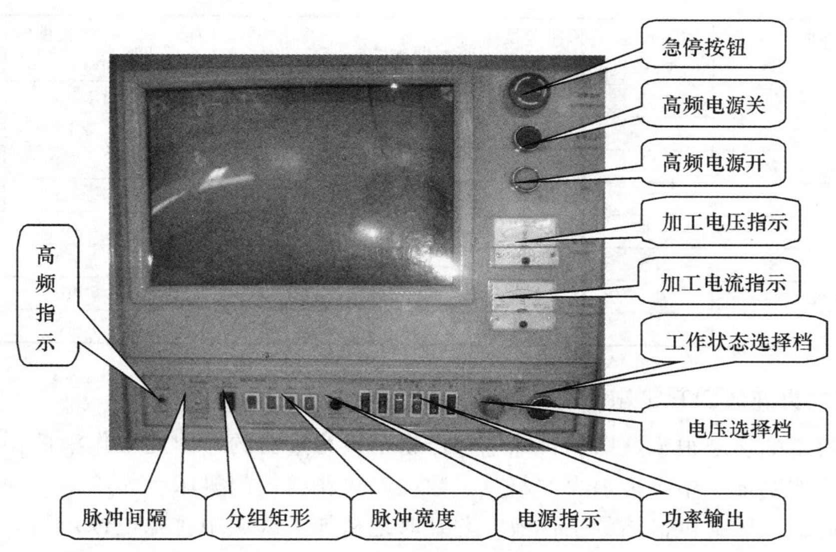

图 2-17　高频电源控制面板

为加工电压幅值。一般选择 70～80 V 为宜。

③ 功率输出开关有六只，每只由两只开关分路控制。可选择功率管满负荷运行、半负荷运行或断开以调节输出脉冲的峰值电流。

④ 脉冲选择开关有四只，分别按 4 μs、8 μs、16 μs、32 μs 从左到右顺序排列。脉宽的计算为相加形式，如合上 1、2 开关时，脉宽为 4+8=12（μs）；合上 2、3 开关时，脉宽为 8+16=24（μs）。

依此类推，最大脉冲宽度为 4+8+16+32=60（μs）。

⑤ 脉冲间隔选择是一种称为“8421”码的拨盘开关，有九档可供选择：0 档没有输出，所谓“1”即脉冲间隔等于脉宽，“2”即脉冲间隔等于 2 倍的脉宽。依此类推，最大脉冲间隔等于 9 倍的脉宽。

⑥ 测试短路电流，把电压调节波段开关放在第二档上，此时表头指示约 70 V，选择矩形波，脉宽开关选择 28 μs，间隔拨盘开关选择“6”，功率开关合上 3 只。用粗导线在高频输出接线柱处短路，此时电流表指示约为 2.2 A。

在使用中要注意如下事项。

① 脉冲电源内部装有一只轴流风机，注意经常检查，清除污垢，确保运行正常，否则可能因通风不良损坏功率管。

② 为了减少高频输出损耗，提高生产率，电源应离机床越近越好，高频接线宜短、宜粗。

③ 因加工时变换参数易造成断丝，所以变换参数要在钼丝筒换向时快速进行。

④ 加工时脉冲电源参数的选择可参阅表 2-2。

表 2-2 三星 DK77 系列机床电火花线切割机床的切削规范

序号	工件厚度 /mm	加工电压 /V	加工电流 /A	脉冲宽度 /μs	脉冲间隔	功率输出 /只	粗糙度 /μm	切割速度 /(mm²/min)	波形选择
1	20～30	70	1.5	12	5	3	≤2.5	≥30	矩形脉冲
2	30	80	1	28＊4	3	3	≤1.25	≥15	分组脉冲
3	30～50	75	2	28	4	3	≤3.2	≥50	矩形脉冲
4	50	80	2	40＊4	2	5	≤2.5	≥40	分组脉冲
5	60	75	3.5	48	3	5	≤5	≥80	矩形脉冲
6	80～100	85	2.5	52	5	4	≤3.2	≥60	矩形脉冲
7	150～180	80	2	36	6	4	≤2.5	≥40	矩形脉冲
8	250～280	85	2.5	40	7	5	≤	≥40	矩形脉冲

4. 数控电火花线切割机床的工作液系统

由于线切割的切缝很窄，顺利排除电蚀产物是极为重要的，因此工作液的循环系统与过滤装置是线切割加工中不可缺少的部分。数控电火花线切割机床工作液系统的作用是充分、连续地向加工区提供清洁的工作液，并及时地从加工区域中排除电蚀产物，同时对电极丝和工件进行冷却。工作液系统一般由工作液泵、工作液箱、过滤器、管道和流量控制阀等组成，如图 2-18 所示。

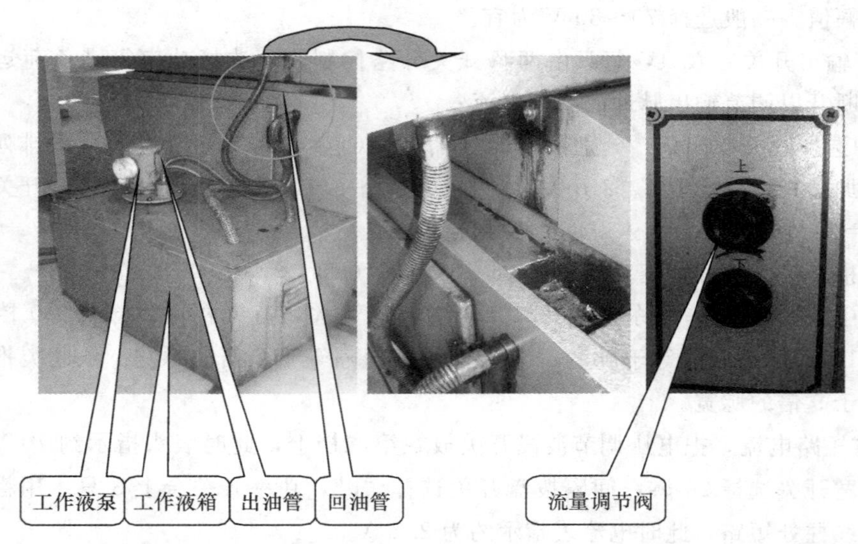

图 2-18 线切割机床工作液循环系统实物图

工作液主要有乳化液和去离子水。目前最常用的是乳化液。乳化液是由乳化油和工作介质（自来水、蒸馏水、高纯水、磁化水）按乳化油占 5%～10%的比例配制而成。

线切割加工机床的供液方式与普通机床的供液方式不同，普通机床一般是由喷嘴直接喷到刀具和工件上，而线切割加工机床的供液方式则是从电极丝的四周进液。因为用于线切割加工的钼丝直径小，工作区从上导轮到下导轮钼丝具有一定的长度，工作液的供给必须稳定，不能对电极丝产生冲击。

图 2-19 是配水板，图 2-20 是环形喷嘴。在喷嘴上均匀分布六个斜孔作为工作液的出

水口，工作液从六个出水口射向电极丝。

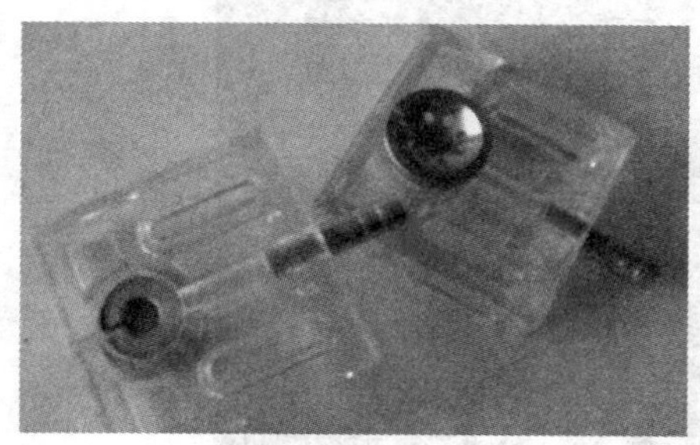

图 2-19　配水板

图 2-20　环形喷嘴

任务 2-2（4）　思考与交流

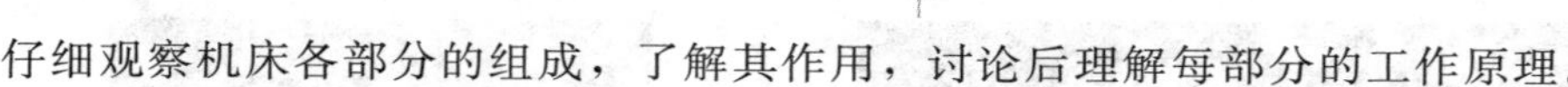

仔细观察机床各部分的组成，了解其作用，讨论后理解每部分的工作原理。

任务 2-3　认识走丝机构

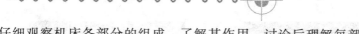

任务 2-3（1）　认识机床的走丝机构

储丝及走丝机构、线架等是电火花线切割加工机床特有的机构。说说走丝机构主要由哪些部分组成？走丝机构是如何工作的？

任务 2-3（2）　工作过程

第 1 步　通过阅读与该任务相关的知识，了解机床走丝机构的基本结构。

第 2 步　自己动手找到机床上的走丝机构，认识走丝机构的基本组成，如图 2-21 所示。走丝机构由储丝筒、电动机、丝筒支架、走丝拖板和行程开关等组成。

任务 2-3（3）　相关知识

1. 认识走丝机构

电极丝沿 Z 轴方向作往复运动，并通过如图 2-22 所示的走丝变齿轮配合储丝筒作直线运动，缠绕在储丝筒上的电极丝一点点地被释放。

储丝筒由电动机通过弹性联轴器带动，电动机通过换向装置的控制可以实现正反转。其换向装置的结构如图 2-23 所示。

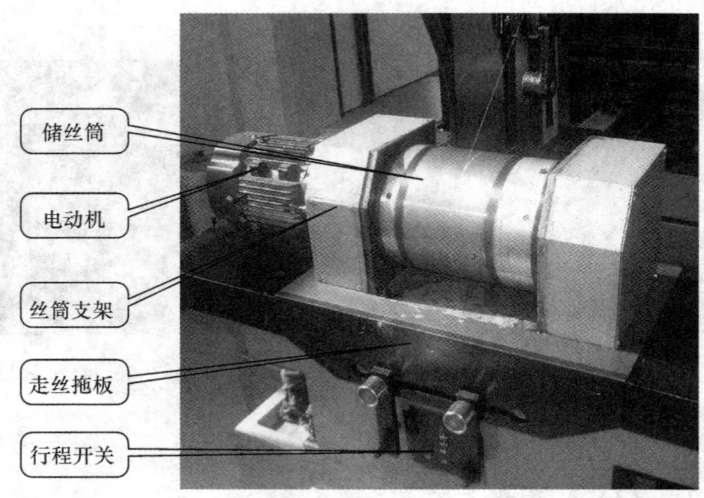

图 2-21　走丝机构的基本组成

图 2-22　走丝变速齿轮

在走丝拖板上装有一对行程限位挡块，在基座上装有行程开关。当走丝拖板向右移动时，左侧的超程撞钉逐渐靠近行程开关并压下行程开关，电动机反转，储丝筒也反转，走丝拖板开始向左移动；右侧的换向行程挡块又开始向行程开关靠近并被压下，电动机再次改变旋转方向，储丝筒也跟着换向，走丝拖板又向右移动。如此循环往复动作。

两个行程限位挡块的位置和距离是根据储丝筒上电极丝的位置和多少来调节的。调节时先松开锁紧螺钉，移动行程限位挡块到适当位置再旋紧螺钉。超程螺钉和行程开关的作用是：当某种原因导致走丝拖板达到换向位置后没有换向，继续往一个方向移动，这时如果没有自动停机保护装置，就会拉断电极丝和撞坏机床，有了如图 2-23 所示的最下方的行程开关，在超过行程时超程撞钉会压下行程开关从而切断机床的电源，强行停机。可见如图 2-23 所示的最下方的行程开关相当于“急停”按钮，与超程撞钉配合起到超程保护作用。

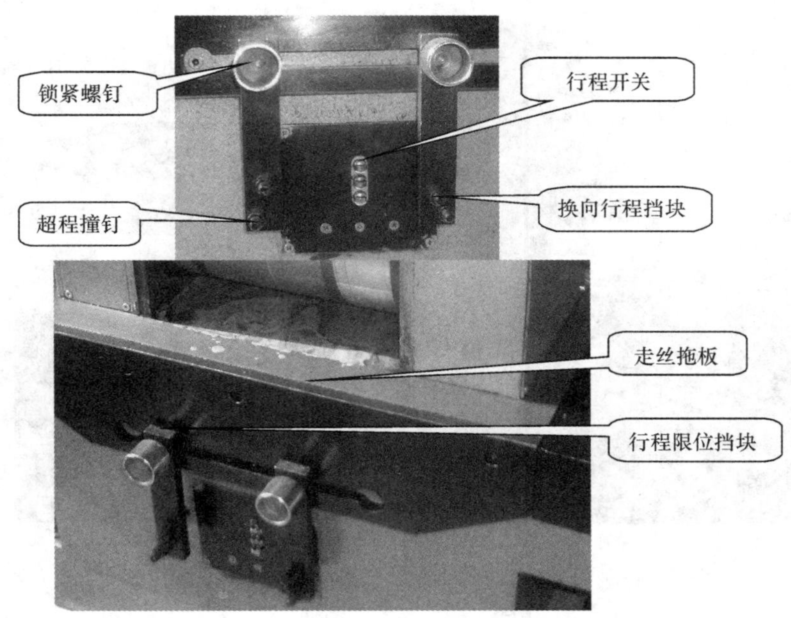

图 2-23　行程控制

2. 认识丝架

1）丝架

丝架由上、下丝臂和立柱组成，如图 2-24 所示。通常下丝臂固定，上丝臂可通过立柱上方的手柄作上下移动，从而调节上下丝臂之间的距离。丝臂及导轮组件机构的作用是对电极丝起支撑作用，通过导轮控制使电极丝工作段与工作平面始终保持所要求的几何角度。同时上丝臂上还装有导电块装置，前端装有冷却液喷嘴，如图 2-25 所示。

图 2-24　丝架

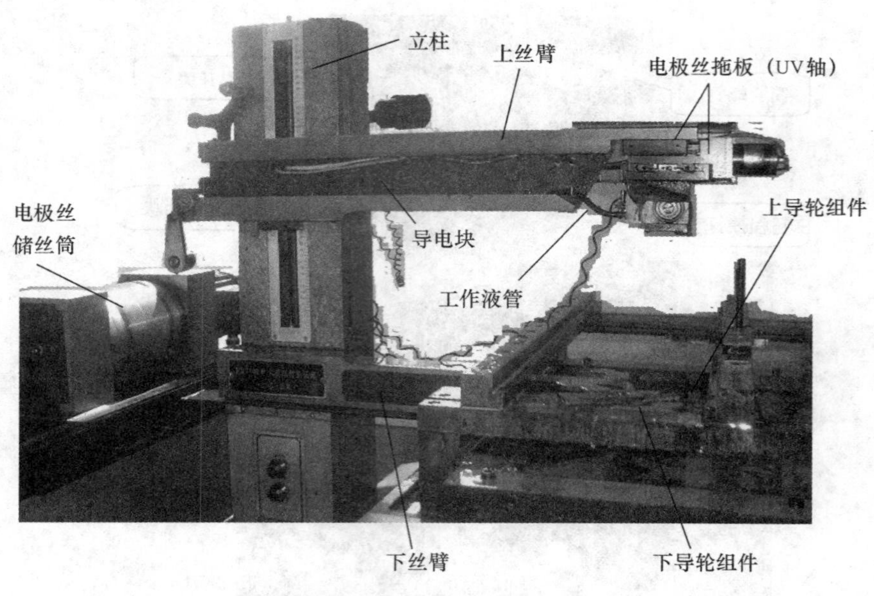

图 2-25　丝架的组成

2）导轮

导轮的作用是使电极丝稳定地运行。上、下丝臂的前后端都装有导轮，分别是前上导轮、前下导轮、后上导轮、后下导轮（三星 DK77 系列机床无）。

前上导轮、前下导轮是主导轮，如图 2-26、图 2-27 所示。主导轮的质量、安装精度和运行稳定性对加工有较大的影响。

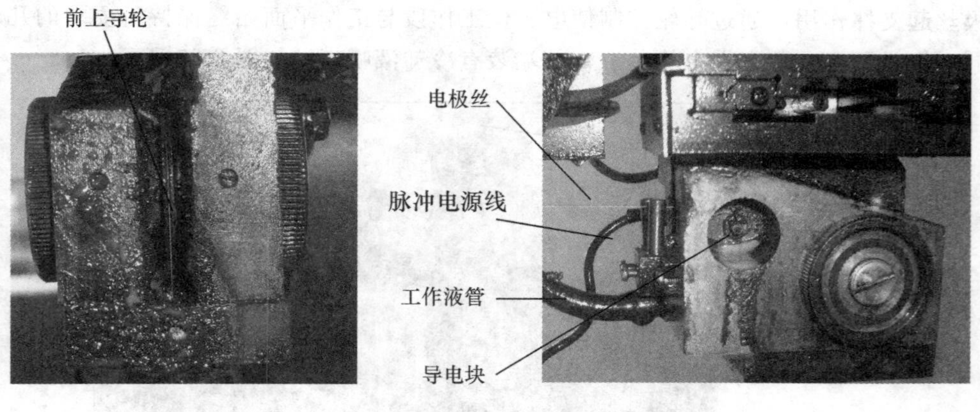

图 2-26　前上导轮

后上导轮和后下导轮是副导轮，如图 2-28 所示。它们辅助电极丝稳定地运行，同时使电极丝能均匀地绕在储丝筒上。

加工零件时，钼丝安装在丝架上后形成如图 2-29 所示的闭合回路。在此闭合回路中，走丝机构带动储丝筒作双方向的交替转动，以带动电极丝往复运动。起到循环利用电极丝

图 2-27　前下导轮

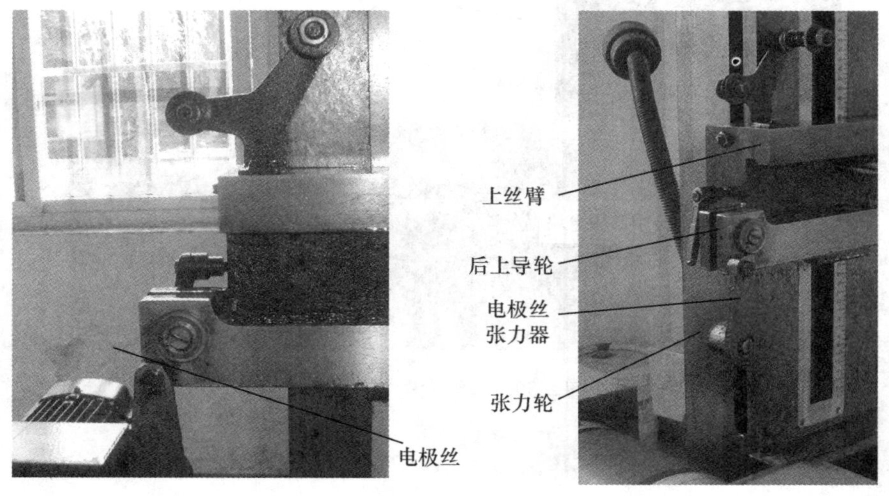

图 2-28　后上导轮

的作用。储丝筒由薄壁空心圆柱体构成，与储丝筒主轴绝缘。运丝电机通过联轴节与储丝筒连接，储丝筒及电极丝与运丝电机等绝缘，储丝筒旋转使电极丝具有 8～10 m/s 的线速度，实现均匀排丝及储丝筒的往复运动。

3）导电块

导电块是向电极丝送电的装置，走丝过程中，电极丝始终与导电块保持良好的接触。上丝臂前端的导电块是把脉冲电源送到电极丝上。中部导电块用于断丝检测。如图 2-30 所示为前端导电块和中部导电块。

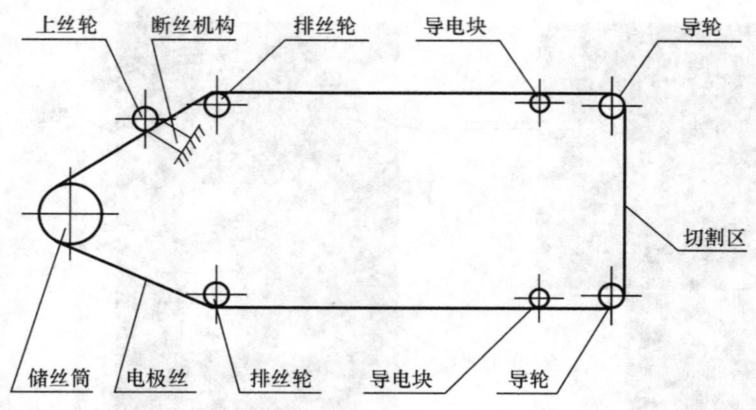

图 2-29 电极丝绕至丝架上示意图

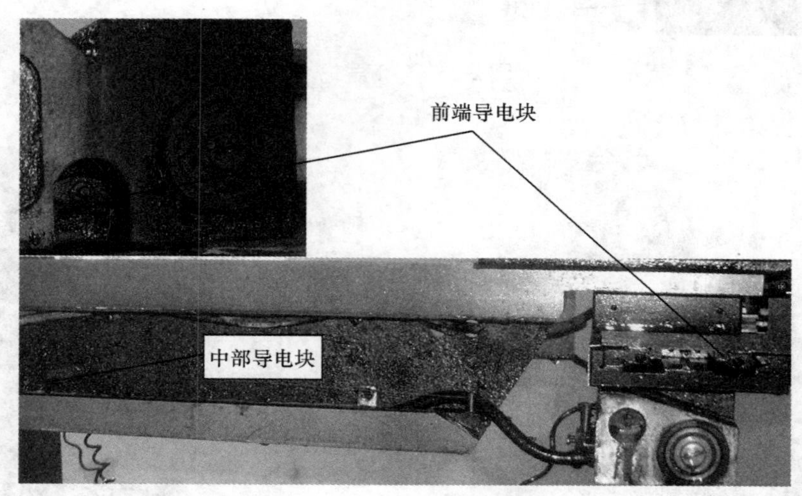

图 2-30 丝臂上的导电块

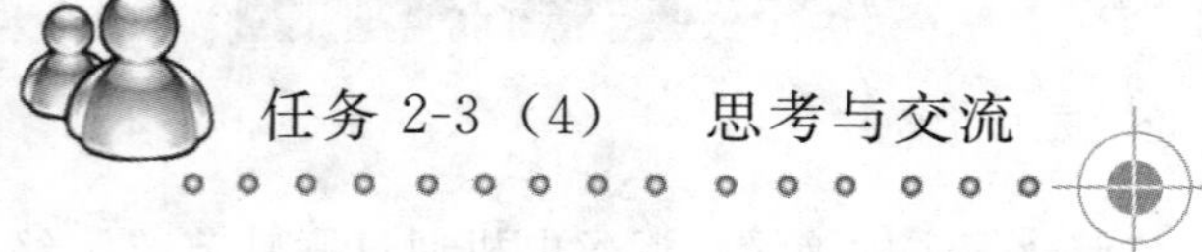

任务 2-3（4） 思考与交流

走丝机构主要由哪些部件组成？分别有何作用？

任务 2-4 上丝及穿丝操作

任务 2-4（1） 动手完成上丝和穿丝操作

① 如何进行上丝操作？自己动手完成上丝操作。

② 如何进行穿丝操作？自己动手完成穿丝操作。

任务 2-4（2）　工作过程

第 1 步　上丝操作

① 操作前，按下急停按钮（以防意外事故发生）。

② 将丝盘套在上丝螺杆上，并用螺母锁紧，如图 2-31 所示。

③ 用摇把将储丝筒摇向一端至接近极限位置，如图 2-32 所示。

图 2-31　装上丝盘

图 2-32　储丝筒摇向一端

④ 将丝盘上的电极丝一端拉出绕过上丝导轮，并将丝头固定在储丝筒端部的紧固螺钉上，并剪掉多余丝头，如图 2-33 所示。

⑤ 用摇把匀速转动储丝筒，将电极丝整齐地绕在储丝筒上，直到绕满，取下摇把，如图 2-34 所示。

图 2-33　上好丝头

图 2-34　手动绕丝

这里特别要注意，手摇储丝筒的旋转方向，要根据丝头在储丝筒上的左端或右端来确定，丝头在左端时要按顺时针方向摇动储丝筒，在右端时要按逆时针方向摇动储丝筒。要注意观察，防止摇反了方向。

⑥ 电极丝绕满后，剪断丝盘与储丝筒之间的电极丝，把丝头固定在储丝筒的另一端，如图 2-35 所示。

⑦ 粗调储丝筒左右行程挡块，使两个挡块间距小于储丝筒上的丝距。至此完成手动上丝操作，如图 2-36 所示。

图 2-35　将丝头固定在储丝筒的另一端

图 2-36　上好丝的储丝筒

另外，还可以自动上丝，其具体步骤如下：

① 按下储丝筒停止按钮，断开断丝检测开关；

② 上丝起始位置在储丝筒右侧，用摇把手动将储丝筒右侧停在线架中心位置；

③ 将右边撞块压住换向行程开关触点，左边撞块尽量拉远；

④ 松开上丝器上的螺母，将丝盘套在上丝电动机轴上，并拧上螺母；

⑤ 调节螺母，将丝盘的压力调节适中；

⑥ 将丝盘上的电极丝一端拉出绕过上丝导轮，并将丝头固定在储丝筒端部的紧固螺钉上；

⑦ 剪掉多余丝头，顺时针转动储丝筒几圈后打开上丝电动机开关，拉紧电极丝；

⑧ 转动储丝筒，将丝缠绕到 10～15 mm 宽度，取下摇把，松开储丝筒停止按钮，将调速旋钮调至“1”档；

⑨ 调整储丝筒左右行程挡块，按下储丝筒开启按钮开始绕丝；

⑩ 接近极限位置时，按下储丝筒停止按钮；

⑪ 拉紧电极丝，关掉上丝电动机，剪掉多余的电极丝并固定好丝头。至此自动上丝操作完成。

第 2 步　穿丝操作

① 用摇把转动储丝筒，使储丝筒上的电极丝一端与储丝筒对齐。

② 取下储丝筒相应端的丝头，再按下述方法进行穿丝：

如果取下的是靠近摇把一端的丝头，则从下丝臂穿到上丝臂，如图 2-37 所示；

如果取下的是靠近储丝电机一端的丝头，则从上丝臂穿到下丝臂。

③ 将电极丝从丝架各导轮及导电块穿过后，把丝头固定在储丝筒紧固螺钉处，剪掉

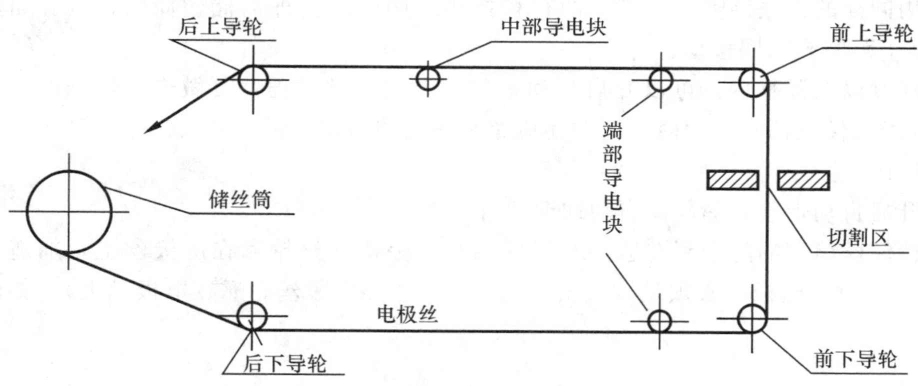

图 2-37　穿丝示意图

多余丝头，用摇把将储丝筒反摇几圈。至此穿丝结束，如图 2-38 所示。

图 2-38　穿好丝的储丝筒

④ 注意事项如下。

· 穿丝时，要将电极丝装入导轮的槽内，并与导电块良好接触，以防止电极丝滑入导轮或导电块旁边的缝隙里。

· 操作过程中要沿绕丝方向拉紧电极丝，避免电极丝松脱造成乱丝。上丝结束时，一定要沿绕丝方向拉紧电极丝后再关断上丝电机，避免电极丝松脱造成乱丝。

· 摇把使用后必须立即取下，以免误操作使得摇把甩出，造成人身伤害或设备损坏。

· 上丝和穿丝操作中储丝筒上、下边的丝不能交叉。

第 3 步　调整储丝筒行程

① 用摇把将储丝筒摇向一端，至电极丝在该端缠绕宽度在轴向上剩 8 mm 左右的位置停止。

② 松开相应的限位块上的紧固螺钉，移动限位块，当限位块上的换向行程撞钉移至接近行程开关的中心位置后固定限位块。

③ 用同样的方法调整另一端，两行程挡块之间的距离即为储丝筒的行程。储丝筒拖板将在这个范围内来回移动。

④ 经过以上调整后，可以开启自动走丝，观察走丝过程，再做进一步细调。为防止机械性断丝，储丝筒在换向时，两端还应留有一定的储丝余量。

第 4 步　紧丝

① 开启自动走丝，储丝筒自动往返运行。

② 待储丝筒上的丝走到左边，刚好反转时，手持紧丝轮靠在电极丝上，加适当张力(储丝筒旋转时，电极丝必须是“放出”的方向，才能把紧丝轮靠在电极丝上)，如图 2-39 所示。

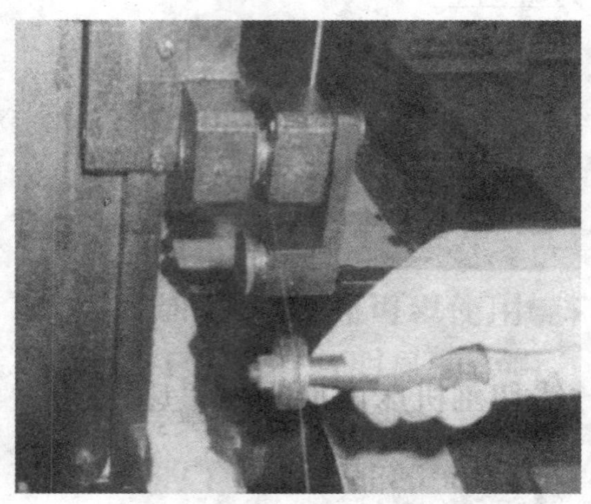

图 2-39　紧丝

③ 在自动走丝过程中，如果电极丝不紧，丝就会被拉长。待储丝筒上的丝从一端走到另一端，刚好转向时，立即按下停止按钮，停止走丝。手动旋转储丝筒，把剩余部分的电极丝走到尽头，取下丝头，收紧后装回储丝筒的螺钉上，剪掉多余的丝头，再反转几圈。

④ 反复几次，直到电极丝运行平稳，松紧适度。

任务 2-4（3）　相关知识

1. 上丝操作

上丝就是安装电极丝，这是电火花线切割加工最基础的操作，必须熟练掌握。数控电火花线切割机床的控制面板如图 2-40 所示。

上丝的过程是将电极丝从丝盘绕到快走丝线切割机床储丝筒上的过程。不同的机床操作可能略有不同，下面为两种常见的上丝机构示意图。上丝操作可以自动或者手动进行，上丝路径如图 2-41 所示，电极丝绕至储丝筒上后如图 2-42 所示。

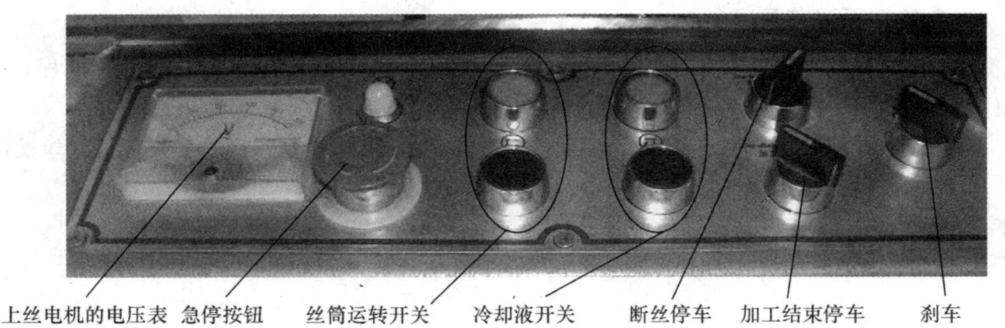

图 2-40　机床控制面板

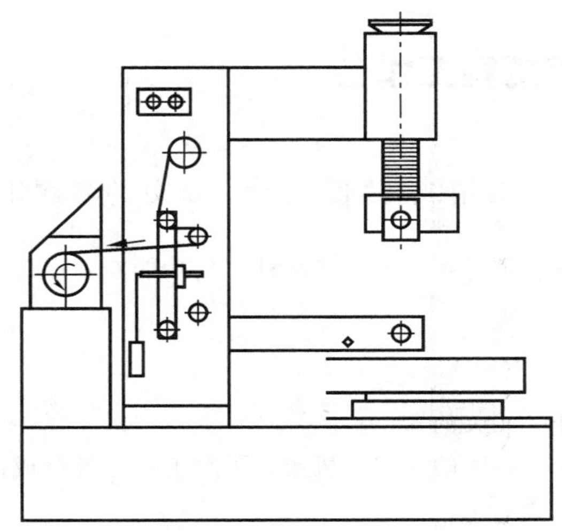

图 2-41　上丝路径

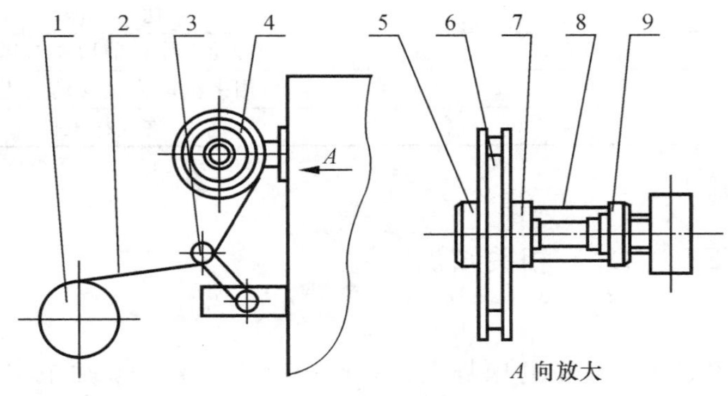

图 2-42　上丝示意图

1—储丝筒　2—钼丝　3—排丝轮　4—上丝架　5—螺母　6—钼丝盘　7—挡圈　8—弹簧　9—调节螺母

2. 穿丝操作

穿丝就是把电极丝依次穿过丝架上的各个导轮、导电块、工件穿丝孔，做好走丝准备。

3. 走丝行程调节及紧丝

上丝及穿丝完毕后，要根据储丝筒上电极丝的长度和位置来确定储丝筒的行程，并调整电极丝的松紧。

新装上去的电极丝往往要经过几次紧丝操作才能投入使用，所以最后还要进行紧丝操作。

任务 2-4（4） 思考与交流

① 仔细观察机床走丝机构，说说其工作过程及特点。

② 通过上丝及穿丝操作实践，说说穿丝时需要注意哪些问题。

任务 2-5 认识线切割工作台

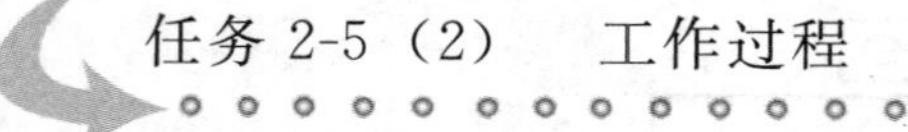

任务 2-5（1） 弄清线切割工作台各部分的名称和功能并列表说明

线切割工作台是由哪些部件组成的？各部件有何功能？

任务 2-5（2） 工作过程

第 1 步 阅读与该任务相关的知识。

第 2 步 仔细观察数控车间的线切割机床，了解工作台各组成部分的名称及功能。各组成部分的名称及功能见表 2-3。

表 2-3 线切割机床各组成部分的名称和功能

序 号	名 称	功 能
1	拖板	带动工作台前后左右运动
2	手轮	用来读取拖板移动的距离
3	工作台面	装夹支撑工件

任务 2-5（3） 相关知识

工作台安装在经过水平校正的床身上，其作用是用来装夹被加工工件。分为上下两层，下面一层称为下拖板，也叫 X 轴拖板，它能够带动工作台左右来回移动。上面一层称为上拖板，也叫 Y 轴拖板，它能够带动工作台前后来回移动。上拖板就是工作台，工作台上装有几个绝缘块，绝缘块上方是工件夹具支架，支架连接脉冲电源如图 2-43 所示。

数控快走丝电火花线切割加工机床工作台的移动一般由两个坐标来控制，分别称为 X 坐标和 Y 坐标。一般情况下，站在线切割机床前面观察机床时，左右方向为 X 轴，左负

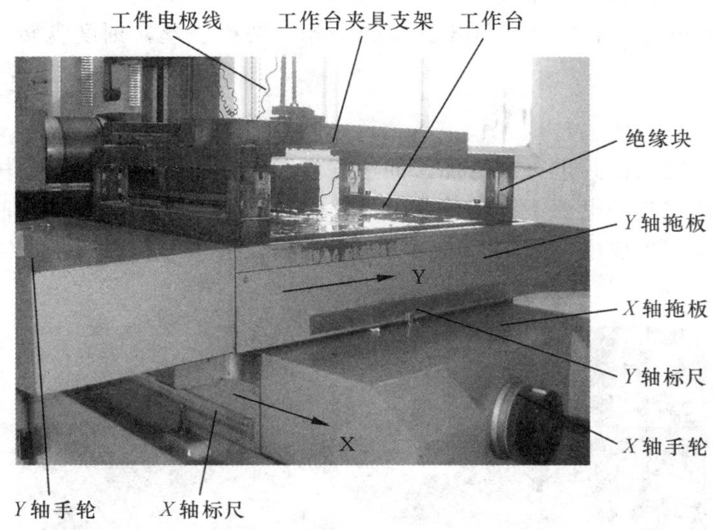

图 2-43　工作台

右正，前后方向为 Y 轴，前负后正。X、Y 坐标轴的移动一般用步进电机来控制，步进电机由驱动装置控制。在加工过程中数控系统根据给定的加工要求，发出一定的进给脉冲信号控制驱动装置，从而控制步进电机，最终使工作台带动工件按要求的轨迹进行运动。

1. 拖板

拖板的下面装有进给丝杠，丝杠连接手轮和步进电机。手动操作时，可以摇动手轮来控制拖板前、后、左、右来回移动；自动加工时，由控制系统驱动步进电机，使拖板自动来回移动，实现定位或加工出符合要求的工件。

2. 手轮

手轮与丝杠相连接，用于手动移动拖板。手轮上配有紧密的刻度盘，用来读取拖板移动的距离，如图 2-44 所示。

图 2-44　手轮

手动操作时，拖板移动的距离可以利用拖板上的标尺和手轮上的刻度盘来读取。标尺上的一小格是 1 mm，手轮上的一小格是 0.01 mm，俗称一丝，刻度盘转一圈是 4 mm 即 400 丝。

3. 工作台面

工作台面是装夹工件并进行放电加工的地方。工作台前后经过绝缘垫块支撑的夹具支架，支架通过电线与脉冲电源正极相连。工件安装在支架上，工件成为脉冲电源正极，加工时就可与电极丝产生放电。加工时工作液回流沟槽，沟槽里有排液孔，如图 2-45 所示。

图 2-45　工作台面

线切割加工机床的工作台比较简单，一般在通用夹具上采用压板固定工件。为了适应各种形状的工件加工，机床还可以使用旋转夹具和专用夹具，工件装夹的形式与精度对机床的加工质量及加工范围有着明显的影响。

任务 2-5（4）　思考与交流

说说传动机构的特点。

任务 2-6　装夹和找正工件

任务 2-6（1）　将一把白钢刀坯装夹在工作台上

现有一把如图 2-46 所示的白钢刀坯，需要在数控电火花线切割机床上加工其外形轮廓。请把该刀坯装夹在工作台上。

图 2-46　车刀

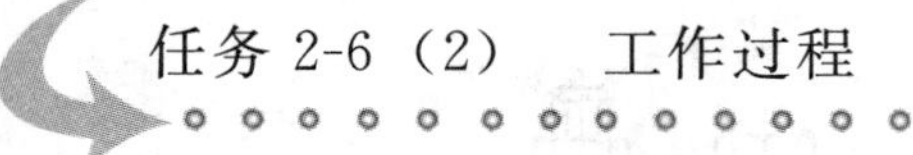

任务 2-6（2）　工作过程

第 1 步　参考相关知识，自己动手，采用磁力夹具进行装夹。

第 2 步　参考相关知识，自己动手，利用千分表校正工件。

任务 2-6（3）　相关知识

1. 装夹工件

由于线切割加工时工件必须在适当的位置固定于工作台上，这就需要对其进行合理装夹。

1）线切割加工工件的装夹特点

① 由于线切割加工作用力小，不像金属切削机床要承受很大的切削力，因而其装夹夹紧力要求不大，有的工件还可用磁力夹具来夹紧。

② 快走丝线切割的工作液是靠高速运行的电极丝带入切缝的，对切缝周围的余量没有要求，因此工件装夹比较方便。

③ 线切割是一种贯通加工方法，因而工件装夹后被切割区域要悬空在工作台的有效切割区域，一般采用悬臂支撑或桥式支撑方式装夹。

2）线切割加工对工件装夹的一般要求

线切割加工属于比较精密的加工，工件的装夹对所加工的零件特别是模具零件的定位精度有直接影响。因此，线切割加工的工件在装夹过程中需要注意如下几点。

① 确认工件的设计基准或加工基准面，尽可能使设计或加工的基准面与 X、Y 轴平行。

② 工件的基准面应清洁、无毛刺。经过热处理的工件，在穿丝孔内及扩孔的台阶处，要清理热处理残物及氧化皮。

③ 切入点的导电性能要好，对于热处理工件切入点处及扩孔的台阶处都要进行除锈及去氧化皮处理。

④ 工件装夹的位置应有利于工件找正，并应与机床的工作行程相适应。

⑤ 工件的装夹应确保加工中电极丝不会过分靠近或误切割机床的工作台。

⑥ 工件的夹紧力大小要适中、均匀，不得使工件变形或翘起。

3）线切割机床加工工件时装夹常用的方法

线切割的装夹方法较简单，常见的装夹方式有以下几种。

（1）悬臂方式装夹工件。

如图 2-47 所示，工件直接装夹在台面上或桥式夹具的一个刃口上。这种方式装夹方便、通用性强。但由于工件一端悬伸，容易出现上仰或倾斜，造成切割表面与工件上、下平面间的垂直度误差，因此一般只在加工要求不高或悬臂较短的情况下使用。如果由于加工部位所限只能采用此装夹方法，而零件又有垂直度要求时，在工件装夹后可以用表找正工件的上表面。

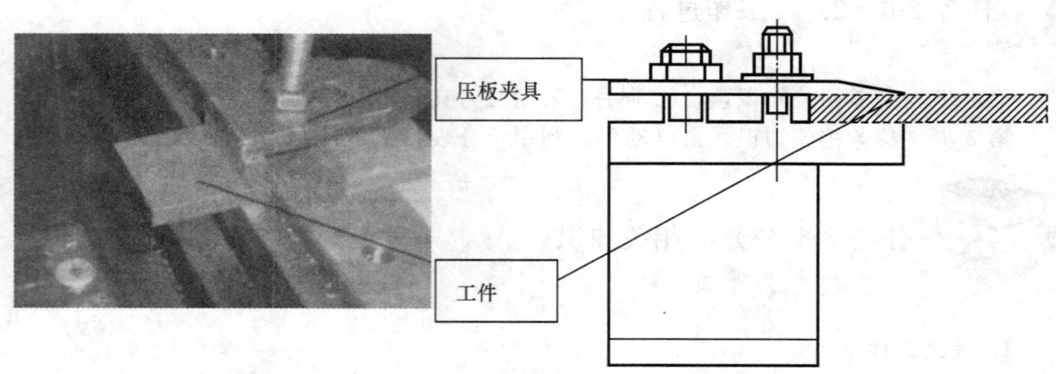

图 2-47　悬臂支撑方式装夹

（2）垂直刃口支撑方式装夹工件。

如图 2-48 所示，工件装在具有垂直刃口的夹具上，此种方法装夹后工件也能悬伸出一角便于加工。装夹精度和稳定性较悬臂式支撑为好，也便于拉表找正。需要注意的是，装夹时夹紧点要对准刃口。

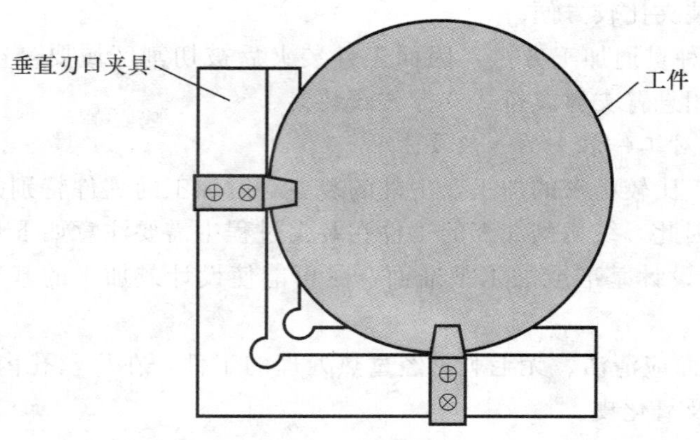

图 2-48　垂直刃口支撑方式装夹

（3）两端支撑方式装夹工件。

如图 2-49 所示是两端支撑方式装夹工件，这种方式消除了悬臂造成的不良影响，装夹方便、稳定，定位精度高，但不适于装夹较大的零件。

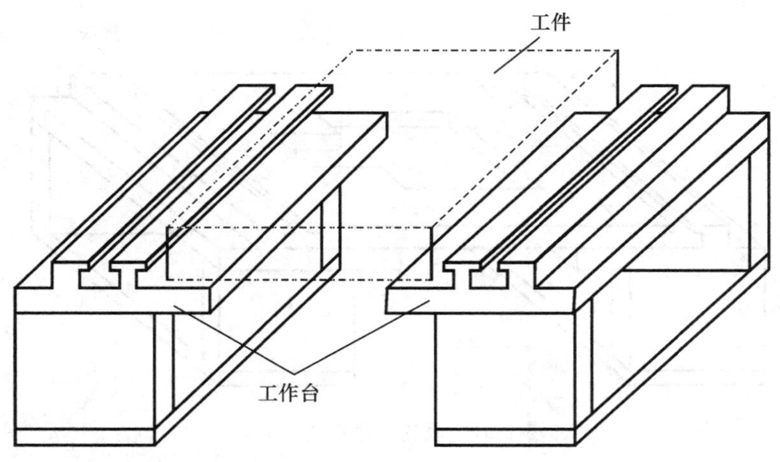

图 2-49　两端支撑方式装夹

（4）桥式支撑方式装夹工件。

这种方式是在通用夹具上放置垫铁后再装夹工件，如图 2-50 所示。这种方式装夹方便，对大、中、小型工件都能采用。

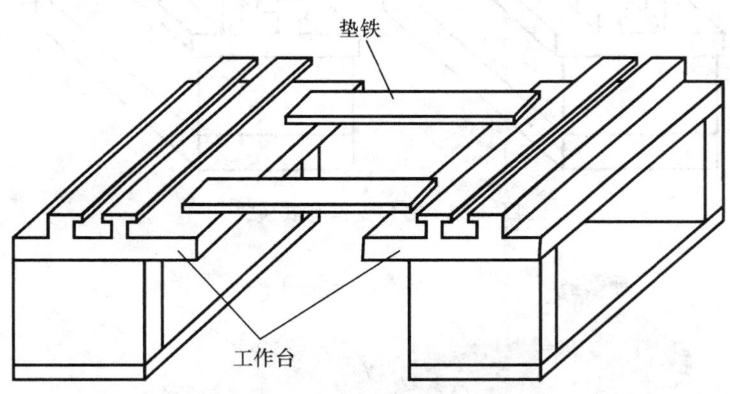

图 2-50　桥式支撑方式装夹

（5）板式支撑方式装夹工件。

如图 2-51 所示是板式支撑方式装夹工件。根据常用的工件形状和尺寸，采用有通孔的支撑板装夹工件。这种方式装夹精度高，但通用性差。因此通常采用如图 2-52 所示的复合支撑方式装夹。

复合式支撑夹具是在桥式夹具上再固定专用夹具而成的。这种夹具可以很方便地完成成批工件的加工。它能快速地装夹工件，因而可以节省装夹工件过程中的辅助时间，特别是能节省工件找正及对丝所耗费的时间。这样既提高了效率，又保证了工件加工的一致性。

（6）V 形夹具支撑方式装夹工件。

如图 2-53 所示，此种装夹方式适合于圆形工件的装夹。装夹时工件母线要求与断面垂直。在切割薄壁零件时，装夹力要小，以免工件变形。

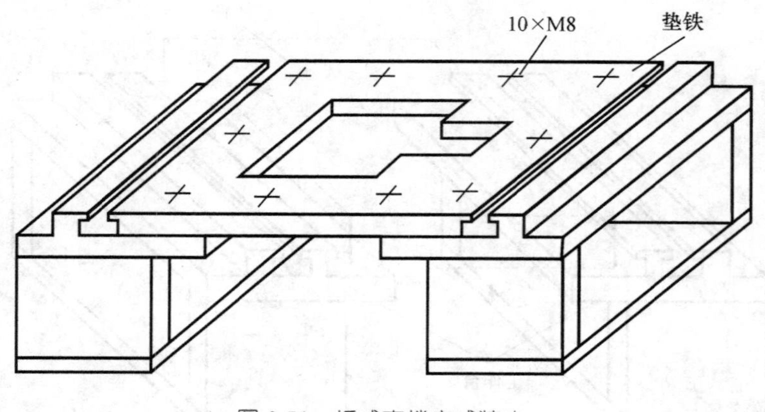

图 2-51 板式支撑方式装夹

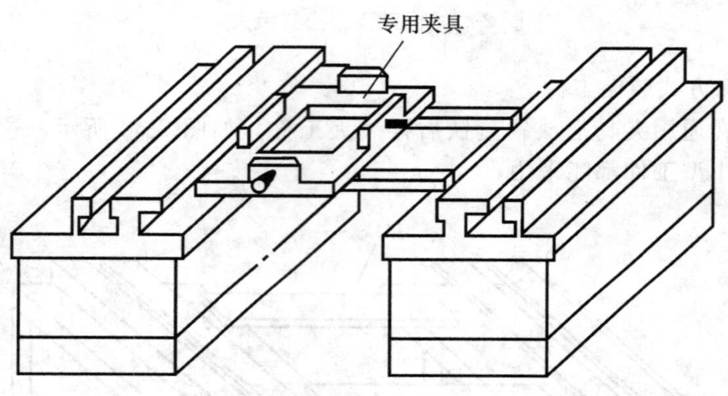

图 2-52 复合支撑方式装夹

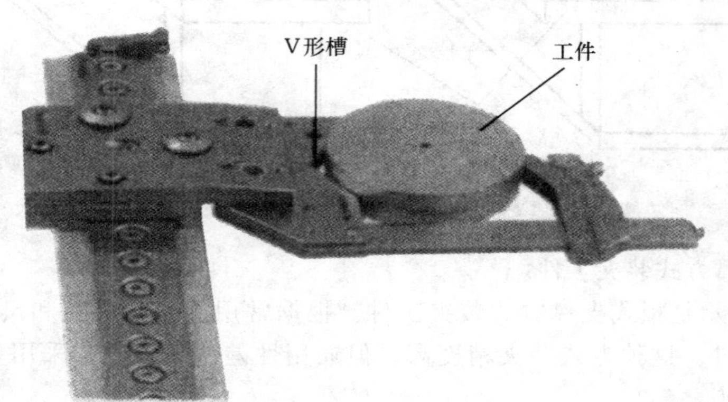

图 2-53 V 形夹具支撑方式装夹

(7) 采用弱磁性夹具装夹工件。

弱磁性夹具装夹工件迅速简便，通用性强，应用范围广，对于加工成批的工件尤其有效。磁性表座夹持工件，主要适用于夹持钢质工件。如图 2-54 所示为一种磁性夹具，在未装夹工件时如图（a）所示。磁力线通过磁靴的左右两个部分闭合，对外不显磁性，当把永久磁铁旋转 90°至图（b）所示时，磁力线被磁靴的铜焊层隔开，没有闭合的通道，对外显示磁性。固定工件时，工件与磁靴形成闭合的磁力线回路，于是工件就被磁性夹具夹紧。当工件加工完毕后，将永久磁铁旋转 90°，夹具对外不显磁性，工件便可很快取下。对于这类夹具在使用时要注意保护基准面，避免划伤或拉毛。

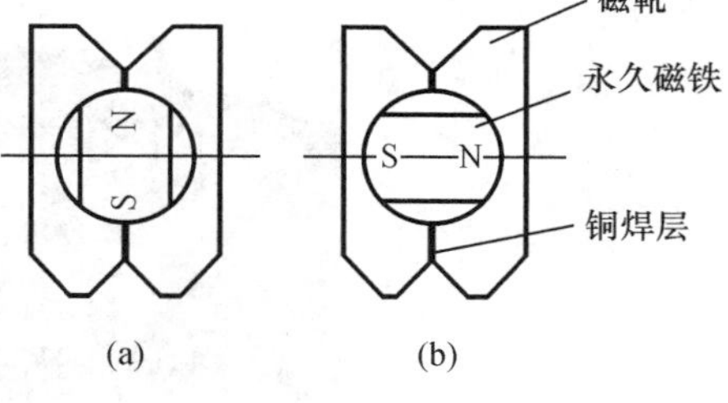

图 2-54　磁性夹具

（8）采用分度夹具装夹工件。

分度夹具一般可分为轴向安装和端面安装两种。在切割类似弹簧夹头一类零件时，要求沿轴向切两个垂直的窄槽，即可采用此类夹具。分度夹具安装于工作台上，将检验棒装入分度夹具的主轴孔内，用表辅助使夹具与工作台的 X 或 Y 方向平行。开始时用三爪轻轻夹住工件，旋转工件以便找正工件的外圆或断面，然后将工件进一步夹紧，最后找到工件中心切割第一个槽，完成后将分度夹具旋转 90°切割另一个槽。

端面安装了分度夹具。在加工直径比较大的链轮、齿轮等（圆周具有一定规律分布）零件时，当它们的外圆尺寸超过了工作台的行程，不能在一次装夹中完成全部轮廓的切割，即可利用这类夹具。使用时工件安装在分度夹具的端面上，通过中心轴定位可将工件装夹在夹具中，一次可加工两三个图形元素，通过端面分度夹具对工件进行分度，最终完成整个零件的加工。

另外，还有一些其他的特殊装夹方式，如图 2-55 所示为北京阿奇公司生产的专用夹具实物图，图 2-56 为 3R 专用夹具。

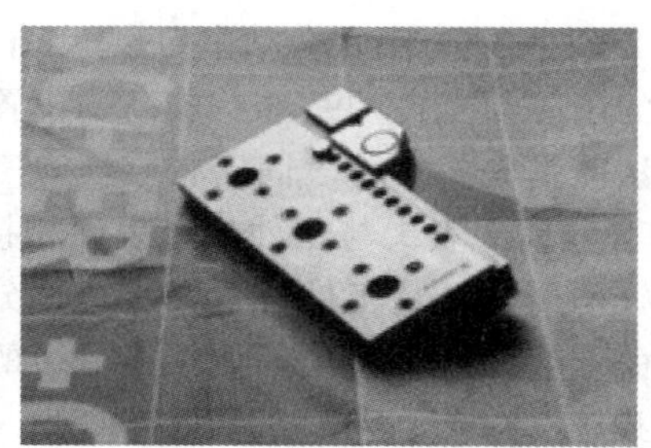

图 2-55　阿奇公司的专用夹具及装夹示意图

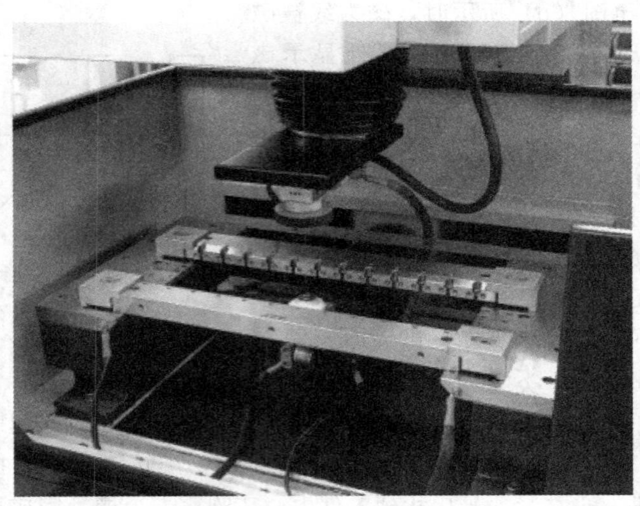

图 2-56　3R 专用夹具

2. 找正工件

工件在机床上有了正确的定位后，接下来就要对工件进行预夹紧。在此过程中，夹紧力不能太大，否则工件位置就不能调整，但夹紧力也不能太小，否则调整过程中位置不稳定，也不能调整到正确位置。因此，对工件的预夹紧是非常重要的。一般认为，工件通过预夹紧后，用手轻轻推动工件，工件不能移动，而用铜棒或尼龙棒等轻轻敲打时能发生较小的位移。工件通过预夹紧后就可以对其位置进行找正，常用的方法有如下几种。

1） 拉表法

如图 2-57 所示为用百分表找正法，俗称拉表法。这种方法常用于凹模加工中，当线切割加工的型腔与工件的基准有较高的位置精度要求时，可以采用拉表法来找正工件的位置。拉表法就是先将百分表固定在磁性表座上，然后利用磁力将表座固定在上丝架上，移动 Z 轴使百分表的表头与工件的上表面相接触，试着移动 X、Y 坐标方向的工作台，按百分表上指针的变化调整工件位置，直至百分表上指针的偏摆范围达到所要求的精度。这只是对工件的上表面进行找正，如果将普通的百分表换成杠杆百分表，同样还可以对工件的侧面进行找正。

2） 划线法

当线切割加工的轮廓与工件的基准无精度要求或精度要求较低时，可以采用划线的方法，即称划线法，如图 2-58 所示。将划针座固定在上丝架上，把划针指向工件的基准或基准面，调整坐标轴使划针与工件基准间有较小的距离，试着移动坐标轴，根据目测对工件进行找正。利用划针不仅可以对上表面进行找正，还可以对工件的侧面进行找正。

3） 电极丝找正法

当线切割加工的轮廓与工件的基准无精度要求或精度要求较低时，还可以利用电极丝对工件的侧面进行找正。工件通过预夹紧后，将电极丝移到靠近基准侧面处，使电极丝与工件侧面间留有微小距离，沿基准方向移动工作台，根据目测调整工件位置。这种方法常用于厚度较小的板料切割。

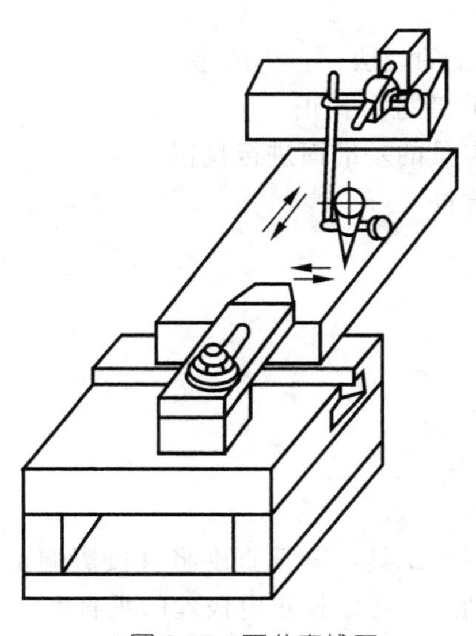
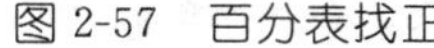

图 2-57　百分表找正

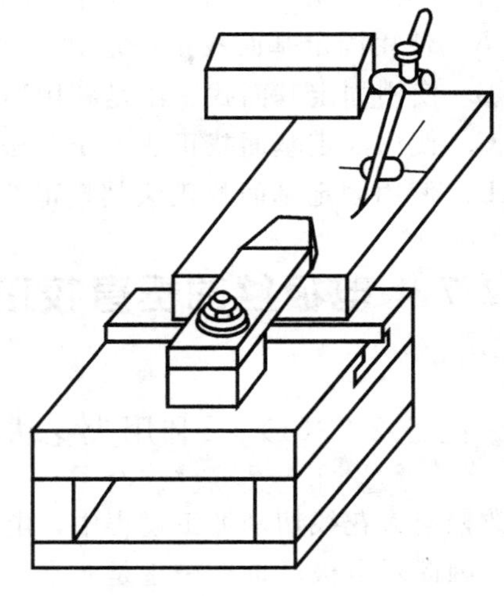

图 2-58　划线找正

4）固定基面找正法

利用通用或专用夹具的基准面，在夹具安装时按其基准对夹具进行找正，在安装具有相同加工基准面的工件时，可以直接利用夹具的基准面来定位找正，即固定基面找正法。这种找正方法的找正效率高，适合于多件加工，其找正精度比拉表法低，但比划线法高。

5）量块找正法

用一个具有确定角度的测量块靠在工件和夹具上，观察量块与工件和夹具的接触缝隙，这种检测工件是否找正的方法称为量块法。根据实际需要，量块的测量角度可以是直角，也可以是其他角度。使用这种方法之前必须保证夹具是找正的。

工件找正后需要对工件进一步夹紧。对于型腔和精度要求较高的工件，在工件夹紧后，通常还需要对工件的位置再进行校验；而对于精度要求低的工件，就不需要再校验了。

任务 2-6（4）　思考与交流

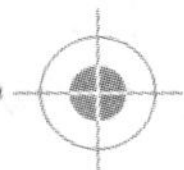

① 数控电火花线切割加工对工件装夹有哪些要求？

② 线切割加工时，工件的装夹方式一般采用（　　）。

A. 悬臂式支撑　　B. V 形夹具支撑　　C. 桥式支撑　　D. 分度夹具

③ 线切割加工中，在工件装夹时一般要对工件进行找正，常用的找正方法有（　　）。

A. 拉表法　　B. 划线法　　C. 电极丝找正法　　D. 固定基面找正法

④ 下列关于使用拉表法对工件进行找正的说法，不正确的是（　　）。

A. 使用拉表法可以对工件的上表面进行找正

B. 使用拉表法还可以对工件的侧面进行找正

C. 使用拉表法的找正精度比较高

D. 使用拉表法的找正效率比较高

⑤ 下列关于使用固定基面找正法对工件进行找正的说法，正确的是（　　）。

A. 使用固定基面找正法是对工件上的基准直接进行找正

B. 使用固定基面找正法是利用通用或专用夹具的基准面进行找正

C. 使用固定基面找正法比拉表法的找正精度高

D. 使用固定基面找正法其找正效率比较高

任务 2-7　电极丝的垂直校正

任务 2-7（1）　利用火花法找正电极丝

在数控电火花线切割加工过程中，电极丝作为加工工具，其垂直度将直接影响工件的垂直度，因此对电极丝进行校正是非常重要的。试利用火花法校正电极丝的垂直度。

任务 2-7（2）　工作过程

第 1 步　阅读与该任务相关的知识。

第 2 步　自己动手，对电极丝利用找正块进行火花法找正。

首先在工作台上选择一个平面擦拭干净，并在找正棒上选择一个比较光滑的表面对着工件，将找正棒擦拭干净后放在工作台上；其次打开冷却液电机和运丝电机使电极丝运转；最后采用手摇的方式使电极丝慢慢靠近工件，先快后慢，当它们之间产生电火花时可根据火花位置判断电极丝的垂直与否。

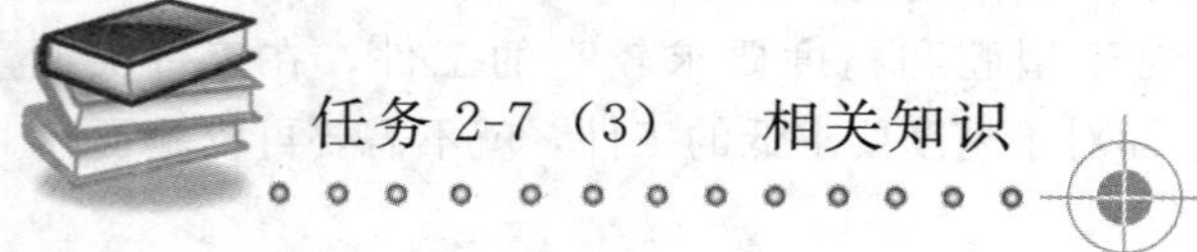

任务 2-7（3）　相关知识

为了准确地切割出符合精度要求的工件，电极丝必须垂直于工件的装夹基面或工作台定位面，否则加工出的工件会产生锥度。为了认识这个问题，让我们先来了解一下线切割机床 U、V 轴的知识。

1. U 轴和 V 轴

U 轴和 V 轴位于上丝臂前端，轴上连接有小型步进电机和手动调节旋钮，如图 2-59 所示。U 轴和 V 轴能控制小拖板移动，从而控制电极丝上端的位移。在校丝时，可以通过手动调节旋钮来调节电极丝的垂直度；自动加工时，通过数控系统驱动步进电机，使电极丝向某个方向倾斜，从而加工出带锥度或斜面的零件。

2. 电极丝的找正方法

在进行精密零件加工或切割锥度时，要校正电极丝对工作台平面的垂直度。电极丝垂直度找正的常见方法有两种，一种是利用找正块，一种是利用校正器。

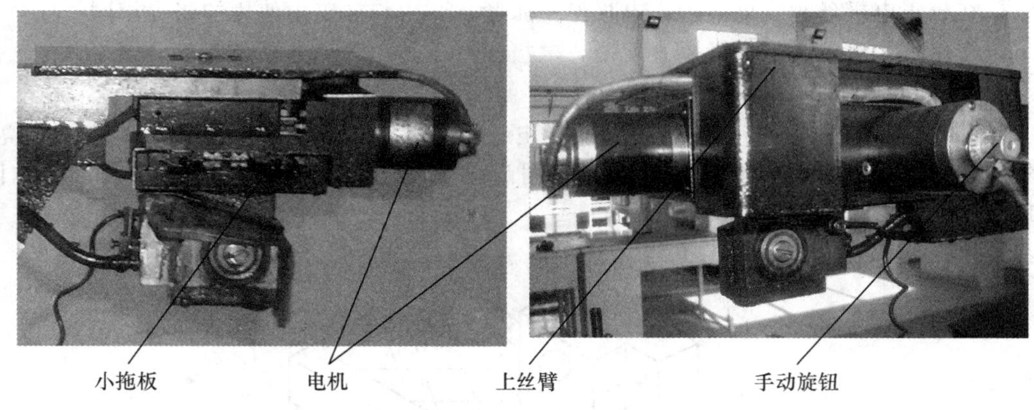

图 2-59　U 轴和 V 轴的小拖板

1）利用找正块进行火花法找正

找正块是一个六方体或类似六方体，有些是一个圆柱体，如图 2-60（a）所示。在校正电极丝垂直度时，首先目测电极丝的垂直度，若明显不垂直，则调节 U、V 轴，使电极丝大致垂直于工作台；然后将找正块放在工作台上，在弱加工条件下，将电极丝沿 X 方向缓缓移向找正块。

当电极丝快碰到找正块时，电极丝与找正块之间产生火花放电，然后肉眼观察产生的火花：若火花如图 2-60（b）所示上下均匀，则表明在该方向上电极丝垂直度良好；若如图 2-60（c）所示下面火花多，则说明电极丝右倾，应将 U 轴的值调小，直至火花上下均匀；若如图 2-60（d）所示上面火花多，则说明电极丝左倾，应将 U 轴的值调大，直至火花上下均匀。同理，调节 V 轴的值，使电极丝在 V 轴的垂直度良好。

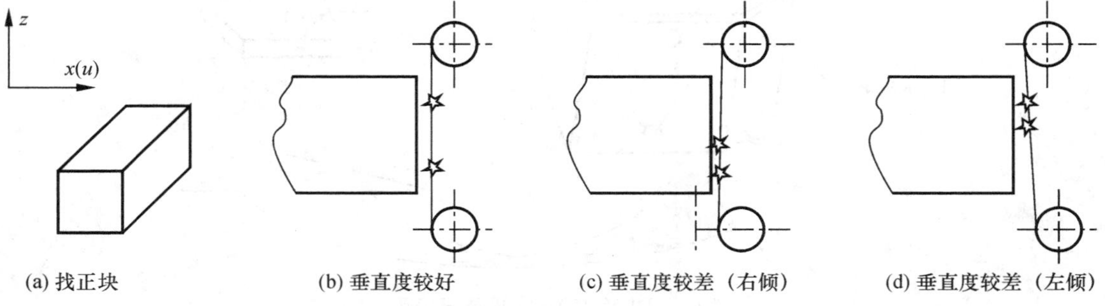

图 2-60　用火花法校正电极丝的垂直度

在用火花法校正电极丝的垂直度时，需要注意以下几点。

① 找正块使用一次后，其表面会留下细小的放电痕迹。下次找正时，要重新换位置，不可用有放电痕迹的位置碰火花校正电极丝的垂直度。

② 在精密零件加工前，分别校正 U、V 轴的垂直度后，需要再检验电极丝垂直度校正的效果。具体方法是：重新分别从 U、V 轴方向碰火花，看火花是否均匀，若 U、V 方向上火花均匀，则说明电极丝垂直度较好；若 U、V 方向上火花不均匀，则应重新校正，再检验。

③ 在校正电极丝垂直度之前，电极丝应张紧，张力与加工中使用的张力相同。

④ 在用火花法校正电极丝垂直度时，电极丝要运转，以免电极丝断丝。

2）利用校正器进行找正

校正器是一个由触点与指示灯构成的光电校正装置，电极丝与触点接触时指示灯亮。它的灵敏度较高，使用方便且直观。底座用耐磨不变形的大理石或花岗岩制成，如图2-61、图2-62所示。

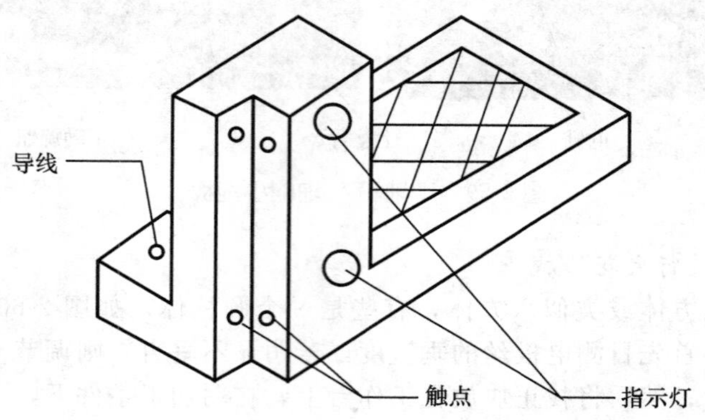

图2-61 垂直度校正器

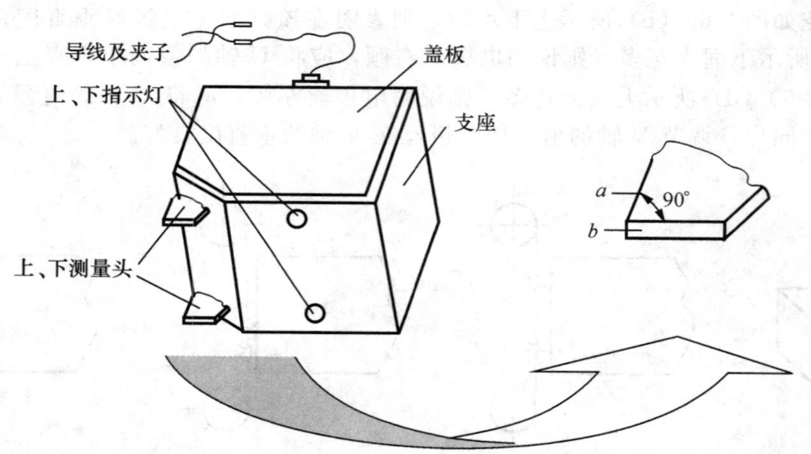

图2-62 DF55-J50A型垂直度校正器

使用校正器校正电极丝垂直度的方法与火花法大致相似，主要区别是：火花法是观察火花上下是否均匀，而使用校正器则是观察指示灯。若在校正过程中，指示灯同时亮，则说明电极丝垂直度良好，否则需要校正。

在使用校正器校正电极丝的垂直度时，要注意以下几点：

① 电极丝停止走丝，不能放电；

② 电极丝应张紧，电极丝的表面应干净；

③ 若加工零件精度高，则电极丝垂直度在校正后需要检查，其方法与火花法类似。

任务 2-7（4）　思考与交流

说说电极丝是如何垂直校正的？

任务 2-8　电极丝的定位

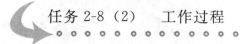

任务 2-8（1）　动手对一电极丝进行可靠定位

电极丝穿好后还要对其进行定位。试动手对一电极丝进行可靠定位。

任务 2-8（2）　工作过程

第 1 步　阅读与该任务相关的知识。

第 2 步　自己动手，对电极丝进行可靠定位。首先要进行找边操作，然后进行分析实现可靠定位。

任务 2-8（3）　相关知识

装夹好工件，穿好电极丝之后，还不能进行加工。在加工零件之前，就像数控车床要对刀一样，线切割还必须进行电极丝的定位。对丝的目的是确定电极丝与工件的相对位置，最终把电极丝放在加工起点上，这个点称为起丝点。对丝操作时，可以给电极丝加上比加工时大 30％～50％的张力，并且在启动走丝的情况下进行操作。

1. 对边

对边也称为找边，就是让电极丝刚好停靠在工件的一个边上，如图 2-63 所示。找边操作既可以手动，也可以利用控制器自动找边。

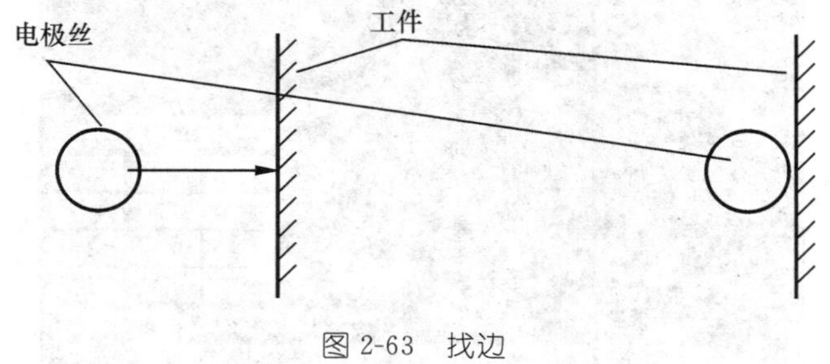

图 2-63　找边

1）手动找边操作

如图 2-64 所示，将脉冲电源电压调到最小档，即电流调小，使电极丝与工件接触时，只产生微弱的放电。开启走丝，打开高频。根据找边的方向，摇动相应手轮，使电极丝靠近工件端面，即靠近要找的边。电极丝离工件远时可摇快一点，快靠近时要减速慢慢摇动，直到刚好产生电火花，停止摇动手轮，找边结束。注意这时电极丝的“中心”与工件的“边线”差一个电极丝半径的距离。

手动找边是利用电极丝接触工件产生电火花来进行判断的。这种方法存在两个缺点：一是手动操作存在很多人为因素，误差较大；二是电火花会烧伤工件端面。克服这两个缺点的办法就是采用自动找边。

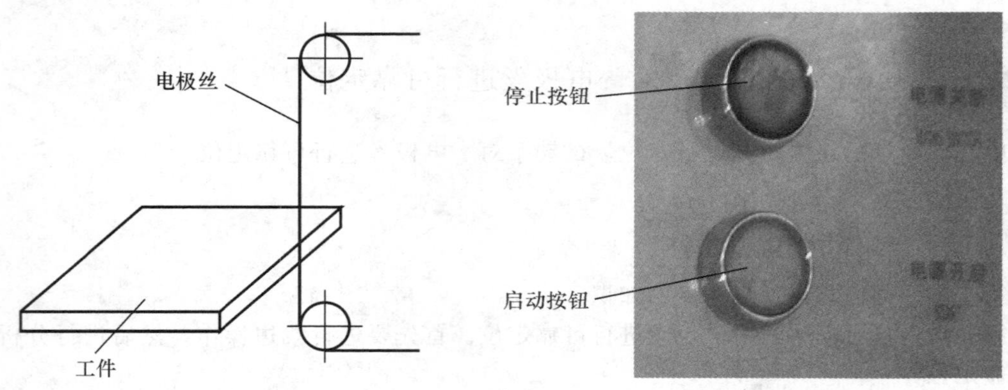

图 2-64　火花法调整电极丝位置　　　　图 2-65　高频开关

2）自动找边操作

自动找边是利用电极丝与工件接触短路时的检测功能进行判断。

第 1 步　开启走丝，但保持高频为关闭状态，如图 2-65 所示。

第 2 步　摇动手轮，使电极丝接近工件，留 2～3 mm 的距离。

第 3 步　操作数控系统，进入如图 2-66 所示界面。点击对边对中按钮，出现如图2-67 所示的对边对中菜单。其中上、下、左、右指控制电极丝的移动方向，操作中应根据实际情况来选择。

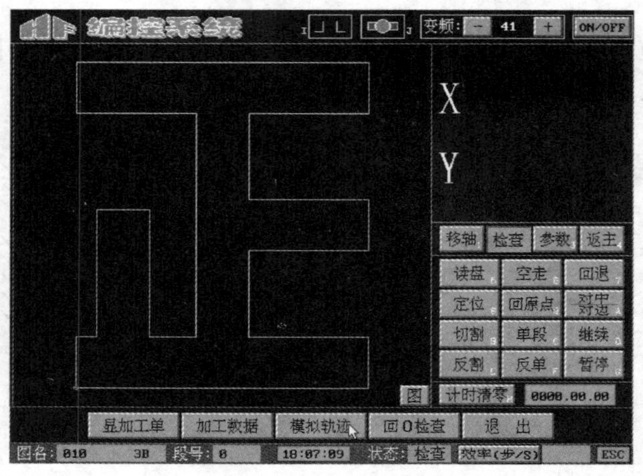

图 2-66　自动找边按钮

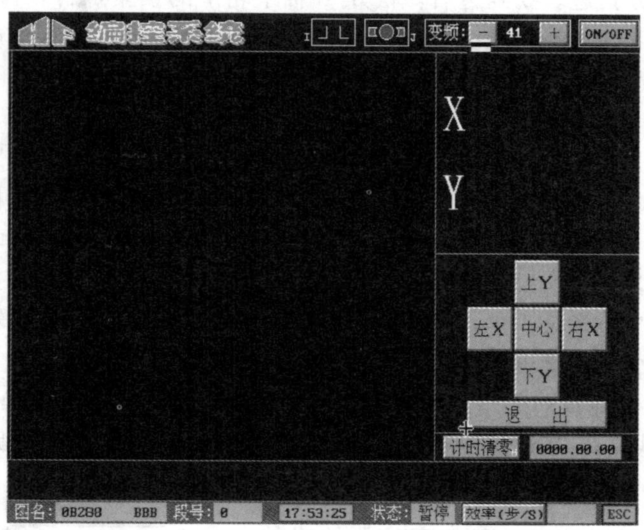

图 2-67　自动找边按钮

点击相应的对边按钮，拖板自动移动，电极丝向工件端面慢慢靠拢。电极丝接触工件后，自动回退、减速再靠拢；再次接触工件后，自动回退一个放电间隙的距离，然后停下完成找边操作。如果发现电极丝离工件端面越来越远，说明对边按钮选择错了，必须停下来纠正错误重新操作。

通过找边操作，就能确定电极丝与工件一个端面的位置关系；如果在 X、Y 两个方向上进行找边操作，就能确定电极丝与工件的位置关系，也就能把电极丝移到起丝点，从而完成对丝。

3）*起丝点在端面的对丝*

假设起丝点在工件的端面，起丝点与另一边的距离为 15 mm，如图 2-68（a）所示。其操作步骤如下。

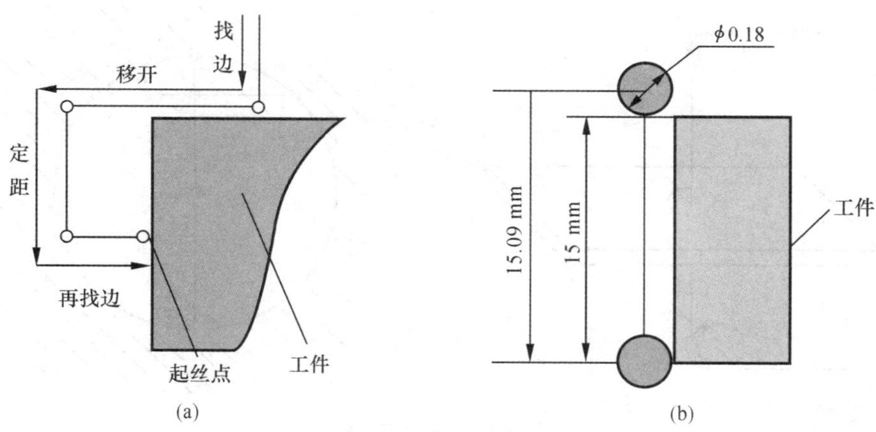

图 2-68　起丝点在工件端面的对丝

第 1 步　在上方找边。找到边后，松开 Y 轴手轮上的锁紧螺钉，保持手轮手柄不动，转动刻度盘，使刻度 0 对准基准线，锁紧刻度盘，这时刻度盘就从 0 刻度值开始计数。这步操作叫做对零。这与普通车床对刀时的对零类似。

第 2 步　摇动 X 轴手轮使电极丝离开工件。

第 3 步　摇动 Y 轴手轮。这一步要使电极丝位置满足“15 mm”的距离。由于电极丝有一定的半径，所以必须考虑电极丝的半径补偿。首先用千分尺测量电极丝的直径，然后再计算半径。假设电极丝半径为 0.09 mm，那么实际要摇 15.09 mm，即多摇一个电极丝半径的距离，如图 2-68（b）所示。

提示：手轮摇一小格是 1 丝，一圈是 4 mm，据此即可以计算出 Y 轴手轮应往起丝点方向摇 3 圈加 309 小格，就可以达到预定的位置。

第 4 步　用 X 轴拖板向起丝点找边定位，到达起丝点，完成对丝操作。

提示：数控线切割机床也可以通过电脑显示屏的坐标来控制移动的距离。

2. 定中心操作

定中心操作又叫对中。对于有穿丝孔的工件，常把起丝点设在圆孔的中心，孔加工时，必须把电极丝移到孔的圆心处，这就是定中心。

对于加工要求较低的工件，在确定电极丝与工件基准间的相对位置时，可以直接利用目测或借助 2～8 倍的放大镜来进行观察。图 2-69 所示为利用穿丝处划出的十字基准线，分别沿划线方向观察电极丝与基准线的相对位置，根据两者的偏离情况移动工作台，当电极丝中心分别与纵、横方向的基准线重合时，工作台纵、横方向上的读数就确定了电极丝中心的位置。

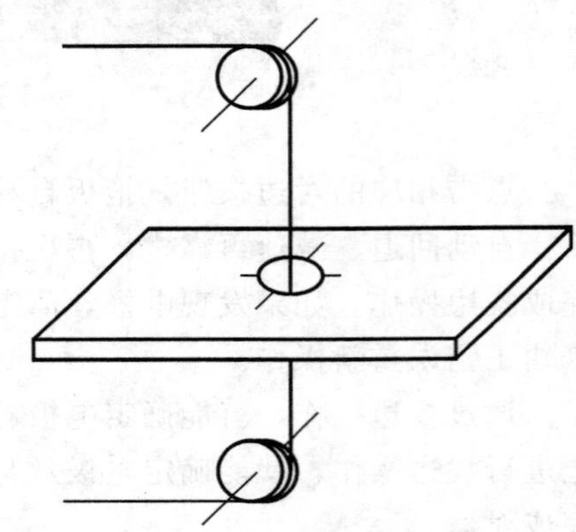

图 2-69　目测法调整电极丝位置

定中心是通过四次找边操作来完成的，如图2-70所示。

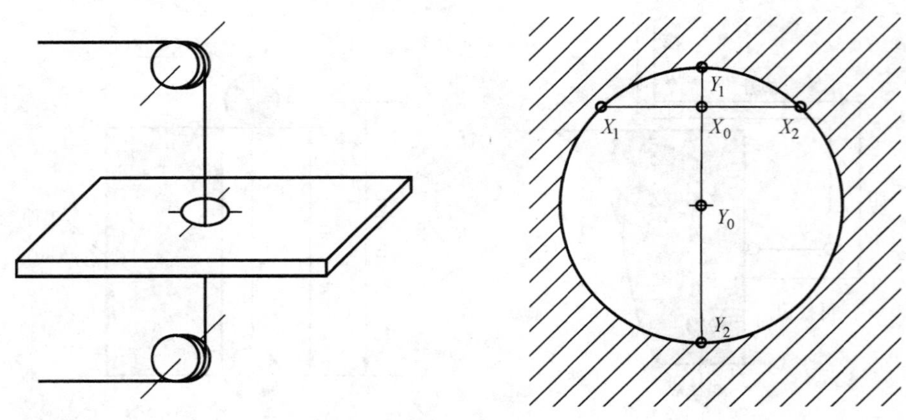

图 2-70　自动定中心

手动操作时，首先让电极丝在 X 轴（或 Y 轴）方向与孔壁接触，找第一个边，记下手轮刻度值；然后返回，向相反方向的对面孔壁接触，找到第二个边，观察手轮刻度值，计算距离。再返回到两壁距离一半的位置，接着在另一轴方向上进行上述操作，电极丝就可到达孔的中心。上述过程可归纳为“左右碰壁回一半，前后碰壁退一半”。

另外，对于有些数控功能较强的线切割机床常采用自动找中心的办法。所谓自动找中心，就是让电极丝在工件孔的中心自动定位。此法是根据电极丝与工件的短路信号，来确定电极丝的中心位置。

定中心通常使用数控系统“自动定中心”的功能来完成。与手动找边类似，关闭高频电源，启动走丝，把“加工、对中心”开关置于“对中心”位置，如图 2-71 所示。

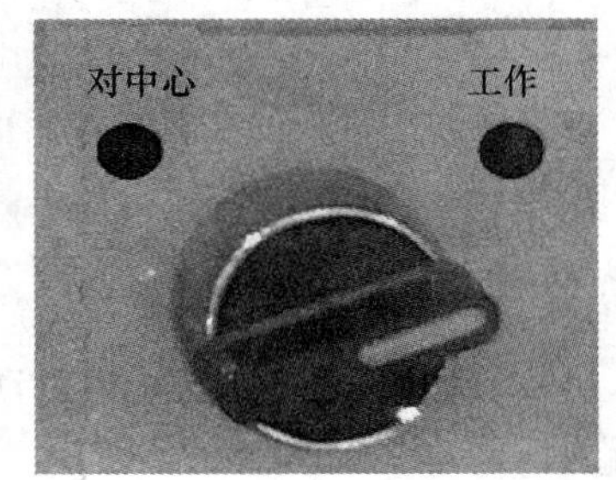

图 2-71 转换开关

点击菜单的“定中心”按钮，开始自动找中心。拖板的运动过程与手动操作一样，只不过是找到边后，它自动反向，自动计算，自动回退一半的距离。即找到中心后就自动结束。

完成了对丝后，电极丝也就位于起丝点上了，如果其他工作也准备就绪，调好加工参数，打开走丝机构和工作液泵，就可以启动机床开始加工了。

任务 2-8（4） 思考与交流

① 进行对边操作和对中心操作实践。

② 小组讨论在对边及对中心时，应该有哪些注意事项？

任务 2-9 机床的电气控制

任务 2-9（1） 认识机床的电气控制

电气部分是整个线切割机床的神经系统，控制着机床协调地工作。试完成线切割机床从开启至停机的全过程。

任务 2-9（2） 工作过程

第 1 步 阅读与该任务相关的知识。

第 2 步 合上三相电源闸刀，按下机床总电源开关，交流电压表指向 380 V，如图 2-72所示。旋起急停按钮，指示灯亮。

第 3 步 将面板上的断丝停车旋钮、加工结束停车旋钮、刹车旋钮均旋至右位。

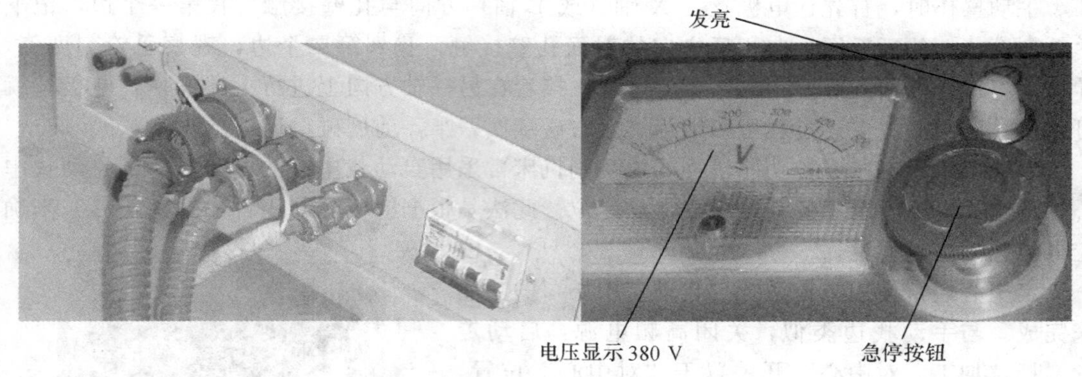

图 2-72　开电源

第 4 步　按下运丝电动机启动按钮，电动机运行，当撞块压下行程开关后电动机反向运行。

第 5 步　按下冷却液电动机的启动按钮，冷却液电动机运行。

第 6 步　机床运行后将断丝停车旋钮、刹车旋钮旋至左位（这样断丝或停车后均能实现储丝筒制动）、将加工结束停车旋钮旋至左位（这样可实现加工结束停车功能）。

第 7 步　开高频，控制柜运行。

具体电气操作步骤如图 2-73 所示。

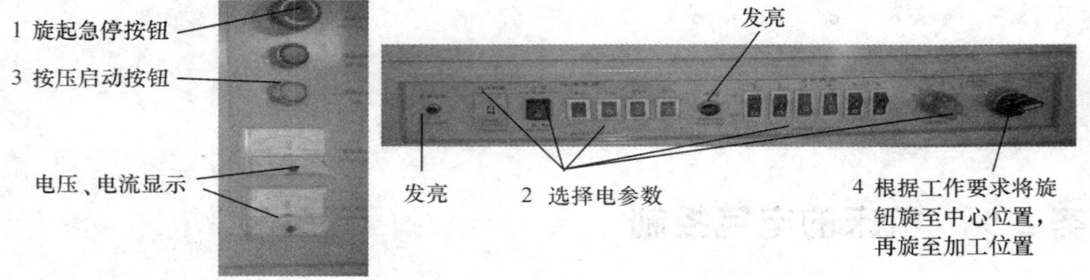

图 2-73　电气操作步骤图

第 8 步　加工结束后，先关掉冷却液电动机停止按钮，再关掉运丝电动机停止按钮。

第 9 步　机床结束工作时，关掉总电源开关。

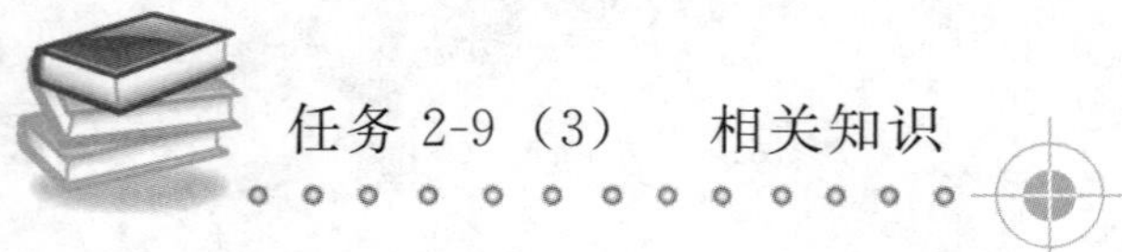

任务 2-9（3）　相关知识

1. 机床控制系统

数控电火花线切割机床由三相 380 V、50 Hz 的三线制电源供电，由直角管接头接入，接至电源开关，机床安装时要加一根保护接地线，保护接地线在电源开关附近的专用接地螺钉上，如图 2-74 所示。

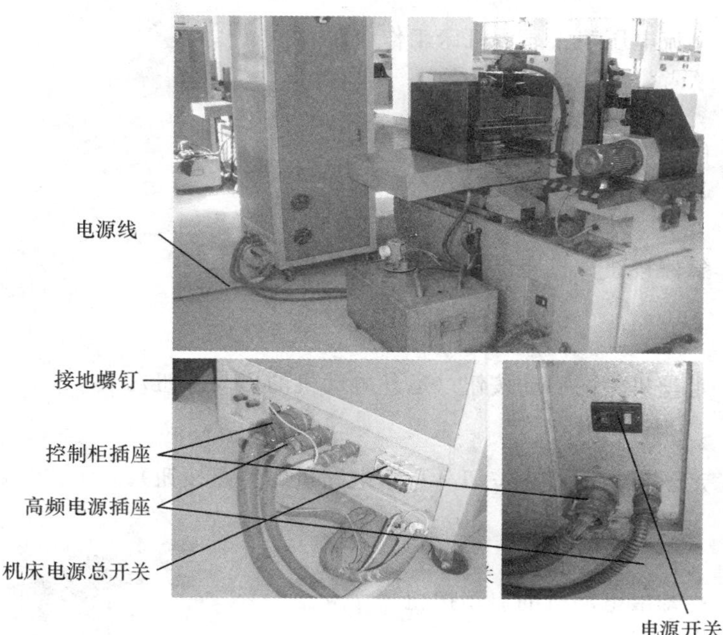

图 2-74　数控电火花线切割机床的电源控制部分

机床照明通过变压器后供电，电压为 24 V，容量为 55 W，供用户照明。

机床设有开门断电保护功能，工作时必须把机床电气门关好，否则电源开关无法合上。如果打开门需要进行维修，则可以将门开关手动解除联锁，这时即可合上电源开关，机床通电。

2. 机床控制面板

数控电火花线切割机床的控制电机有两个：一个是工作液水泵电机，另一个是运丝电机。为了实现电极丝的往复运动，运丝电机要实现双向运动。

而各部分的控制集中放在控制面板上。控制面板如图 2-75 所示。

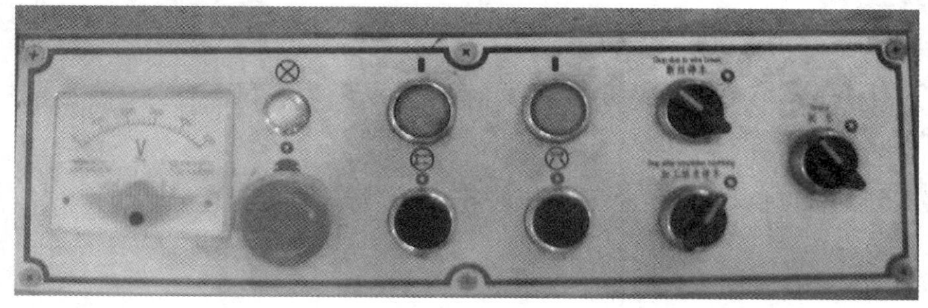

图 2-75　控制面板

控制面板各部分的名称及功能介绍如下。

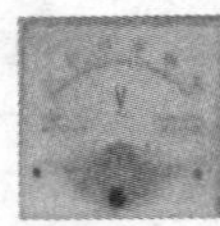

交流电压表。显示机床工作电压。

指示灯。电源正常时的标志。

急停按钮。机床出现异常时紧急停车。

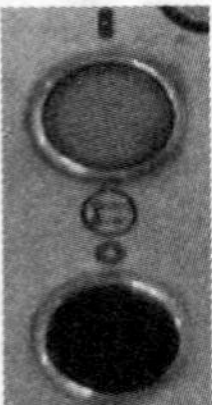

走丝机构的启动按钮（运丝电动机的启动按钮）。

走丝机构的停止按钮（运丝电动机的停止按钮）。

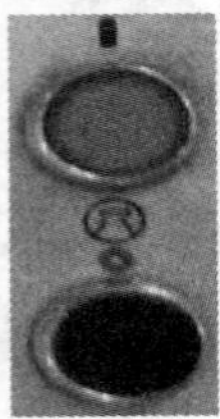

冷却液电动机的启动按扭。

冷却液电动机的停止按钮。

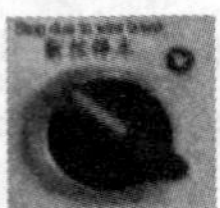

断丝停车旋钮。

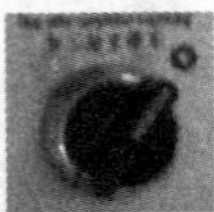

加工结束停车旋钮。

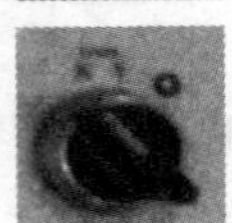

刹车旋钮。

任务 2-9（4）　思考与交流

说说线切割机床控制面板上各种按钮的名称和作用。

项目三 数控快走丝电火花线切割（二）

【教学重点】

· 线切割加工工艺

· 数控快走丝线切割加工实例

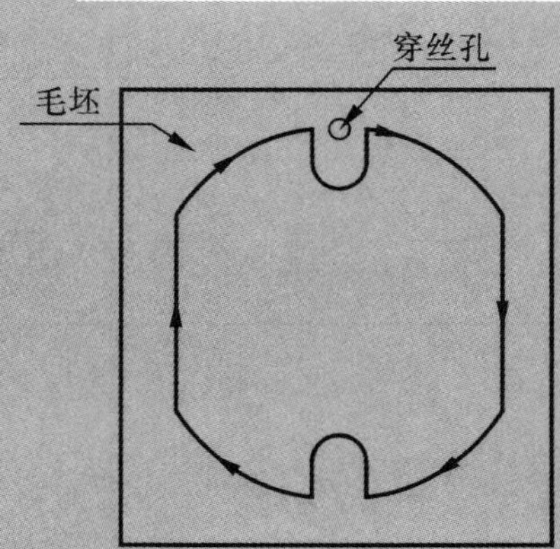

教 学 建 议

序　　号	任　　务	建 议 学 时	建议教学方式	备　　注
1	任务 3-1	1	讲授、辅导教学	
2	任务 3-2	2	讲授、辅导教学	
3	任务 3-3	1	讲授、辅导教学	
4	任务 3-4	2	讲授、示范教学、辅导教学	
5	任务 3-5	1	讲授、辅导教学	
总　计		7		

教 学 准 备

序　　号	任　　务	设 备 准 备	刀 具 准 备	材 料 准 备
1	任务 3-1			
2	任务 3-2			
3	任务 3-3			
4	任务 3-4	线切割机床 4 台		
5	任务 3-5			

（注：以每 40 名学生为一教学班，每 7～9 名学生为一个任务小组）

教 学 评 价

序　　号	任　　务	教 学 评 价		
1	任务 3-1	好□	一般□	差□
2	任务 3-2	好□	一般□	差□
3	任务 3-3	好□	一般□	差□
4	任务 3-4	好□	一般□	差□
5	任务 3-5	好□	一般□	差□

任务 3-1 制定数控线切割加工工艺过程

任务 3-1（1） 制定数控线切割加工零件的工艺过程

用数控线切割机床加工如图 3-1 所示的零件。已知材料为 GCr15，硬度为 HRC60。试分析能否用线切割机床对其进行加工，并制定加工工艺过程。

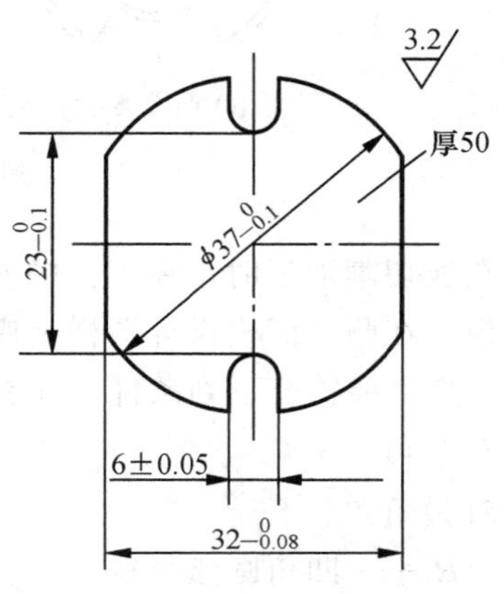

图 3-1 零件图

任务 3-1（2） 工作过程

第 1 步 阅读与该任务相关的知识。

第 2 步 利用电火花线切割加工原理制定加工工艺过程。

（1）准确分析加工零件的工艺要求。

① 工件材料为 GCr15，硬度为 HRC60。由于其硬度较高，一般机械加工较困难，故适宜采用线切割机床加工。

② 从图 3-1 上可看到最高加工精度为±0.05 mm，最大凹角半径为 $R3$。因 $3>Z=d/2+\delta=0.18/2+0.01=0.1$ mm，而一般的快走丝线切割机床电极丝直径 d 为 0.18 mm，放电间隙 δ 为 0.01，所以用线切割机床能够保证加工精度。由于零件表面粗糙度 R_a 为 3.2 μm，因此要选择合理的加工放电参数，放电参数可参考项目二中的表 2-2。

（2）加工工艺过程如下：

① 工艺准备；

② 工件装夹；

③ 编程；

④ 加工；

⑤ 检验。

任务 3-1（3） 相关知识

1. 零件的凹角和尖角

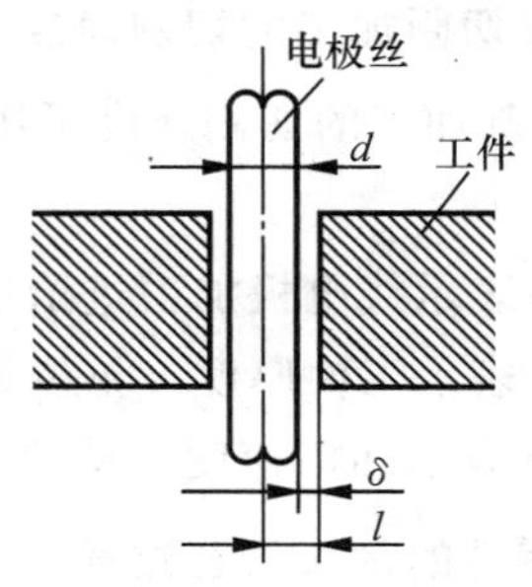

图 3-2 线电极与工件加工面的位置关系

因线电极具有一定的直径 d，加工时又有放电间隙 δ，使线电极中心的运动轨迹与加工面相距 l，即 $l=d/2+\delta$，如图 3-2 所示。因此，加工凸模类零件时，线电极中心轨迹应放大；加工凹模类零件时，线电极中心轨迹应缩小，如图 3-3 所示。

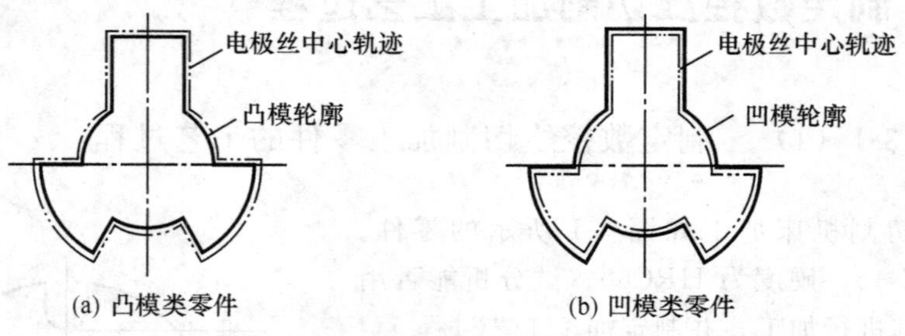

图 3-3　线电极中心轨迹的偏移

在线切割加工时，在工件的凹角处不能得到“清角”，而是圆角。对于形状复杂的精密冲模，在凸、凹模设计图样上应说明拐角处的过渡圆弧半径尺寸。同-副模具的凹、凸模中，R 值要符合下列条件，才能保证加工的实现和模具的正确配合。

对凹角　　$R_1 \geqslant Z = d/2 + \delta$

对尖角　　$R_2 = R_1 - \Delta$

式中　R_1——凹角圆弧半径；

R_2——凸角圆弧半径；

Δ——凹、凸模的配合间隙。

2. 零件的表面粗糙度

电火花线切割加工出的表面是由无方向性的无数小凹坑和硬凸边所组成的，特别有利于保存润滑油，而机械加工出的表面则存在着切削或磨削刀痕，具有方向性。两者相比，在相同的表面粗糙度和有润滑油的情况下，其表面润滑性能和耐磨损性能均比机械加工表面好。所以，在确定加工面的表面粗糙度 R_a 值时要考虑到此项因素。

合理确定线切割加工表面粗糙度 R_a 值是很重要的。因为 R_a 值的大小对线切割速度 V_{wi} 影响很大，R_a 值降低一个档次将使线切割速度 V_{wi} 大幅度下降。所以，要检查零件图样上是否有过高的表面粗糙度要求。线切割加工所能达到的表面粗糙度 R_a 值是有限的。若无特殊需要，零件上标注的 R_a 值尽可能不要太小，否则会严重影响生产效率。

3. 线切割加工的切割速度

线切割加工的切割速度可用下式进行计算。

$$V_{wi} = V_i \times H$$

式中　V_i 表示线电极加工进给速度，单位为 mm/min；

H 表示工件厚度，单位为 mm；

V_{wi} 表示切割速度，单位为 mm^2/min。

4. 零件的加工工艺过程

一般来说，数控线切割加工是工件加工的最后一道工序。零件加工的工艺过程主要有五个步骤，即工艺准备、工件装夹、编程、加工、检验。具体如图 3-4 所示。

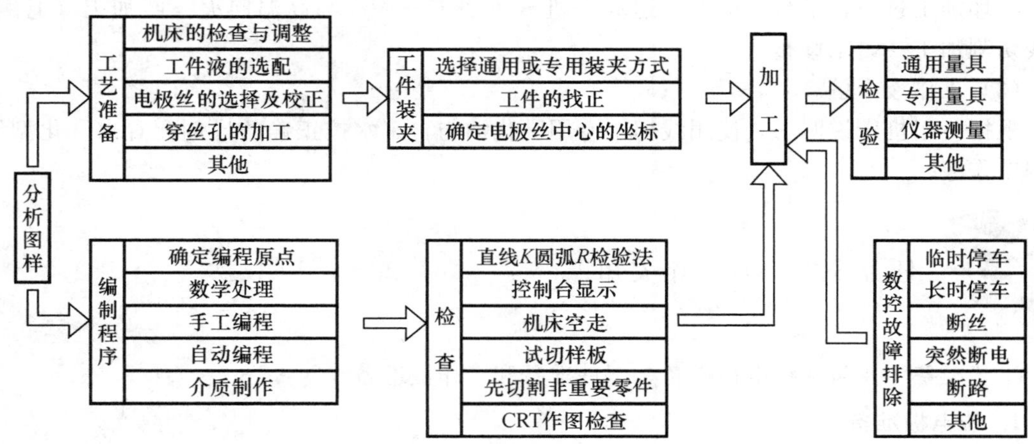

图 3-4　数控线切割加工的加工过程

① 若使用线径为 0.18 mm 的钼丝加工一套凸、凹模具，放电间隙 δ 为 0.01 mm，凹、凸模的配合间隙为 0.04 mm，请问凹角圆弧半径最小可设计为多少？凸角圆弧半径最小可设计为多少？

② 使用线径为 0.18 mm 的钼丝加工一工件，工件厚度为 25 mm，线电极加工进给速度为 2 mm/min，请计算切割速度 V_{wi}？

任务 3-2　线切割加工的工艺准备

任务 3-2（1）　掌握线切割加工的工艺准备工作

分析零件图 3-1，在确定了线切割工艺之后，还要做哪些工艺准备工作？

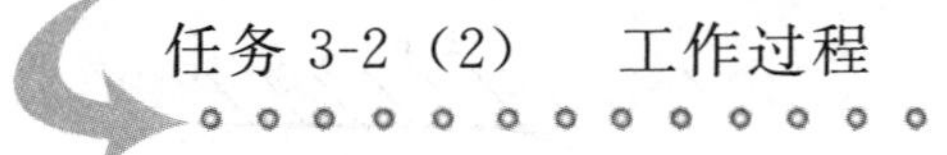

第 1 步　阅读与该任务相关的知识。

第 2 步　根据线切割加工的工艺，应做如下准备工作。

（1）线电极准备。

从图 3-1 上可看到最高加工精度为±0.05 mm，零件表面粗糙度 R_a 为 3.2 μm，故一般的快走丝线切割机床就能完成加工，电极丝选直径为 0.18 mm 的钼丝。

（2）工件准备。

零件最大尺寸为 37×32，故毛坯的尺寸选为长 47×宽 42×高 50。

毛坯加工过程：下料→锻造→退火→机械粗加工→淬火与高温回火→磨加工（退磁）→线切割加工→钳工修整。

（3）工作液准备。

根据所用机床说明书，使用线切割专用乳化油与自来水按正确的比例配置出乳化型线切割工作液。

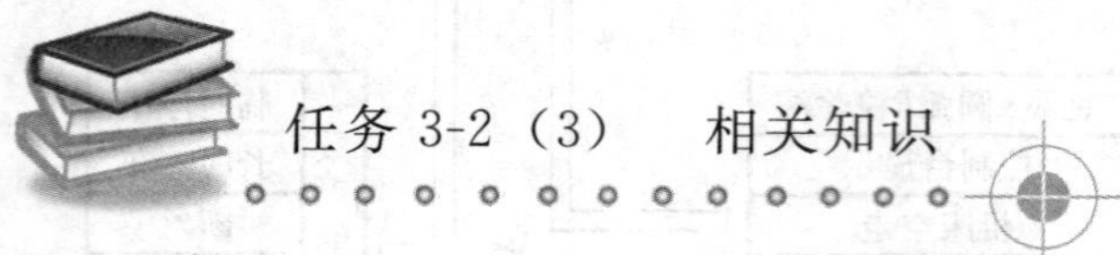

任务 3-2（3） 相关知识

工艺准备主要包括线电极准备、工件准备和工作液准备。

1. 线电极准备

1）线电极材料的选择

目前线电极材料的种类很多，主要有纯铜丝、黄铜丝、专用黄铜丝、钼丝、钨丝以及各种合金丝及镀层金属线等。常用线电极材料的特点见表 3-1。

表 3-1 各种线电极的特点

材 料	线径/mm	特 点
纯铜	0.1～0.25	适合于切割速度要求不高或精加工时用，丝不易卷曲，抗拉强度低，容易断丝
黄铜	0.1～0.30	适合于高速加工，加工面的蚀屑附着少，表面粗糙度和加工面的平直度也较好
专用黄铜	0.05～0.35	适合于高速、高精度和理想的表面粗糙度加工以及自动穿丝，但价格高
钼	0.06～0.25	由于它的抗拉强度高，一般用于快速走丝，在进行微细、窄缝加工时，也可用于慢速走丝
钨	0.03～0.10	由于它的抗拉强度高，可用于各种窄缝的微细加工，但价格昂贵

一般情况下，快速走丝机床常用钼丝作线电极，钨丝或其他贵重金属丝因成本高而很少用，其他线材因抗拉强度低，在快速走丝机床上不能使用。慢速走丝机床上则可用各种铜丝、铁丝以及专用合金丝和镀层（如镀锌等）的电极丝。

2）线电极直径的选择

线电极直径 d 应根据工件加工的切缝宽窄、工件厚度及拐角尺寸的大小等进行选择。由图 3-5 可知，线电极直径 d 与拐角半径 R 的关系为 $d \leqslant 2(R-\delta)$。所以，在拐角要求小的微细线切割加工中，需要选用线径细的电极。但线径太细，能够加工的工件厚度和切割效率也将会受到限制。

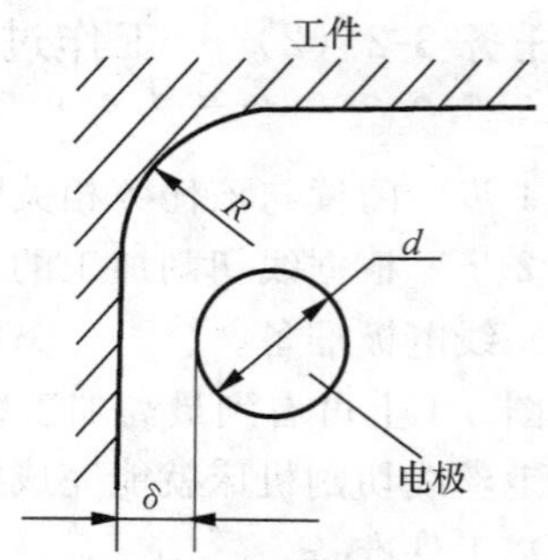

图 3-5 线电极直径与拐角的关系

3）丝速度对工艺指标的影响

① 慢速走丝方式。早期的电火花线切割加工机床几乎都是采用慢速走丝方式，电极丝的线速度约

为每秒零点几毫米到几百毫米的范围。这种走丝方式是比较平稳均匀的，电极丝抖动小，故可得到较好的表面粗糙度和加工精度，但加工速度比较低。因为走丝慢，放电产物不能及时被带出放电间隙，使脉冲频率较低，易造成短路及不稳定放电现象。而电极丝走丝速度提高，工作液就容易被带入放电间隙，放电产物也容易排除间隙外，从而能改善间隙状态，进而提高加工速度。但在工艺条件确定后，因走丝速度的提高，加工速度的提高是有限的。当走丝速度达到某一值后，加工速度就趋于稳定。

② 快速走丝方式。快速走丝方式和慢速走丝方式比较，在速度上是有很大差异的。走丝速度的快慢不仅仅是量上的差异，而且使加工效果产生质的差异。它对加工过程的稳定性、加工速度的快慢、可加工的厚度等有明显的影响。

快速走丝方式的丝速一般为每秒几百毫米到十几米，如果丝速为 10 m/s 时，相当于 1 μs 时间内电极丝移动 0.01 mm。这样快的速度，有利于脉冲结束时，放电通道迅速消电离。同时，高速运动的电极丝能把工作液带入厚度较大工件的放电间隙中，有利于排屑和放电使加工稳定进行。在一定加工条件下，随着丝速的增大，加工速度提高，但有一最佳丝速对应着最大加工速度。超过这一丝速，加工速度开始下降。例如，用直径为 0.22 mm 的钼丝，在乳化液介质中，加工厚度为 30 mm 的 T10 淬火钢，采用矩形波脉冲电源，脉冲宽度为 30 μs，脉冲间隔为 50 μs，空载电压为 90 V，短路峰值电流为 30 A 时，改变电极丝的走丝速度，可得到对应的加工速度曲线，如图 3-6 所示。由图可知，丝速在 5 m/s 以下时，加工速度随丝速的增加而提高；丝速在 5～8 m/s时，丝速的变化对加工速度的影响较小；丝速超过 8 m/s 时，随着丝速的增加，加工速度反而下降。这是因为，丝速在 5 m/s 以下时，随着丝速的增加排屑条件改善较大，加工速度亦增加较多；当丝速达到一定程度（5～8 m/s）时，排屑条件已经基本与蚀除速度相适应，丝速增高，加工速度变化缓慢，丝速再增高，排屑条件虽然仍在改善，蚀除作用基本不变，但是储丝筒在一次排丝的运转时间减少，相反在一定时间内的正反向换向次数增多，非加工时间增多，从而使加工速度降低。

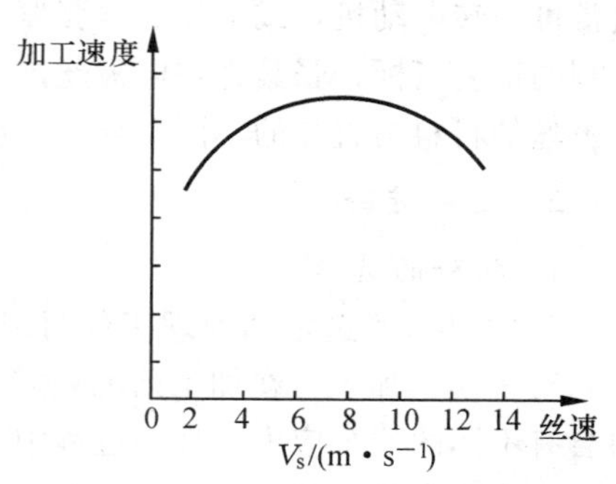

图 3-6　快速走丝方式的丝速对加工速度的影响

4）电极丝上丝、紧丝对工艺指标的影响

电极丝的上丝、紧丝是线切割操作的一个重要环节，它直接影响到加工零件的质量和切割速度。如图 3-7 所示，当电极丝张力 N 适中时，切割速度 V_{wi} 最大。在上丝、紧丝的过程中如果上丝过紧，电极丝超过弹性变形的限度，由于频繁地往复弯曲、摩擦，加上放电时遭受急热、急冷变换的影响，可能发生疲劳而造成断丝。高速走丝时，上丝过紧而断丝往往发生在换向的瞬间，严重时即使空走也会断丝。

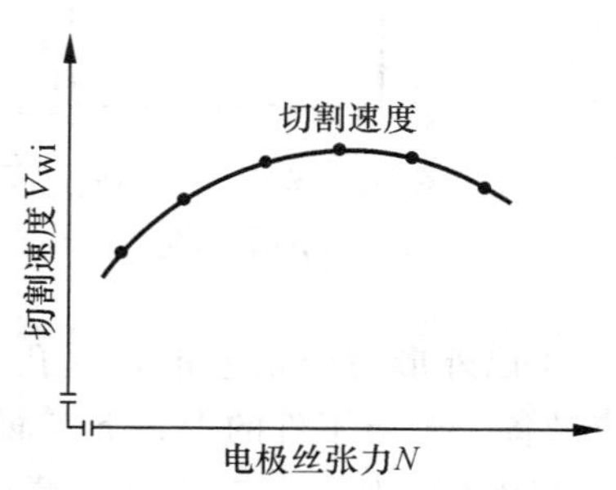

图 3-7　线切割电极丝张力与切割速度的关系

但若上丝过松，由于电极丝具有延伸性，在切割较厚工件时，由于电极丝的跨距较大，除了它的振动幅度大以外，还会在加工过程中受放电压力的作用而弯曲变形，结果电极丝切割轨迹落后并偏离工件轮廓，即出现如图 3-8 所示的加工滞后现象，从而造成形状与尺寸误差。例如，切割较厚的圆柱体零件会出现腰鼓形状，严重时电极丝快速运转容易跳出导轮槽或限位槽，而被卡断或拉断。所以，电极丝张力的大小，对运行时电极丝的振幅和加工稳定性有很大影响，故而在上丝时应采取张紧电极丝的措施。如在上丝过程中外加辅助张紧力，通常可逆转电动机，或上丝后再张紧一次（例如采用张紧手持滑轮）。为了不降低电火花线切割的工艺指标，张紧力在电极丝抗拉强度允许范围内应尽可能大一点，张紧力的大小应视电极丝的材料与直径的不同而异，一般高速走丝线切割机床用的钼丝张力应在 5～10 N。

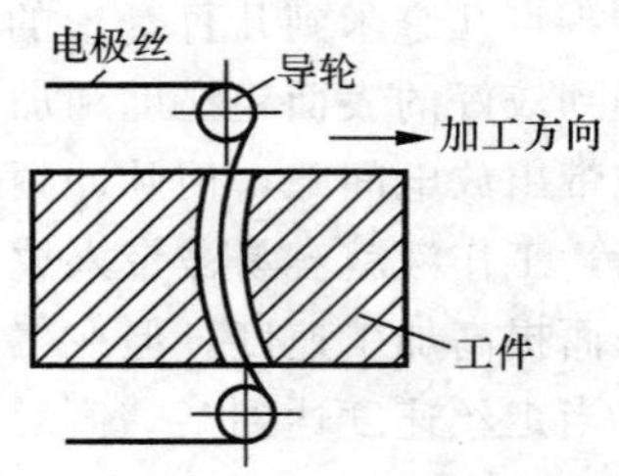

图 3-8　放电切割时电极丝弯曲滞后

2. 工件准备

1）材料的选择

工件材料的选定和处理工件材料的方法是在图样设计时确定的。

对于模具加工，在加工前毛坯需经锻打和热处理。锻打后的材料在锻打方向与其垂直方向会有不同的残余应力，加工过程中残余应力的释放会使工件变形。这里采用淬火的热处理方法。淬火会使工件出现残余应力，加工过程中残余应力的释放会使工件变形。淬火不当的工件还会在加工过程中出现裂纹，另外，工件上的磁性和氧化锈斑也会对加工造成不利影响。

因此，加工之前应选择锻造性能好、淬透性好、热处理变形小的材料。以线切割为主要工艺的冷冲模具，应尽量选用 CrWMn、Cr12Mo、GCr15 等合金工具钢。

2）加工基准的选择

为了便于线切割加工，根据工件外形和加工要求，应准备相应的校正和加工基准，并且此基准应尽量与图样的设计基准一致。

① 以外形为校正和加工的基准。外形是矩形的工件一般需要有两个相互垂直的基准面，并垂直于工件的上、下平面，如图 3-9 所示。

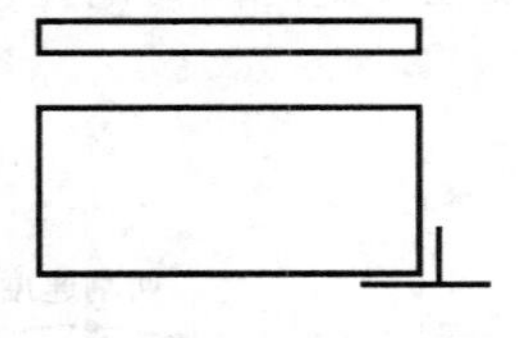

图 3-9　矩形工件的校正和加工基准

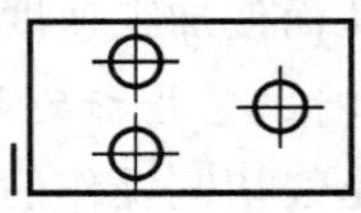

图 3-10　外形一侧边为校正基准，内孔为加工基准

② 以外形为校正基准，内孔为加工基准。无论是矩形、圆形还是其他异形的工件，都应准备一个与工件的上、下平面保持垂直的校正基准，此时其中一个内孔可作为加工基准，如图 3-10 所示。在大多数情况下，外形基面在线切割加工前的机械加工中就已准备好了。工件淬硬后，若基面变形很小，可稍加打光便可用线切割加工；若变形较大，则应当重新修磨基面。

3）穿丝孔的确定

对于凸模类零件，为避免将坯件外形切断引起变形，通常在坯件内部外形附近预制穿丝孔，如图 3-11（c）所示。而对于凹模、孔类零件，则可将穿丝孔位置选在待切割型腔（孔）内部。当穿丝孔位置选在待切割型腔（孔）的边角时，切割过程中无用的轨迹最短；若穿丝孔位置选在已知坐标尺寸的交点处，则有利于尺寸推算；切割孔类零件时，若将穿丝孔位置选在型孔中心，则可使编程操作容易。

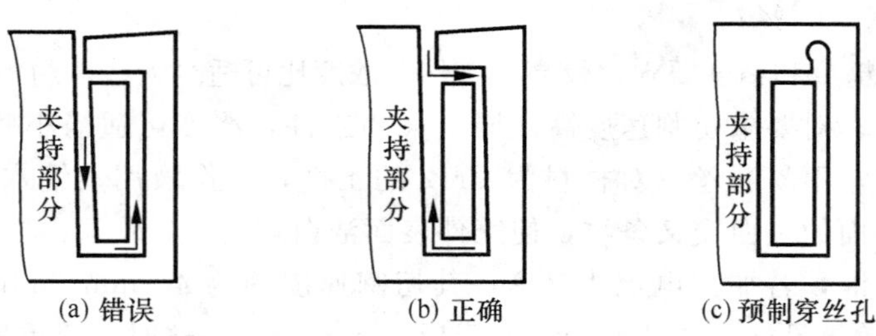

(a) 错误　(b) 正确　(c) 预制穿丝孔

图 3-11　切割起始点和切割路线的安排

穿丝孔大小要适宜，一般不宜太小。如果穿丝孔直径太小，不但钻孔难度增加，而且也不便于穿丝。但是，若穿丝孔直径太大，则会增加钳工工艺上的难度。一般穿丝孔直径为 3～10 mm。如果预制孔可用车削等方法加工，则穿丝孔直径可大一些。

3. 工作液准备

1）工作液的特性

在电火花线切割加工中，工作液是脉冲放电的介质，对加工工艺指标影响很大。高速走丝电火花线切割机床使用的工作液是专用的乳化液。目前市场上供应的乳化液，有的适用于精加工，有的适用于大厚度切割，也有的是在原来工作液中添加某些化学成分来提高某种特定的性能。工作液的特性归纳如下。

① 绝缘性。火花放电必须在具有一定绝缘性能的液体介质中进行。普通自来水的绝缘性能较差，加入矿物油、皂化钾等物质制成乳化液后，绝缘性能提高，适合于电火花线切割加工。煤油的绝缘性能较高，与乳化液相比，同样电压之下较难击穿放电，只有在特殊精加工时才采用。

工作液的绝缘性能提高可使击穿后的放电通道压缩，局限在较小的通道半径内火花放电，形成瞬时局部高温熔化、气化金属。放电结束后又迅速恢复放电间隙成为绝缘状态。

② 洗涤性。洗涤性是指工作液渗透进入窄缝中吸附电蚀物和去除油污的能力。洗涤性能好的工作液，切割时排屑效果好，切割速度高，切割后表面光亮清洁，割缝中没有油污黏糊。而洗涤性能不好的工作液则相反。

③ 冷却性。在放电过程中，放电点局部的瞬时温度极高，尤其是大电流加工时表现更加突出。为防止电极丝烧断和工件表面局部退火，必须要求工作液具有较好的吸热、传热、散热性能。

④ 无污染性。工作液不应产生有害气体，不应对操作人员的皮肤、呼吸道产生刺激，不应锈蚀工件、夹具和机床。

此外，工作液还应配制方便、使用寿命长、乳化充分，冲制后油水不分离，长时间储存也不应有沉淀或变质现象。

2）工作液的配制与使用

一般情况下可将一定比例的自来水（某些工作液要求用蒸馏水）冲入乳化油，搅拌后使工作液充分乳化成均匀的乳白色。天冷时可先用少量开水冲入拌匀，再加冷水搅拌。

根据不同的加工工艺指标，工作液的配制比例一般在 5%～20% 范围内（乳化油 5%～20%，水 80%，95%）。

对加工表面粗糙度和精度要求比较高的工件，浓度比可适当大些，约 10%～20%。以使加工表面洁白均匀；对要求切割速度高或厚度大的工件，浓度可适当小些，约 5%～8%，以使加工状态稳定，不易断丝；对材料为 Cr12 的工件，工作液用蒸馏水配制，浓度稍小些，以减少工件表面的黑白交叉条纹，使工件表面洁白均匀。

新配制的工作液，若加工电流为 2 A，其切割速度约为 40 mm^2/min。若每天工作 8 h，使用两三天后效果最好。继续使用八九天后就容易断丝，这时就应更换新的工作液。

任务 3-2（4） 思考与交流

通过查阅机床说明书，配制自己学校线切割机床的工作液。

任务 3-3 线切割加工工艺路线的选择

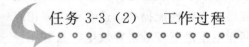

任务 3-3（1） 学会如何选择线切割加工工艺路线

加工如图 3-1 所示零件，试确定其加工工艺路线。

任务 3-3（2） 工作过程

第 1 步 阅读与该任务相关的知识。

第 2 步 首先，为了减少工件的变形，在工件上用穿孔机先打一个 2 mm 的孔，电极丝从这个孔穿进来。其次，采用顺时针加工，加工路线如图 3-12 所示。

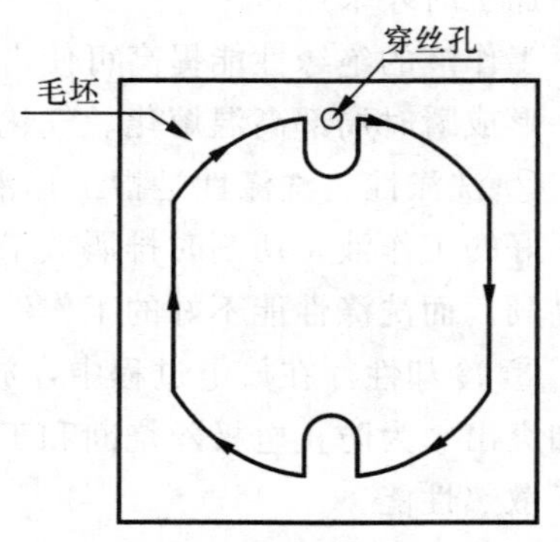

图 3-12 加工路线

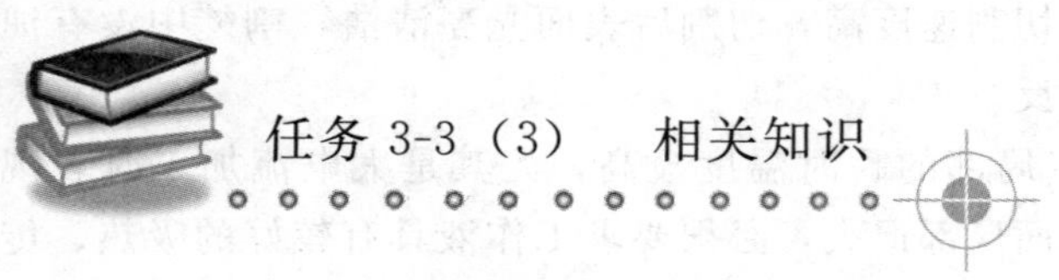

任务 3-3（3） 相关知识

1. 避免加工起始点造成的应力

一般来说，当一个具有内应力的工件从端面切割时，在工件材料上就会产生与之相应的变形。为了防止这种情况的发生，一般要在工件上用穿孔机打一个起始孔，其直径为1～3 mm，并从该孔开始加工，如图 3-13 所示。

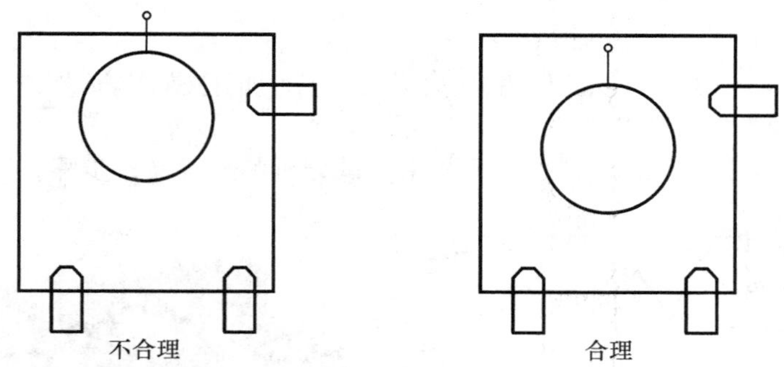

图 3-13　工艺路线示例图

2. 避免仿形加工造成的应力

加工一个高精度型模时，由于仿形加工，工件容易发生如图 3-14（a）所示的变形。若能在工件上打多个相应的孔，如采用图 3-14（b）所示加工方法，则工件的变形可基本消除。

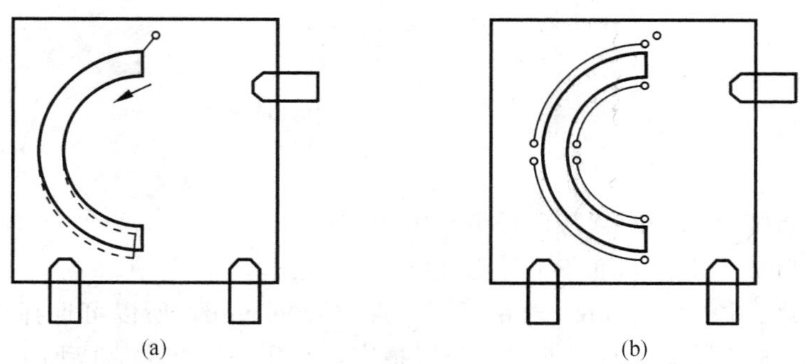

图 3-14　工艺路线示例图

3. 避免多型腔加工造成的应力

在加工多型腔外形零件时，由于工件内应力的作用，容易产生变形。如图 3-15（a）为不合理的工艺路线，而如图 3-15（b）则为合理的工艺路线。

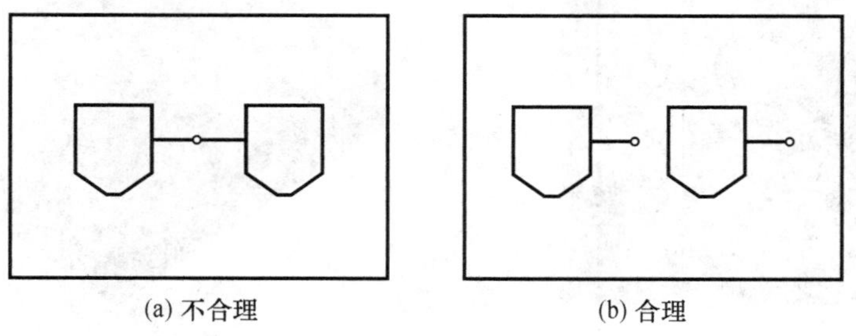

图 3-15　工艺路线示例图

任务 3-4　电火花线切割加工综合实例

任务 3-4（1）　全面掌握电火花线切割加工操作方法

如图 3-16 所示零件，已知材料为 45 号钢，试分析其加工操作步骤。

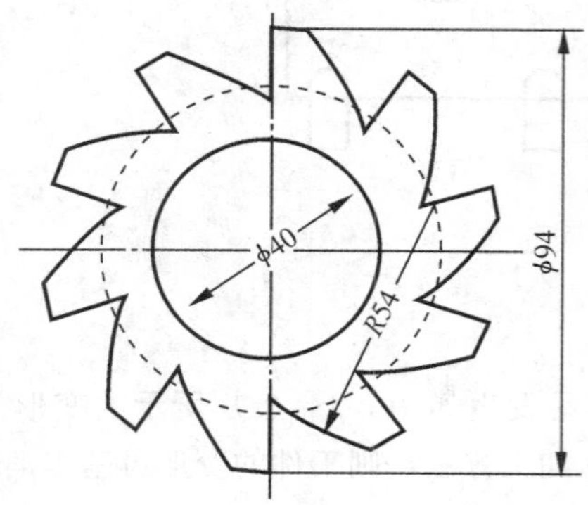

图 3-16　零件图及实体图

任务 3-4（2）　工作过程

第 1 步　分析零件图并阅读与该任务相关的知识。

第 2 步　分析加工工艺，准备工件毛坯。

零件内腔圆弧直径为 40 mm，外轮廓圆弧直径为 94 mm，所以可选择长 110 mm、宽 110 mm 的毛坯。为了保证内腔和外形的位置精度，采用一次装夹完成加工。

根据零件形状，确定穿丝位置和加工切割线路，如图 3-17 所示。加工顺序是先切割内轮廓，再切割外轮廓。

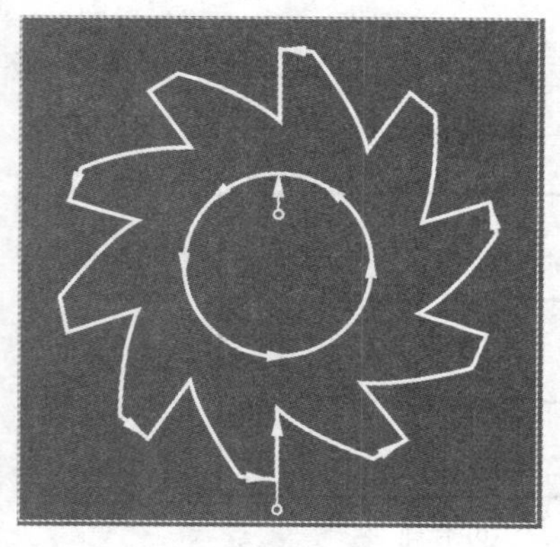

图 3-17　穿丝位置和切割线路

图 3-18　毛坯

工件毛坯应先在铣床上铣上、下两个面，再在磨床上磨这两个面，保证其厚度尺寸、表面粗糙度、上下面平行度等符合要求，如图 3-18 所示。

预钻穿丝孔。预钻两个穿丝孔，穿丝孔直径为 3 mm，如图 3-19 所示。工件毛坯、穿丝孔、零件三者的位置关系如图 3-20 所示。为了减小进给距离，内腔穿丝孔没有选在圆心处，而是选在靠近圆弧的位置。

图 3-19　穿丝孔

图 3-20　位置关系

第 3 步　准备加工程序。

加工程序可以手工编写，也可以用计算机自动生成，具体的编程方法可参考后面项目四。

第 4 步　上丝，校垂直。

装上电极丝，并校正其垂直度。一般是校正电极丝与工作台水平面的垂直度。

第 5 步　装夹工件并找正。

工件毛坯为方形，零件外形为圆形，在毛坯四角的余量较大，所以可把四个角作为装夹的夹持点。可用桥式支撑的方式进行装夹。装夹时要注意穿丝孔的方向，如图 3-21 所示。

第 6 步　穿丝，对中心。

将电极丝穿过第一个穿丝孔，然后对好中心，如图 3-22 所示。

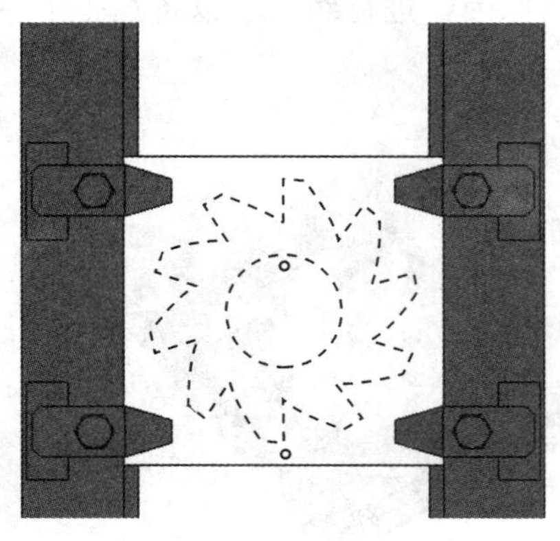

图 3-21　装夹工件

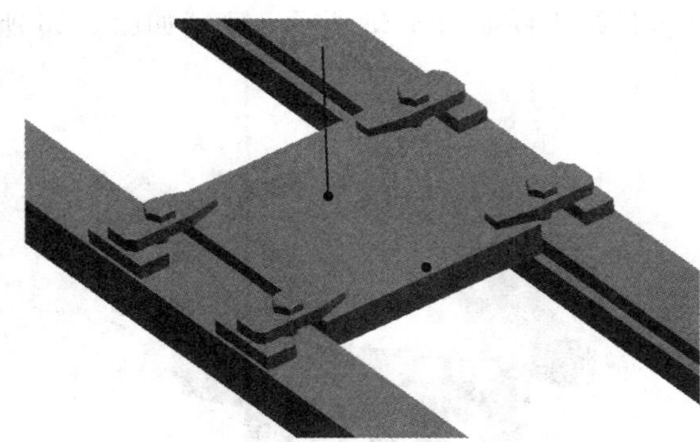

图 3-22　穿丝

第 7 步　加工内腔

调好加工参数，依次启动走丝，打开切削液，将“加工/定中心”开关置“加工”，打开高频电源，然后点击“切割”，启动程序加工，并用“变频”旋钮来改变进给速度。

由于零件内腔轮廓和外轮廓不是连续的，所以不可能连续加工，编写程序也要在内腔轮廓和外轮廓加入暂停指令。内腔加工完成，电极丝回到穿丝孔的起始位置，会自动停下来。加工完内腔的零件（即中间零件）如图 3-23 所示，切割下来的废料如图 3-24 所示。

图 3-23　中间零件

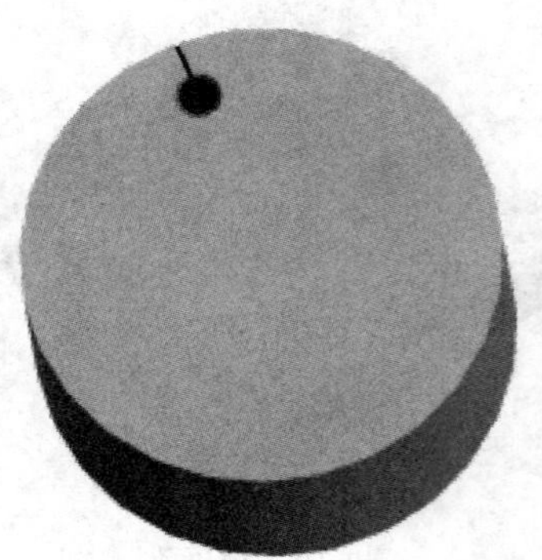

图 3-24　废料

第 8 步　第二次穿丝，定位

加工完内腔后，加工外轮廓时要重新穿丝。去掉电极丝一端，点击“空走”，选择“正向空走”，拖板自动移到第二个穿丝孔停下，然后穿丝。这次穿丝后不用对中心，电极丝的位置已在前面“空走”时由程序自动定位。空走时，拖板移动相对较快，而且高频电源自动关闭，不会放电。

第 9 步　加工工件外轮廓

点击“切割”，再次启动程序，开始切割外轮廓。

第 10 步　停机，检测

加工完毕，先关闭切削液，稍等一会儿再关闭走丝。小心地移开电极丝，取下零件，然后检测零件，看是否符合要求。若不符合要求，找出原因，进行纠正，以备加工下一个零件。最终零件如图 3-25 所示，废料如图 3-26 所示。

图 3-25　最终零件

图 3-26　废料

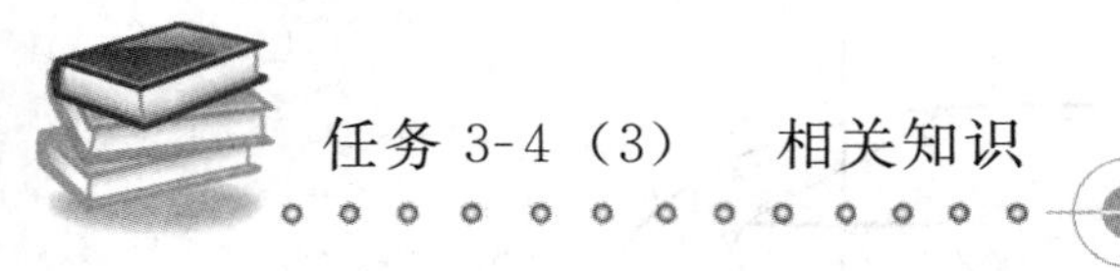

任务 3-4（3） 相关知识

1. 线切割加工的基本内容

线切割加工的基本内容如下。

① 材料：根据图样选择工件材料、加工基准面、热处理、消磁、表面处理（去氧化皮、去锈斑）。

② 基准：确定工艺基准面、确定工艺基准线、确定线切割加工基准。

③ 程序：手工编程、自动编程。

④ 穿丝孔：确定穿丝孔位置、确定穿丝孔直径、加工穿丝孔。

⑤ 工件装夹：选择装夹方法、工件找正。

⑥ 电极丝：选择电极丝、安装电极丝、穿丝、校垂直。

⑦ 工作液：选择、配制、更换。

⑧ 加工：程序传输、对丝、调节脉冲电源参数、进给速度、启动加工、过程监控。

⑨ 检验：加工精度（尺寸）检查、表面粗糙度检查、分析。

2. 线切割加工操作步骤

加工前先准备好工件毛坯、装夹工量具等。若需切割内腔形状工件，或工艺要求穿丝孔需加工的，毛坯应预先钻好穿丝孔，然后按以下步骤操作。

① 启动机床电源进入系统，准备加工程序。

② 检查机床各部分是否有异常，如高频电源、水泵、储丝筒等的运行情况。

③ 上丝、穿丝、校垂直。

④ 装夹工件，找正。

⑤ 对丝，确定切割起始位置。

⑥ 启动走丝，开启工作液泵，调节喷嘴流量。

⑦ 调整加工参数。

⑧ 运行加工程序，开始加工。

⑨ 监控加工过程，如走丝、放电、工作液循环等是否正常。

⑩ 检查零件是否符合要求，如出现差错，应及时处理，避免加工零件报废。

任务 3-4（4） 思考与交流

要加工如图 3-27 所示的零件，试分析其加工步骤。已知材料用 45 号钢。

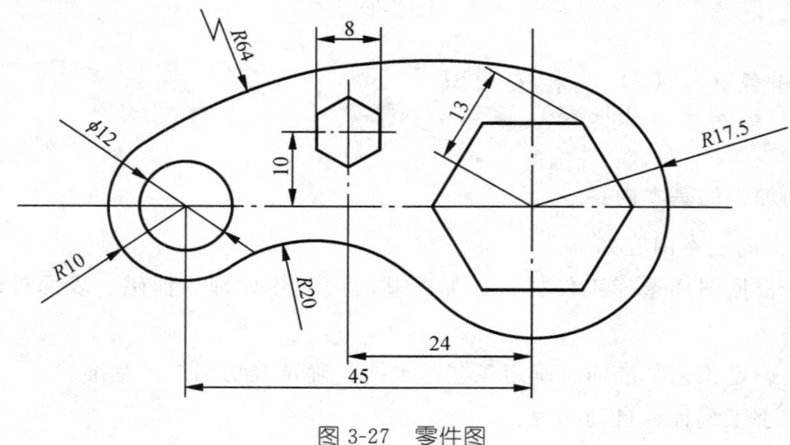

图 3-27　零件图

任务 3-5　电参数对加工的影响

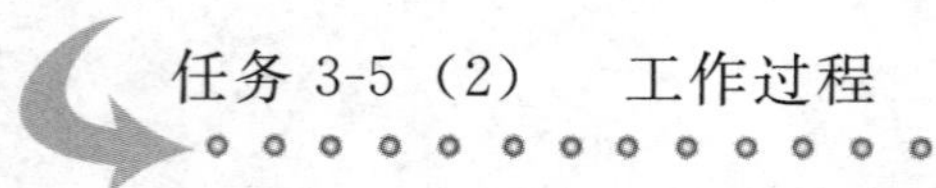

任务 3-5（1）　认识电参数对加工的影响

分析修改电参数方式，对零件加工有何影响？并填写在表 3-2 中。

表 3-2　电参数对加工的影响

序　号	修改电参数方式	对加工的影响
1	增大峰值电流（或管数）	
2	增大脉冲宽度	
3	增大脉冲间隔	
4	增大进给速度	

任务 3-5（2）　工作过程

第 1 步　阅读与该任务相关的知识。

第 2 步　填写表 3-2 中的“对加工的影响”栏目，完成任务的结果如表 3-3 所示。

表 3-3　电参数对加工的影响

序　号	修改电参数方式	对加工的影响
1	增大峰值电流（或管数）	切割速度提高，但表面粗糙度差，电极丝的损耗也随之变大，容易造成断丝
2	增大脉冲宽度	切割速度提高，但表面粗糙度差，易造成断丝
3	增大脉冲间隔	加工稳定性好，不易短路和断丝
4	增大进给速度	易产生短路和断丝，加工不稳定

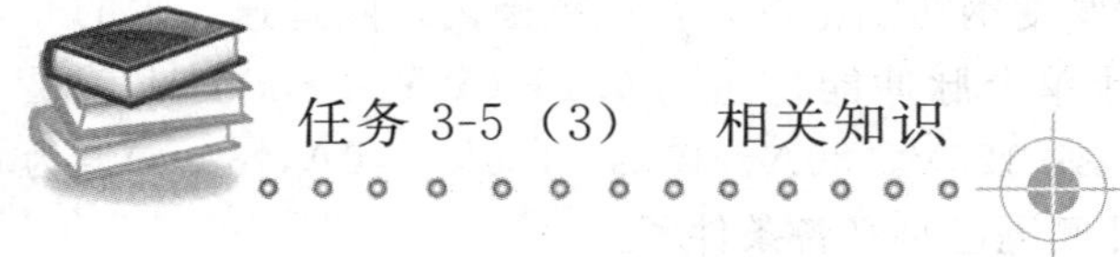

任务 3-5（3）　相关知识

1. 电参数对加工的影响

① 峰值电流（或管数）。峰值电流是指放电电流的最大值。它对提高切割速度最为有效。增大峰值电流，单个脉冲的能量增大，切割速度提高，但表面粗糙度差，电极丝的损耗也随之变大，容易造成断丝。

② 脉冲宽度 T_i（单位为 μs）。脉冲宽度是指脉冲电流的持续时间。脉冲宽度的大小标志着单个脉冲的能量强弱，它对加工效率、表面粗糙度和加工稳定性的影响最大。因此，在选择电参数时，脉冲宽度是首选。

在其他加工条件相同的情况下，切割速度随着脉冲宽度的增加而加快，但脉冲宽度达到一定高度时电蚀物来不及排除，会使加工不稳定，表面粗糙度变差。对于不同的工件材料和工件厚度，应合理选择适宜的脉宽。工件越厚，脉宽应相应地增大，为保证一定的表面粗糙度，一般以机床进给速度均匀和不短路为宜。

粗加工时，脉冲宽度可在 20～60 μs 内选择；精加工时，脉冲宽度可在 20 μs 内选择。

③ 脉冲间隔 T_o（单位为 μs）。其他参数不变，缩短相邻两个脉冲之间的脉冲间隔时间，即提高脉冲频率，增加电蚀次数，切割速度加快。但是，当脉冲间隔减小到一定程度后，电蚀物来不及排除，形成短路，造成加工不稳定。因此，加大脉冲间隔，有利于工件排屑，使加工稳定性好，不易短路和断丝。切割厚工件时，选用大的脉冲间隔，有利于排屑，使加工稳定。一般脉冲间隔选择在 10～250 μs 之间。

④ 进给速度 v_i（单位：mm/min）

进给速度太快，容易产生短路和断丝，加工不稳定，反而使切割速度降低，加工表面发焦呈褐色；进给速度太慢，会产生二次放电，使脉冲利用率过低，切割速度降低，工件表面的质量受到影响；进给速度适当，加工稳定，切割速度高，可得到很好的表面粗糙度和加工精度。

综上所述：由于切割速度和工件的表面粗糙度是互相矛盾的两个工艺指标，所以必须在满足工件的切割精度和表面粗糙度的前提下，提高切割速度，即选择合理的电参数。

2. 经验介绍

对于 40 mm 厚度以下的钢，一般参数怎么设置都能切割，脉宽大了，电流大切割就能快一些，反之就会慢一些，而光洁度好一点，这是典型的反向互动特性。

对于 40～100 mm 厚度的钢，就一定有大于 20 μs 的脉宽和大于 6 倍脉宽的间隔，峰值电流也一定要达到 12 A 以上，这是为保证有足够的单个脉冲能量和足够的排除电蚀物的间隔时间。

对于 100～200 mm 厚度的钢，就一定有大于 40 μs 的脉宽和大于 10 倍脉宽的间隔，峰值电流应维持在 20 A 以上，此时保证足够的火花爆炸力和蚀除物排出的能力已是至关重要的了。

对于 200 mm 以上厚度的钢，属于大厚度钢切割范围，在该范围内，除丝速、水的介电系数等必备条件外，最重要的条件是让单个脉冲能量达到 0.15（V·A·s），也就是 100 V、25 A、60 μs（或 100V、30A、50μs；125V、30A、40μs；125V、40A，30μs）。为了不使丝的载流量过大，12 倍以上的脉冲间隔已是必备条件了。

任务 3-5（4） 思考与交流

电火花线切割加工过程中，如果经常断丝应如何修改放电参数？

项目四 程序编制

【教学重点】

- 3B代码编程
- G代码编程
- CAXA线切割

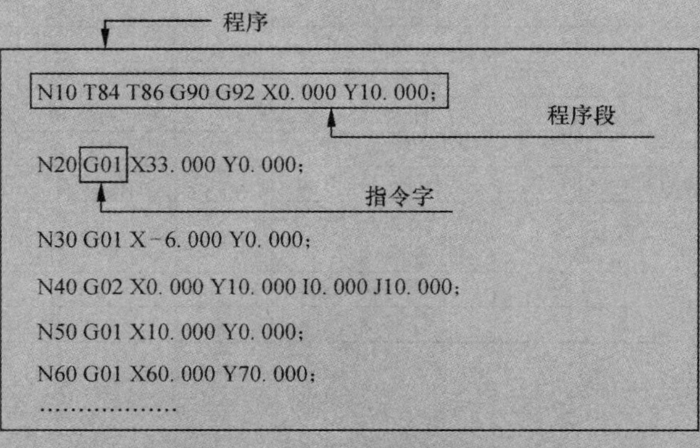

教 学 建 议

序　号	任　务	建议学时	建议教学方式	备　注
1	任务 4-1	1	讲授、辅导教学	
2	任务 4-2-1	1	讲授、辅导教学	
3	任务 4-2-2	1	讲授、辅导教学	
4	任务 4-3-1	1	讲授、辅导教学	
5	任务 4-3-2	1	讲授、辅导教学	
6	任务 4-4	1	讲授、辅导教学	
7	任务 4-5-1	2	讲授、辅导教学	
8	任务 4-5-2	1	讲授、辅导教学	
9	任务 4-6	0.5	讲授、示范教学、辅导教学	
10	任务 4-7	3	讲授、示范教学、辅导教学	
11	任务 4-8	1	讲授、示范教学、辅导教学	
12	任务 4-9	0.5	讲授、示范教学、辅导教学	
总计		14		

教 学 准 备

序　号	任　务	设备准备	刀具准备	材料准备
1	任务 4-1			
2	任务 4-2-1			
3	任务 4-2-2			
4	任务 4-3-1			
5	任务 4-3-2			
6	任务 4-4			
7	任务 4-5-1			
8	任务 4-5-2			
9	任务 4-6	计算机房		
10	任务 4-7	计算机房		
11	任务 4-8	计算机房		
12	任务 4-9	计算机房		

教 学 评 价

序　号	任　务	教学评价		
1	任务 4-1	好□	一般□	差□
2	任务 4-2-1	好□	一般□	差□
3	任务 4-2-2	好□	一般□	差□
4	任务 4-3-1	好□	一般□	差□
5	任务 4-3-2	好□	一般□	差□
6	任务 4-4	好□	一般□	差□
7	任务 4-5-1	好□	一般□	差□
8	任务 4-5-2	好□	一般□	差□
9	任务 4-6	好□	一般□	差□
10	任务 4-7	好□	一般□	差□
11	任务 4-8	好□	一般□	差□
12	任务 4-9	好□	一般□	差□

任务 4-1 3B 代码的格式

任务 4-1（1） 掌握 3B 代码所表示的含义

以下是用 3B 代码编写的一个加工程序段，试说明程序段中的每一代码所表示的含义。
B10000 B0 B10000 GX L1

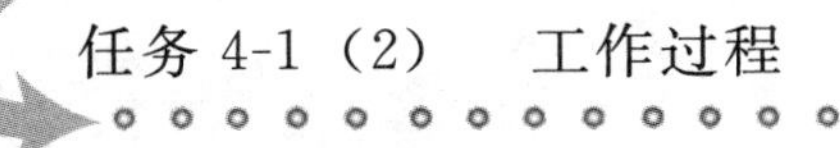

任务 4-1（2） 工作过程

第 1 步 阅读与该任务相关的知识，了解 3B 代码格式中每一符号所表示的含义。
第 2 步 填写表 4-1，每一代码所表示的含义如表 4-1 所示。

表 4-1 3B 代码所表示的含义

代 码	含 义
B10000	X 轴坐标绝对值为 10 000 μm
B0	Y 轴坐标绝对值为 0 μm
B10000	加工线段的计数长度为 10 000 μm
GX	按 X 轴方向计数
L1	直线加工，直线的走向和终点为第一象限

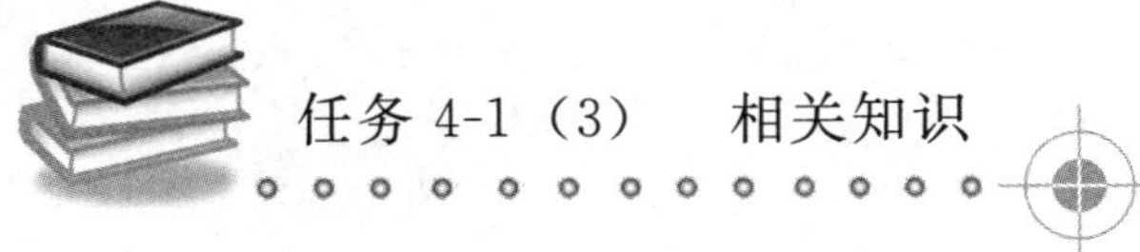

任务 4-1（3） 相关知识

1. 坐标系

机床控制系统必须准确地知道工件原点的位置才能正确地控制机床进行加工，所以线切割机床必须建立坐标系。图 4-1 为平面直角坐标系，图 4-2 为线切割机床坐标系。坐标系的 X 轴和 Y 轴的交点称为原点。坐标轴将平面分为四个区域，分别称为第一象限、第二象限、第三象限和第四象限。

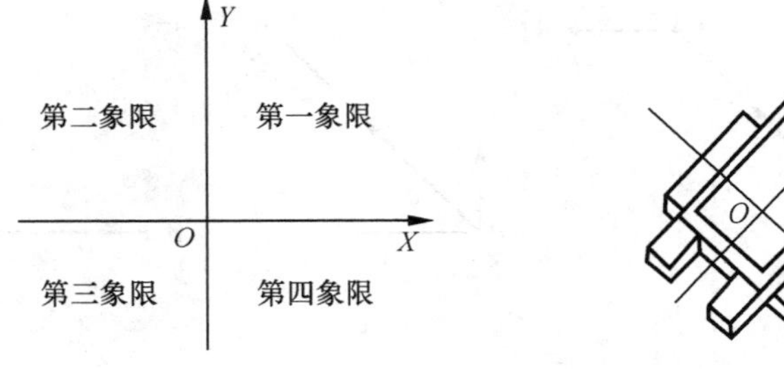

图 4-1 平面直角坐标系

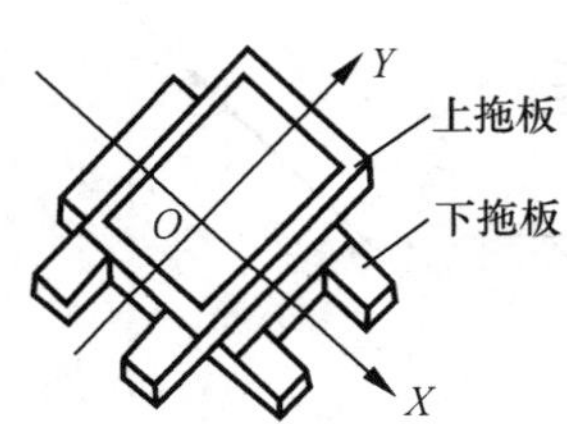

图 4-2 线切割机床坐标系

2. 3B 格式

快走丝线切割机床一般采用 B 代码格式编写的“语言”控制系统运行。B 代码格式分为 3B 格式、4B 格式和 5B 格式等，其中 3B 格式是最常用的格式。为了便于国际交流，目前，我国快走丝线切割机床逐步采用了标准的 G 代码格式。一般情况下，机床的数控系统对两种代码都支持。以下是 3B 代码的格式。

BX BY BJ G Z

其中：

B——分隔符；

X——*X* 轴坐标值的绝对值，单位为 μm；

Y——*Y* 轴坐标值的绝对值，单位为 μm；

G——计数方向的符号，按 *X* 方向计数写作 GX，按 *Y* 方向计数写作 GY；

J——加工线段的计数长度，它是指切割长度在 *X* 轴或 *Y* 轴上的投影长度，单位为 μm；

Z——加工指令，Z 改为 L1 时表示向右或向右上方（即第一象限）直线加工。

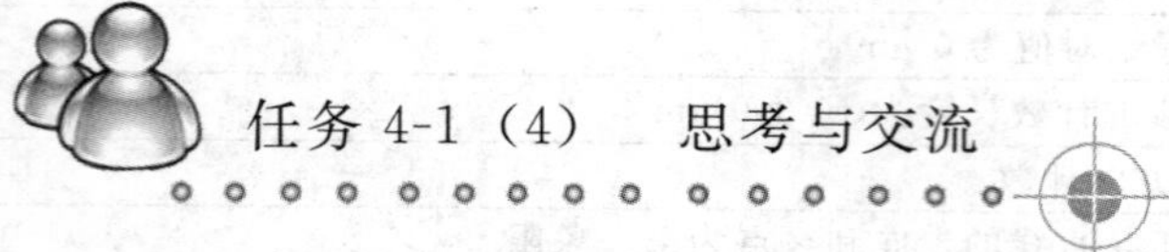

控制程序是怎样知道工件位置的？

任务 4-2　3B 代码编程方法

任务 4-2-1（1）　掌握直线的 3B 代码编程方法

如图 4-3（a）所示的轨迹形状，试用 3B 代码分别对图 4-3（b）、（c）、（d）中的直线 *CA*、*AC*、*BA* 进行手工编程（单位均为 mm）。

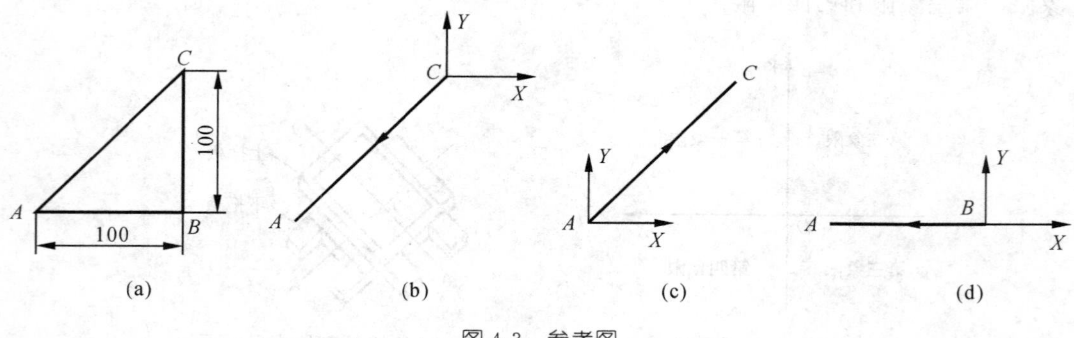

图 4-3　参考图

任务 4-2-1（2） 工作过程

第 1 步 阅读与该任务相关的知识。

第 2 步 图 4-3（b）、（c）、（d）中直线的 3B 代码如下。

CA 段：B100000 B100000 B100000 GY L3

AC 段：B100000 B100000 B100000 GY L1

BA 段：B100000 B0 B100000 GX L3

任务 4-2-1（3） 相关知识

用 3B 代码进行直线编程时，首先要确定直线中哪一点为加工的起点，将该点设定为坐标系的原点；其次是确定坐标系的方向，如果该直线为第一加工轨迹，就要合理地确定坐标系的方向；如果该直线不是第一加工轨迹，就要确保坐标系方向与前面的坐标方向相同。以下介绍直线的 3B 代码编程涉及的几个参数。

1）计数方向

以直线的起点为原点，建立直角坐标系，取该直线终点坐标值的绝对值大的坐标轴为计数方向。在图 4-4 中，设终点坐标为（X_e，Y_e），若 $|X_e| > |Y_e|$，则计数方向为 GX，如图 4-4（a）所示；若 $|X_e| < |Y_e|$，则计数方向为 GY，如图 4-4（b）所示；若 $|X_e| = |Y_e|$，则在一、三象限，计数方向为 GY，在二、四象限，计数方向为 GX，如图 4-4（c）所示。

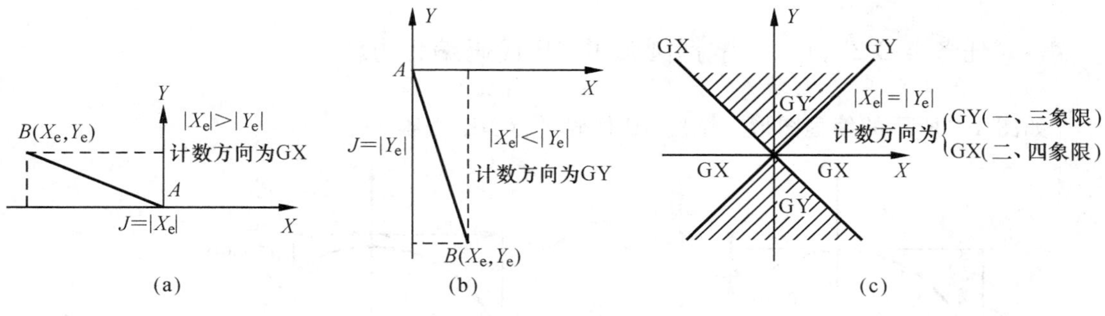

图 4-4 计数方向的确定

2）计数长度

以计数方向确定投影方向，若计数方向为 GX，则将直线向 *X* 轴投影得到长度的绝对值即为 *J* 的值（见图 4-4（a））；若计数方向为 GY，则将直线向 *Y* 轴投影得到长度的绝对值即为 *J* 的值（见图 4-4（b））。

3）加工指令

加工指令 *Z* 按照直线走向和终点的坐标不同可分为 L1、L2、L3、L4，其中与＋*X* 轴重合的直线算作 L1，与 $-X$ 轴重合的直线算作 L3，与 $+Y$ 轴重合的直线算作 L2，与 $-Y$ 轴重合的直线算作 L4，具体如图 4-5 所示。

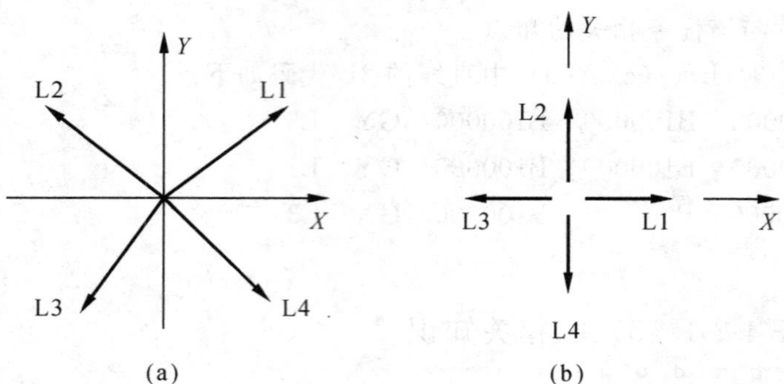

图 4-5 加工指令的确定

任务 4-2-1（4） 思考与交流

加工斜线 OA，设起点 O 在坐标原点，终点 A 的坐标为 $X_e=17$ mm，$Y_e=5$ mm，其加工程序为（　　）。

A. B17B5B17GXL1　　B. B17000B5000B17000 GXL1

C. B17000B5000B17000 GYL1　　D. B17000B5000B5000 GYL1

E. B17B5B17000 GXL1

任务 4-2-2（1） 掌握圆弧的 3B 代码编程方法

如图 4-6 所示的编程图形，试用 3B 代码进行手工编程。

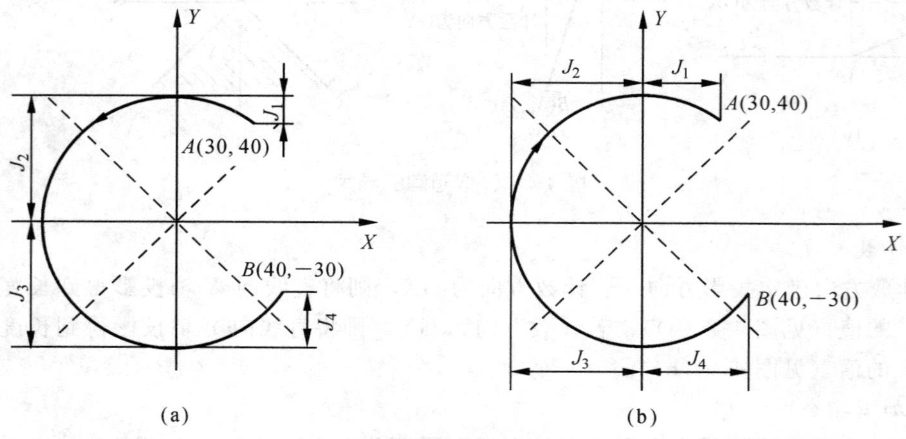

图 4-6 编程图形

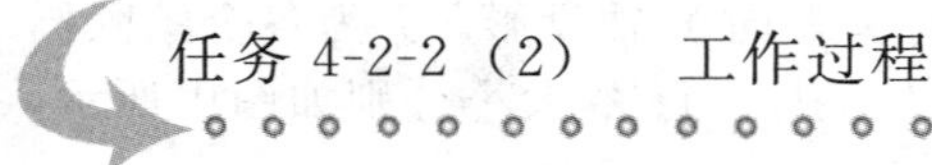

任务 4-2-2（2） 工作过程

第 1 步 阅读与该任务相关的知识，了解编程方法。

第 2 步 分别编写图 4-6（a）和图 4-6（b）的 3B 代码。

① 对于图 4-6（a），起点为 A，终点为 B，则

$$J=J_1+J_2+J_3+J_4=10\ 000+50\ 000+50\ 000+20\ 000=130\ 000$$

故其 3B 程序为

B30000 B40000 B130000 GY NR1

② 对于图 4-6（b），起点为 B，终点为 A，则

$$J=J_1+J_2+J_3+J_4=40\ 000+50\ 000+50\ 000+30\ 000=170\ 000$$

故其 3B 程序为

B40000 B30000 B170000 GX SR4

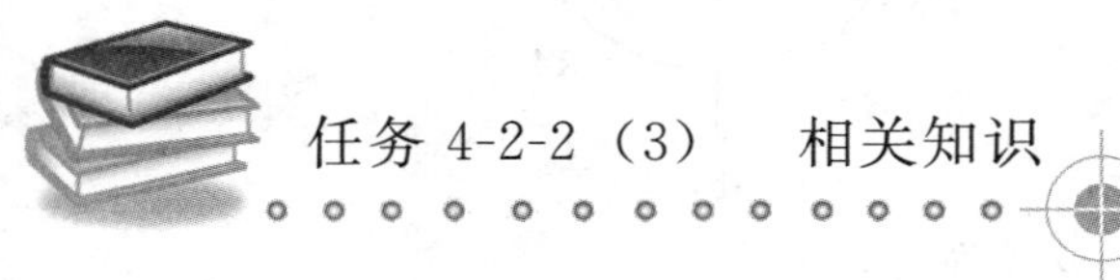

任务 4-2-2（3） 相关知识

圆弧的 3B 代码编程介绍如下。

（1）起点坐标值的绝对值。

以圆弧的圆心为原点，建立直角坐标系，X，Y 表示圆弧起点坐标的绝对值，单位为 μm。如在图 4-7（a）中，$X=30\ 000$，$Y=40\ 000$；在图 4-7（b）中，$X=40\ 000$，$Y=30\ 000$。

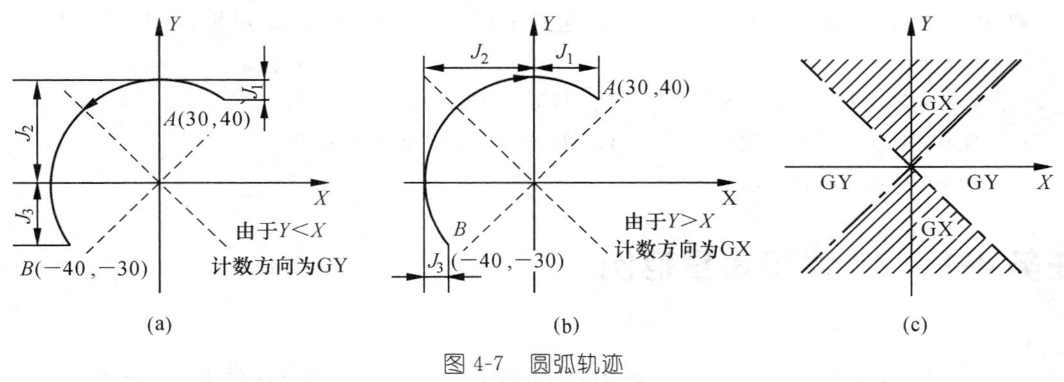

图 4-7 圆弧轨迹

（2）计数方向。

圆弧编程的计数方向的选取方法是：以圆心为原点建立直角坐标系，设圆弧终点坐标为（X_e，Y_e），令 $X=|X_e|$，$Y=|Y_e|$，若 $Y<X$，则计数方向为 GY，如图 4-7（a）所示；若 $Y>X$，则计数方向为 GX，如图 4-7（b）所示；若 $Y=X$，则 GX、GY 均可。

由上可见，圆弧计数方向由圆弧终点的坐标绝对值的大小决定，其确定方法与直线刚好相反，即取与圆弧终点处走向较平行的轴作为计数方向，具体可参见图 4-7（c）。

（3）计数长度。

圆弧编程中计数长度 J 的取值方法为：由计数方向 G 确定投影方向，若计数方向为

GX，则将圆弧向 X 轴投影；若计数方向为 GY，则将圆弧向 Y 轴投影。J 为各个象限圆弧投影长度绝对值的和。如在图 4-7（a）、（b）中，J_1、J_2、J_3 的大小分别如图中所示，$J=|J_1|+|J_2|+|J_3|$。

（4）加工指令。

加工指令 Z 按照第一步进入的象限可分为 R1、R2、R3、R4；按切割的走向可分为顺圆 S 和逆圆 N，于是共有 8 种指令：SR1、SR2、SR3、SR4、NR1、NR2、NR3、NR4，具体如图 4-8 所示。

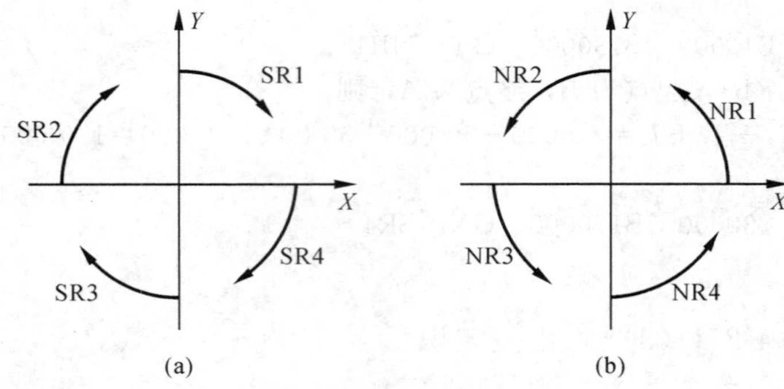

图 4-8　Z 的确定

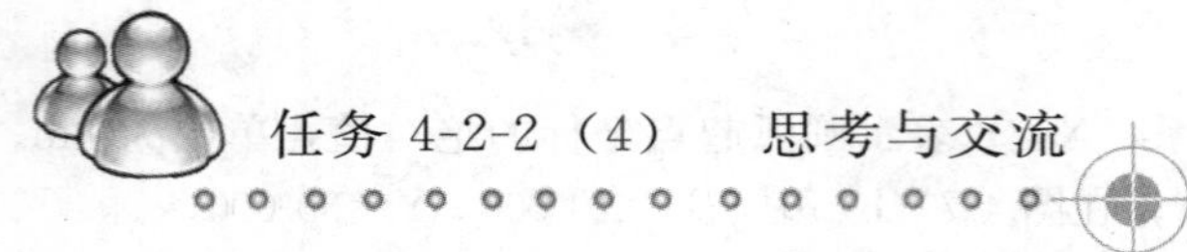

加工半圆 AB，切割方向从 A 到 B，起点坐标 A（−5，0），终点坐标 B（5，0），其加工程序为（　　）。

A. B5000B0B10000GXSR2　　　B. B5000B0B10000 GYSR2

C. B5000B0B1000GYSR2　　　D. B0B5000B1000 GYSR2

E. B5B0B10000 GY SR2

任务 4-3　3B 代码编程范例

任务 4-3-1（1）　掌握不考虑电极丝半径补偿的 3B 代码编程方法

用 3B 代码编制如图 4-9 所示的线切割加工程序（不考虑电极丝半径补偿）。图中 A 点为穿丝孔，加工方向沿 $A—B—C—D—E—F—G—H—A$ 进行。

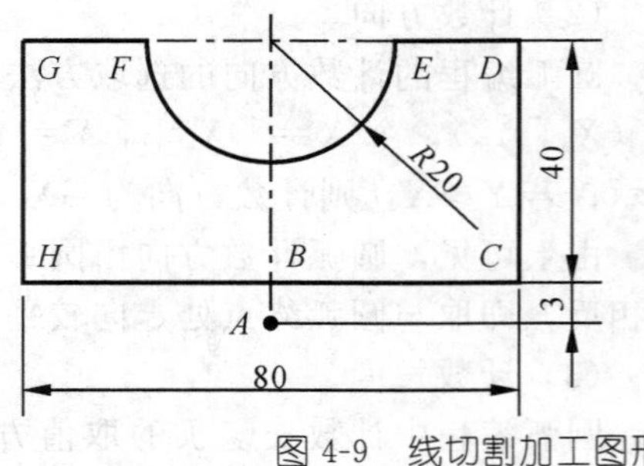

图 4-9　线切割加工图形

任务 4-3-1（2） 工作过程

加工路线由直线 AB、BC、CD、DE、FG、GH、HB、BA 和顺圆弧 EF 组成。线切割 3B 代码如下。

线段	程序							
AB	B	0	B	3000	B	3000	GY	L2
BC	B	40000	B	0	B	40000	GX	L1
CD	B	0	B	40000	B	40000	GY	L2
DE	B	20000	B	0	B	20000	GX	L3
EF	B	20000	B	0	B	40000	GY	SR4
FG	B	20000	B	0	B	20000	GX	L3
GH	B	0	B	40000	B	40000	GY	L4
HB	B	40000	B	0	B	40000	GX	L1
BA	B	0	B	3000	B	3000	GY	L4

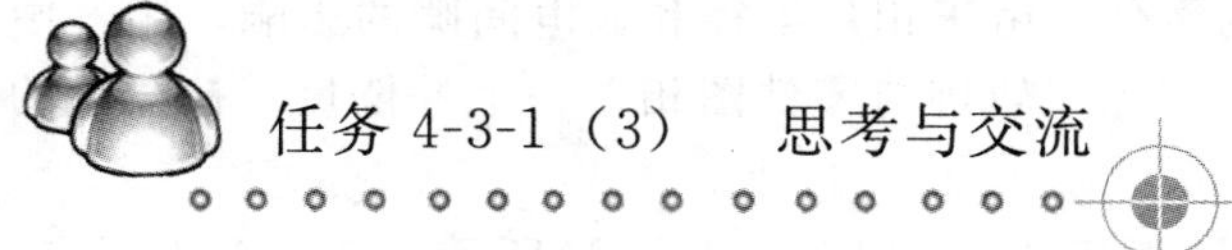

任务 4-3-1（3） 思考与交流

用 3B 代码编制如图 4-10 所示的凸模线切割加工程序（不考虑电极丝半径补偿），图中 O 为穿丝孔，拟采用的加工路线为 O—E—D—C—B—A—E—O。

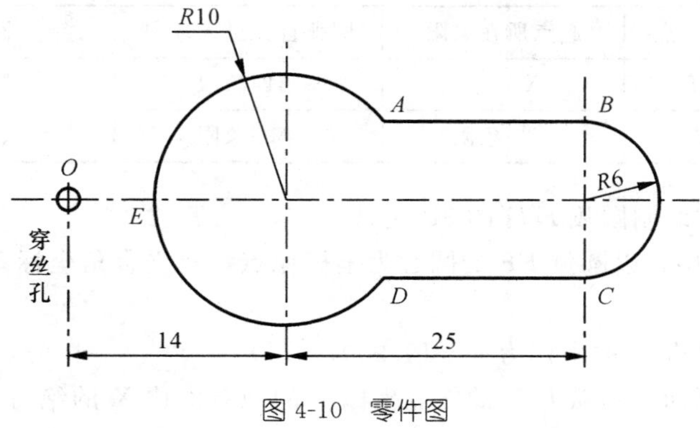

图 4-10 零件图

任务 4-3-2（1） 掌握考虑电极丝半径补偿的 3B 代码编程方法

用 3B 代码编制如图 4-11（a）所示的线切割加工程序。已知线切割加工用的电极丝直径为 0.18 mm，单边放电间隙为 0.01 mm，图中 A 点为穿丝孔，加工路线为 A—B—C—D—E—F—G—H—A。

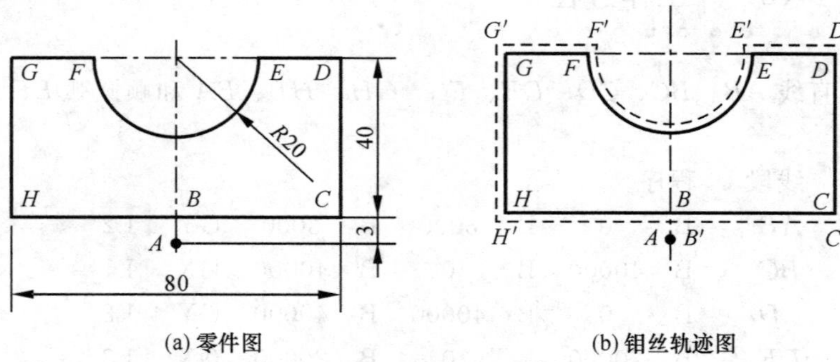

(a) 零件图 (b) 钼丝轨迹图

图 4-11 线切割加工图形

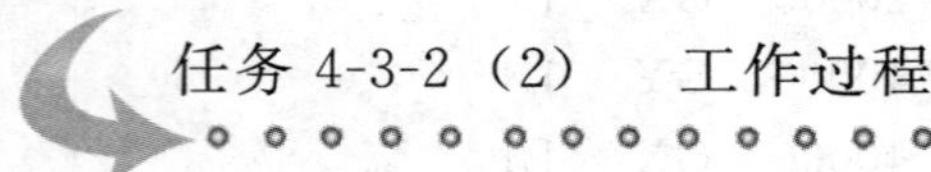

任务 4-3-2（2） 工作过程

第 1 步 工艺分析。

用线切割加工如图 4-11（a）所示的零件，由于钼丝半径和放电间隙的影响，钼丝中心运动的轨迹如图 4-11（b）虚线所示。即加工轨迹与零件图相差一个补偿量，补偿量的大小为 0.1 mm。

圆弧 EF（如图 4-11（a）所示）与圆弧 $E'F'$（如图 4-11（b）所示）有较多不同点，它们的差异如表 4-2 所示。

表 4-2 圆弧 EF 和 $E'F'$ 的差异

圆 弧	起 点	起点所在象限	圆弧首先进入象限	圆弧经历象限
圆弧 EF	E	X 轴上	第四象限	第二、三象限
圆弧 $E'F'$	E'	第一象限	第一象限	第一、二、三、四象限

第 2 步 计算并编制圆弧 $E'F'$ 的 3B 代码。

在图 4-11（b）中，以圆弧 EF 的圆心为坐标原点，建立直角坐标系，则 E' 点的坐标为（19.900，0.1）。

根据对称原理可得 F' 的坐标为（−19.900，0.1）。

根据上述计算可知，圆弧 $E'F'$ 的终点坐标 Y 的绝对值比 X 的绝对值小，所以计数方向为 GY 轴。

圆弧 $E'F'$ 在第一、二、三、四象限分别向 Y 轴投影得到长度分别为 0.1 mm、19.9 mm、19.9 mm、0.1 mm，故 $J=40000$。

圆弧 $E'F'$ 首先在第一象限顺时针切割，故加工指令为 SR1。

由上可知，圆弧 $E'F'$ 的 3B 代码为

B 19900 B 100 B 40000 GY SR1

第 3 步 各线段的 3B 代码如下。

线段	程序							
$A'B'$	B	0	B	2900	B	2900	GY	L2
$B'C'$	B	40100	B	0	B	40100	GX	L1
$C'D'$	B	0	B	40200	B	40200	GY	L2
$D'E'$	B	20200	B	0	B	20200	GX	L3
$E'F'$	B	19900	B	100	B	40000	GY	SR1
$F'G'$	B	20200	B	0	B	20200	GX	L3
$G'H'$	B	0	B	40200	B	40200	GY	L4
$H'B'$	B	40100	B	0	B	40100	GX	L1
$B'A'$	B	0	B	2900	B	2900	GY	L4

任务 4-3-2（3） 思考与交流

用 3B 代码编制如图 4-12 所示的凸模状零件的线切割加工程序，已知电极丝直径为 0.18 mm，单边放电间隙为 0.01 mm，图中 O 为穿丝孔，拟采用的加工路线为 $O-E-D-C-B-A-E-O$。

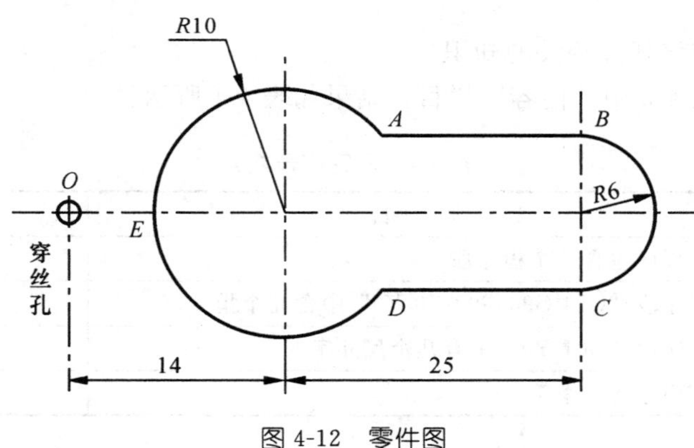

图 4-12 零件图

任务 4-4 G 代码格式

任务 4-4（1） 掌握 G 代码的基本格式

一个文件名为 1234an. NC 的 G 代码程序单如下。在表 4-3 中填写与程序结构相关的各项内容。

```
N10  G54 G90 G92 X0 Y0
N20  G01 X10
N30  Y-10
N40  X-10
N50  Y10
N60  X0
N70  Y0
N80  M02
```

表 4-3 任务表格

序　号	项　目	内　容
1	该程序包含几个程序段	
2	程序段"G54 G90 G92 X0 Y0"中含几个指令字	
3	程序段"G01 Y0"中有几个尺寸字	
4	该程序的结束符	

任务 4-4（2）　工作过程

第 1 步　阅读与该任务相关的知识。

第 2 步　填写表 4-3 中"内容"栏目。结果如表 4-4 所示。

表 4-4　已完成表格

序　号	项　目	内　容
1	该程序包含几个程序段	8
2	程序段"G54 G90 G92 X0 Y0"中含几个指令字	5 个
3	程序段"G01 Y0"中有几个尺寸字	1 个
4	该程序的结束符	M02

任务 4-4（3）　相关知识

一个零件的加工程序是由一组被传送到数控装置中的指令和数据组成的，也就是由遵循一定结构和格式规则的若干程序段组成的。即程序是由程序段组成的，而程序段又是由指令字组成的。

1. G 代码程序的结构

程序的结构如图 4-13 所示。

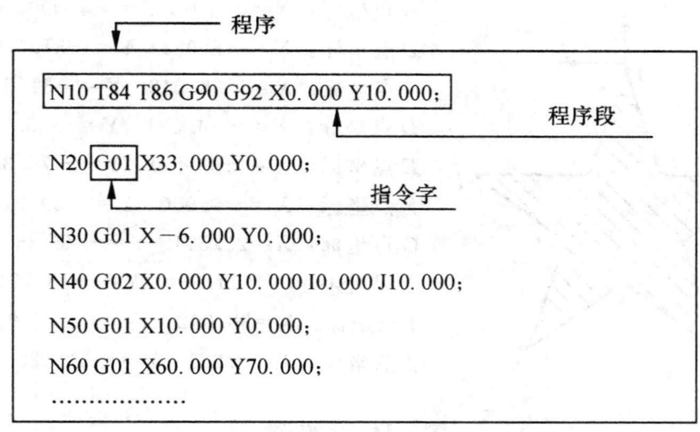

图 4-13　程序的结构

① 程序名。每个程序都必须有程序名，即文件名，文件名的格式是“前缀名．扩展名”。线切割程序的扩展名一般为“. ISO”或“. NC”，如 1234an. NC 为一个常见的文件名。

② 程序段。一个完整的程序由多个程序段组成。例如，在文件名为 1234an. NC 的程序单中，“G54 G90 G92 X0 Y0”为一个程序段，而“N10”为该段的序号。

③ 程序结束用辅助功能指令 M02 或 M30 来表示，一般要求单列一段。

2. 指令字格式

一个程序段由若干指令字组成，一个指令字包括地址和代码（或数据）两部分。

地址和代码用字母表示。线切割程序常用的地址意义如表 4-5 所示。

表 4-5　线切割 G 代码编程的地址意义

地　　址	意　　义
G	准备功能
X、Y、U、V	轴坐标和移动量
I、J	圆心坐标（增量坐标指令）
D	偏移量和补偿值
A	锥度
M	辅助功能
N	程序段编号

任务 4-5　G 代码常用指令的编程方法

任务 4-5-1（1）　掌握直线的 G 代码编程方法

编写如图 4-14 所示凸模型孔零件的 G 代码程序。

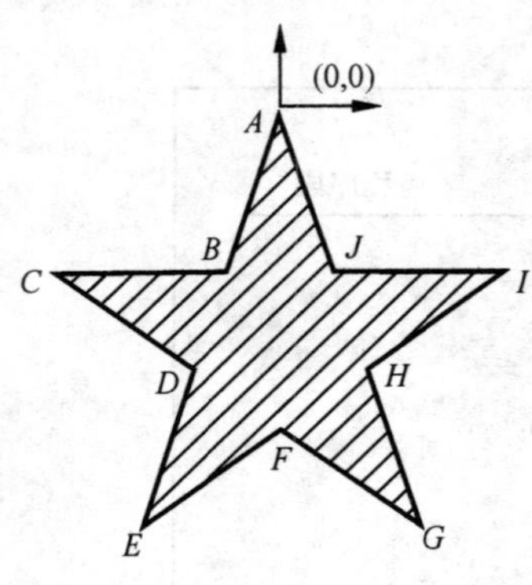

A 点坐标：*X*=0.000 *Y*=−4.000

B 点坐标：*X*=−8.981 *Y*=−31.639

C 点坐标：*X*=−38.042 *Y*=−31.639

D 点坐标：*X*=−14.531 *Y*=−48.721

E 点坐标：*X*=−23.511 *Y*=−76.361

F 点坐标：*X*=−0.000 *Y*=−59.279

G 点坐标：*X*=23.511 *Y*=−76.361

H 点坐标：*X*=14.531 *Y*=−48.721

I 点坐标：*X*=38.042 *Y*=−31.639

J 点坐标：*X*=8.981 *Y*=−31.639

图 4-14 零件图

任务 4-5-1（2） 工作过程

根据图 4-14 所示的基点坐标编写 G 代码程序如下。

```
G92 X0 Y0    ；设置当前点坐标为（0，0）
G90          ；绝对坐标指令
G41 D100     ；电极丝半径左补偿 100 μm
G01 X0 Y－4000
G01 X－8981 Y－31639
G01 X－38042 Y－31639
G01 X－14531 Y－48721
G01 X－23511 Y－76361
G01 X0 Y－59279
G01 X23511 Y－76361
G01 X14531 Y－48721
G01 X38042 Y－31639
G01 X8981 Y－31639
G01 X0 Y－4000
G40          ；取消电极丝补偿
G01 X0 Y0
M02          ；程序结束
```

任务 4-5-1（3） 相关知识

1. 准备功能（G 指令）

① 绝对坐标指令 G90。执行本指令后，后续程序段的坐标值都代表绝对坐标值，即所

有点的坐标值都是在编程坐标系中的点坐标值，除非又执行 G91 指令。

② 相对坐标指令 G91。执行本指令后，后续程序段的坐标值都代表相对坐标值，即所有点的坐标均以前一个点作为起点来计算运动终点的位置距离，除非又执行 G90 指令。

③ 设置当前点坐标 G92。

格式：G92X_ Y_

G92 是设置当前电极丝位置的坐标值。执行本指令后，电极丝所处位置的坐标为（X，Y）。

④ 快速定位 G00。

格式：G00X_ Y_

快速移动指令 G00，是使电极丝按机床最快速度移动到目标位置即（X，Y）点。其速度取决于机床性能和设置。例如，“G00 X20.0 Y10.0”表示电极丝快速移到坐标值为（20.0，10.0）的点上。

需要说明的是，第一，执行本指令时，电极丝通常不是直线移向终点，而是折线；

第二，位移指令 G00、G01、G02、G03 是假定电极丝移动、工件不动，而实际加工时是工件移动、电极丝不动。

⑤ 直线插补 G01。

格式：G01 X_ Y_

直线插补指令 G01 是使电极丝从当前位置以进给速度直线移动到坐标为（X，Y）的目标位置。

例如，刀具从图 4-15 所示的 A 点直线插补至 B 点，使用绝对坐标值与相对坐标值方式编程，其程序如下。

绝对值编程：G90　G01 X60 Y30

相对值编程：G91　G01 X40 Y20

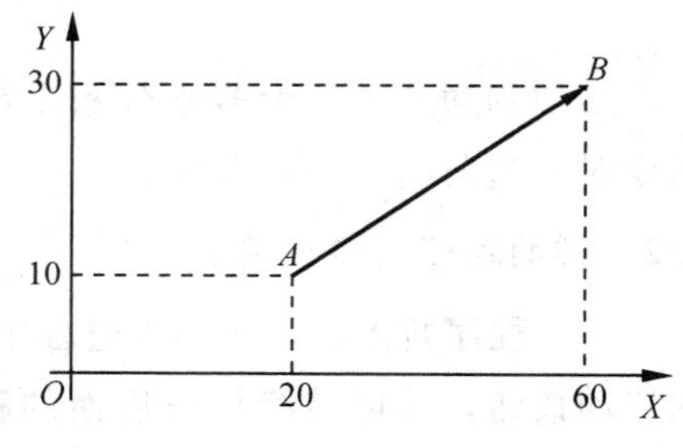

图 4-15　编程参考图

⑥ 电极丝半径补偿指令 G40、G41、G42。

电极丝是有粗细的，如果不进行补偿，让电极丝“骑”在工件轮廓线上加工，加工出的零件尺寸就不符合要求，如图 4-16（a）所示。为了使加工出的零件符合要求，就要让电极丝向工件轮廓线外偏移一个电极丝半径的距离（实际中还要加放电间隙），如图 4-16（b)所示，这时就要用到电极丝半径补偿指令。

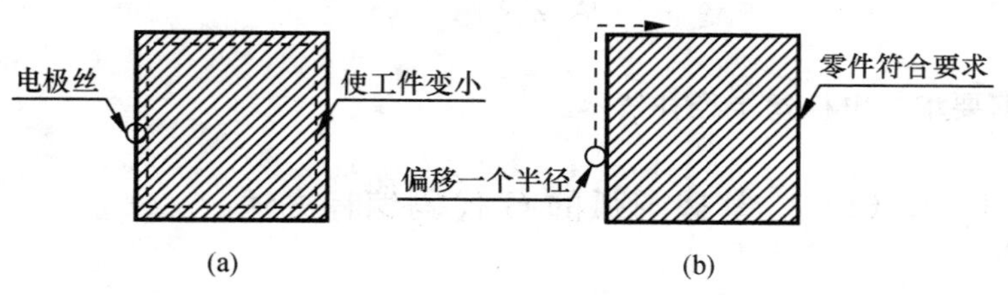

图 4-16　补偿与不补偿的差异

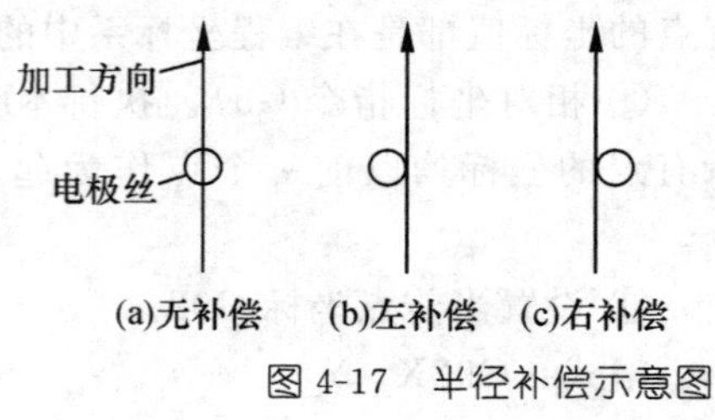

图 4-17 半径补偿示意图

G41（左补偿）：以加工轨迹向左偏移一个电极丝半径的距离进行加工，如图4-17（b)所示。

G42（右补偿）：以加工轨迹向右偏移一个电极丝半径的距离进行加工，如图 4-17（c）所示。

G40（取消补偿）：关闭补偿方式。

需要说明的是，电极丝半径是在数控系统相关参数中设置，不包含在指令中。编程时，要根据电极丝的进给方向和补偿方向来选择指令，如图 4-18 所示。

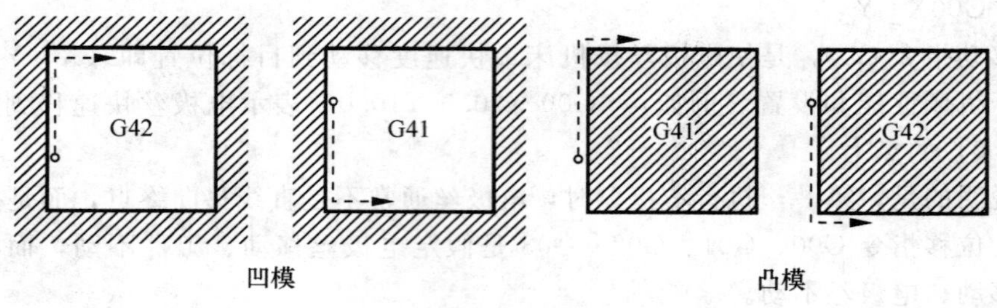

图 4-18 补偿指令的用法

在线切割加工中，大多数 G 指令都是模态指令，即当下面的程序中不出现同一组的其他指令时，当前指令一直有效。

2. 辅助功能（M 指令）

M00：程序暂停。用于加工过程中操作者检验、调整、测量、跳步等。暂停后按机床上的启动按钮，即可继续执行后面的程序。当有两个以上没有连接的加工时（即跳步），使用 M00 指令暂停机床运行，重新穿丝，再启动后机床继续加工。

M02：结束程序。执行该指令后，所有的 G 功能及与程序有关的一些运行开关都会关闭（如切削液开关、走丝开关、机械手开关等），机床处于原始禁止状态，电极丝处于当前位置。

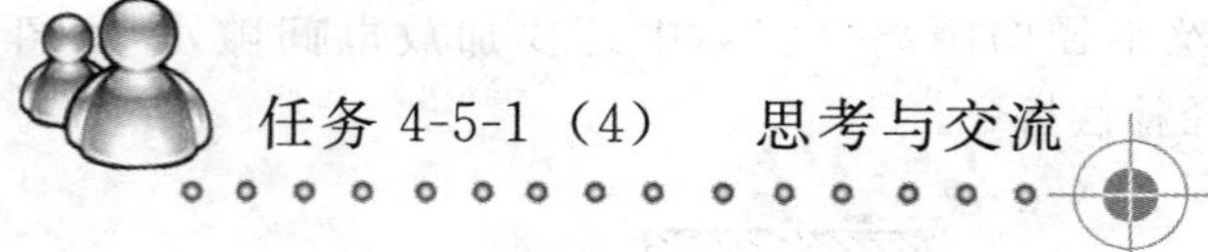

任务 4-5-1（4） 思考与交流

编程时为何要增加电极丝半径补偿?

任务 4-5-2（1） 掌握圆弧的 G 代码编程方法

如图 4-19 所示的凹模型孔零件，用 G 代码编写加工程序。

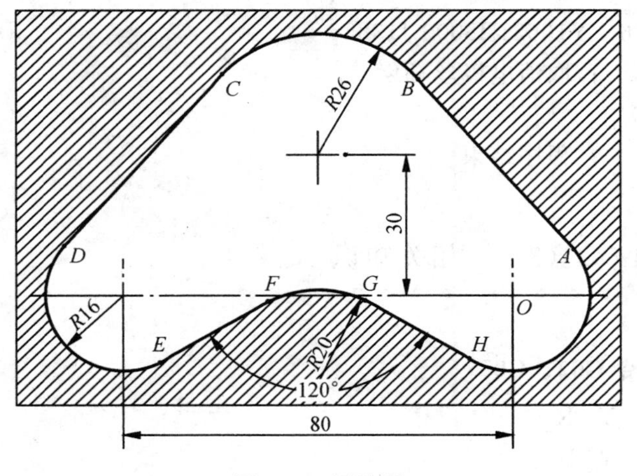

图 4-19 零件图

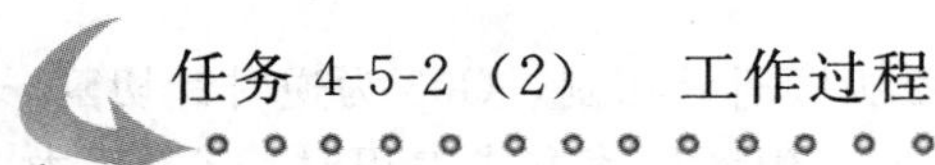

任务 4-5-2（2） 工作过程

① 确定加工路线。起始点为 O 点，加工顺序为 $O—A—B—C—D—E—F—G—H—A—O$。

② 计算基点坐标。

A 点坐标：$X=11.966$ $Y=10.621$

B 点坐标：$X=-20.555$ $Y=47.260$

C 点坐标：$X=-59.445$ $Y=47.260$

D 点坐标：$X=-91.966$ $Y=10.621$

E 点坐标：$X=-72.000$ $Y=-13.856$

F 点坐标：$X=-50.000$ $Y=-1.155$

G 点坐标：$X=-30.000$ $Y=-1.155$

H 点坐标：$X=-8.000$ $Y=-13.856$

③ G 代码程序如下。

```
G92 X0 Y0   ；设置当前点坐标为（0，0）
G90         ；绝对坐标指令
G41 D100    ；电极丝半径左补偿，补偿为 100 μm
G01 X11966  Y10621
G01 X－20555  Y47260
G03 X－59445  Y47260 I－19445 J－17046
G01 X－91966  Y10621
G03 X－72000  Y－13856 I11966 J－10621
G01 X－50000  Y1155
G02 X－30000  Y1155 I10000 J－17321
```

```
G01 X－8000   Y－13856
G03 X11966   Y10621 I8000 J13856
G40          ；取消电极丝补偿
G01 X0 Y0
M02          ；程序结束
```

任务 4-5-2（3） 相关知识

1. 圆弧插补指令 G02、G03

格式：
{G02 X_ Y_ R_
{G02 X_ Y_ I_ J_

{G03 X_ Y_ R_
{G03 X_ Y_ I_ J_

① G02 和 G03 指令用于切割圆或圆弧，其中 G02 为顺时针切割，G03 为逆时针切割。

② 用绝对值方式编程时，X、Y 为圆弧终点的坐标；用增量值方式编程时，X、Y 为圆弧终点相对于起点的位移量。

③ R 表示圆弧的半径。当圆弧的圆心角≤180°时，R 为正，当圆弧的圆心角＞180°时，R 为负。

④ 如图 4-20 所示，I 和 J 分别表示在 X 方向和 Y 方向圆心相对于圆弧起点的距离。

⑤ 以上格式中，有表示圆弧半径的 R 和表示位移量的 I、J 两种格式。对于圆弧，编程者可自行选择一种格式；对于整圆，则只能用表示位移量的 I 和 J 格式。另外，X、Y 省略的场合，意味着起点与终点相同，即切割一个 360°的整圆。

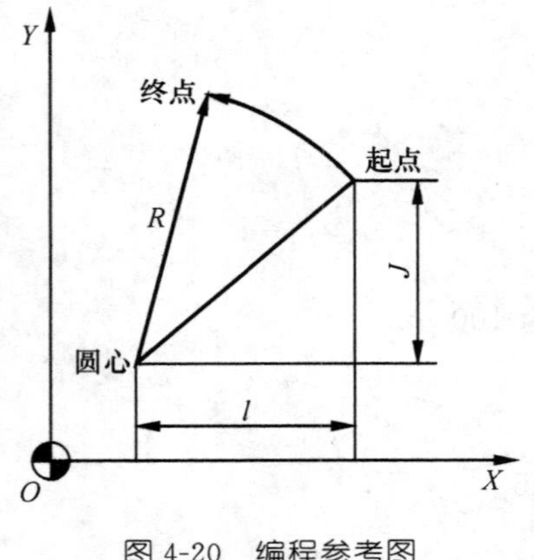

图 4-20 编程参考图

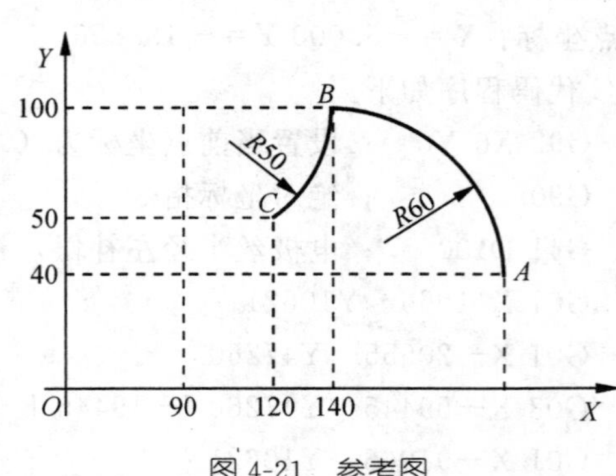

图 4-21 参考图

2. 编程范例

例 1 如图 4-21 所示，刀具从 A 点直线插补至 B 点，使用绝对值与增量值方式编程。

绝对值方式编程

```
G92 X200 Y40                            ；设工件坐标系原点
G90                                     ；绝对坐标系
G03 X140 Y100 I－60（或 R60）            ；A→B
G02 X120 Y60 I－50（或 R50）             ；B→C
```

增量值方式编程

```
G92 X200 Y40                            ；设工件坐标系原点
G91                                     ；相对坐标系
G03 X－60 Y60 I－60（或 R60）F100        ；A→B
G02 X－20 Y－40 I－50（或 R50）          ；B→C
```

例 2 加工如图 4-22 所示整圆，起点在坐标系原点 O，从 O 点切割到 A 点，逆时针加工，最后回到原点 O，使用绝对值方式与增量值方式编程。

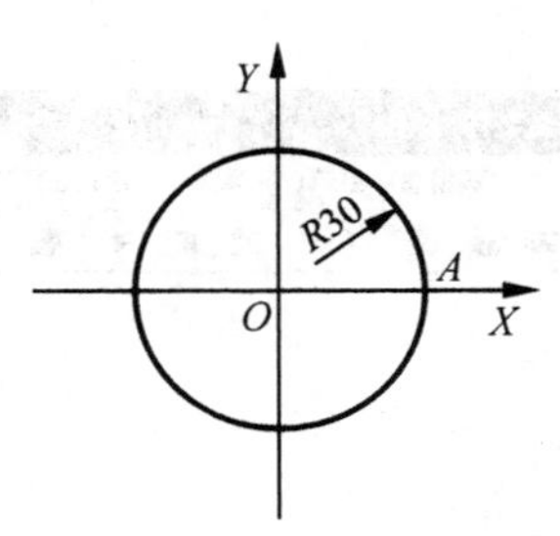

图 4-22 参考图

绝对值方式编程

```
G92 X0 Y0 Z0            ；设工件坐标系原点
G90 G01 X30 Y0          ；从 O 点到 A 点
G03 I－30 J0 F100       ；逆时针加工
G01 X0 Y0               ；回到 O 点
```

增量值方式编程

```
G92 X0 Y0 Z0            ；设工件坐标系原点
G91 G01 X30 Y0          ；从 O 点到 A 点
G03 I－30 J0 F100       ；逆时针加工
G01 X－30 Y0            ；回到 O 点
```

任务 4-5-2（4） 思考与交流

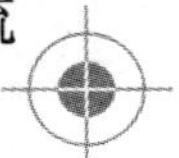

如图 4-23 所示孔零件，用 G 代码编写加工程序。

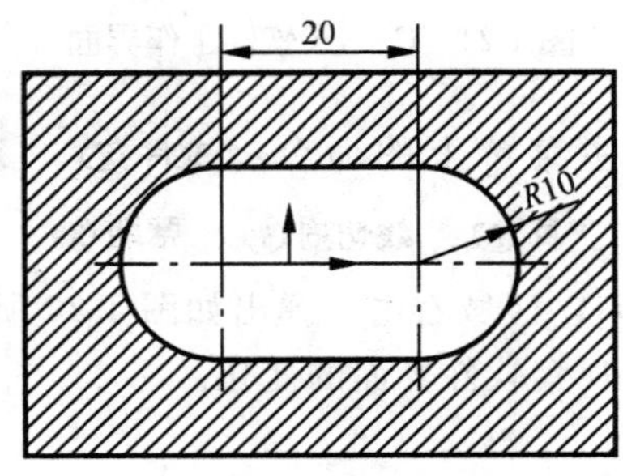

图 4-23 零件图

任务 4-6　认识 CAXA 线切割软件

任务 4-6（1）　认识 CAXA 线切割软件

打开 CAXA 软件，了解 CAXA 软件的界面。

任务 4-6（2）　工作过程

第 1 步　打开 CAXA 软件，工作界面如图 4-24 所示。

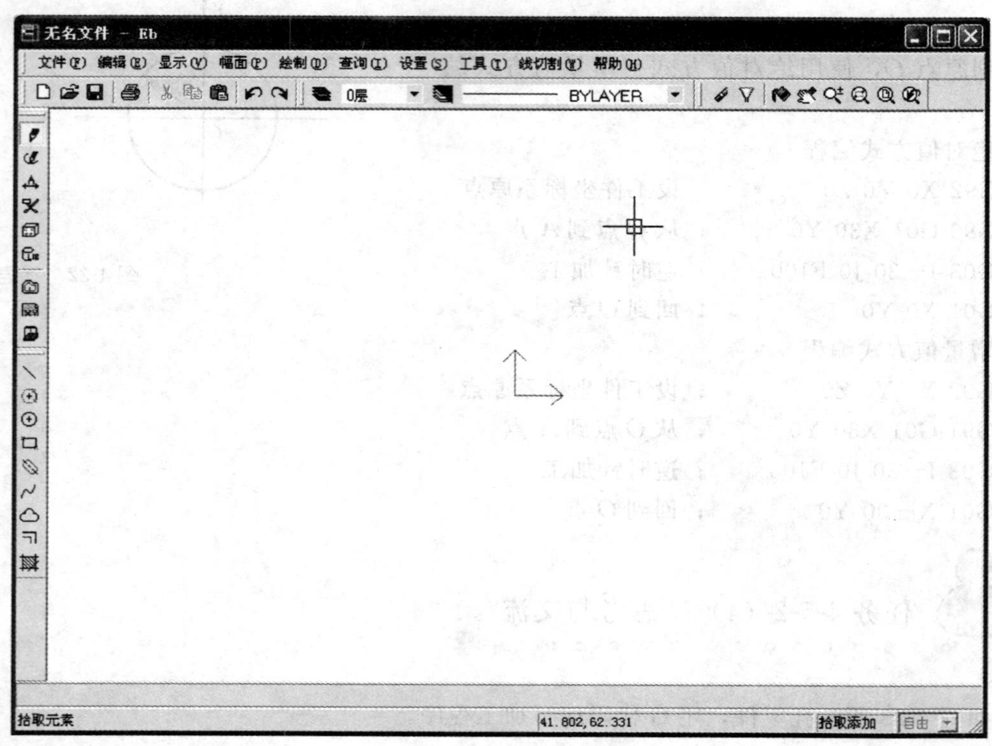

图 4-24　CAXA 软件工作界面

第 2 步　依次打开软件主菜单上的命令：文件(F)、编辑(E)、显示(V)、幅面(P)、绘制(D)、查询(I)、设置(S)、工具(T)、线切割(W)、帮助(H)。观察软件界面的变化。

第 3 步　在如图 4-25 所示① 区域右击，弹出如图 4-26 所示菜单，分别将各菜单或工具栏前的“√”去掉和选中，观察软件界面的变化。

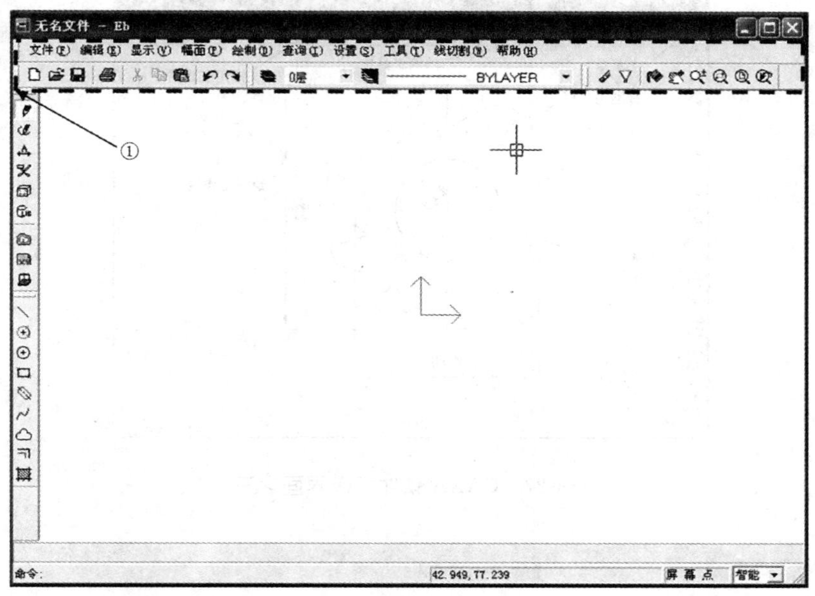

图 4-25　CAXA 软件工作界面之二

✓	主菜单	Ctrl+M
✓	标准工具栏	Ctrl+B
✓	属性工具栏	Ctrl+A
✓	常用工具栏	Ctrl+U
✓	绘制工具栏	Ctrl+D
✓	当前绘制工具栏	Ctrl+R
✓	立即菜单	Ctrl+I
✓	状态栏	Ctrl+T
	恢复老面孔	
	自定义(M)...	

图 4-26　弹出菜单

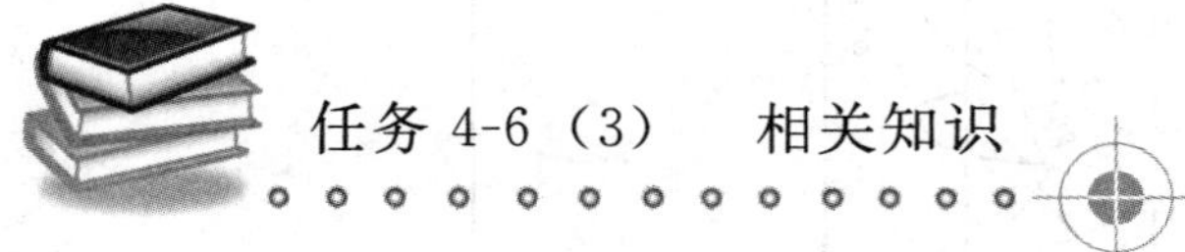

任务 4-6（3）　相关知识

CAXA 线切割软件由北京北航海尔软件有限公司研制，是一套优秀的国产 CAD/CAM 软件。该软件除了可以进行绘图外，还可以自动生成 3 B 格式程序、4B 格式程序及符合 ISO 标准的 G 代码程序。软件工作界面及工具栏名称如图 4-27 所示。

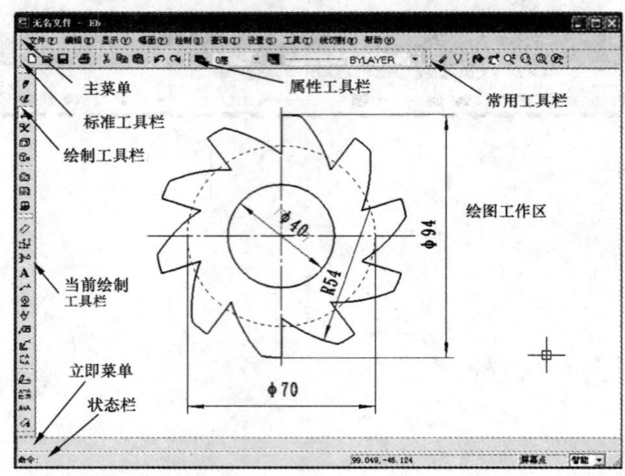

图 4-27　CAXA 软件工作界面之三

任务 4-6（4）　思考与交流

试述 CAXA 软件工作界面中各工具栏的名称和所在的位置。

任务 4-7　CAXA 线切割绘图

任务 4-7（1）　学会使用 CAXA 软件进行线切割绘图

绘制如图 4-28 所示工作区中的图形。

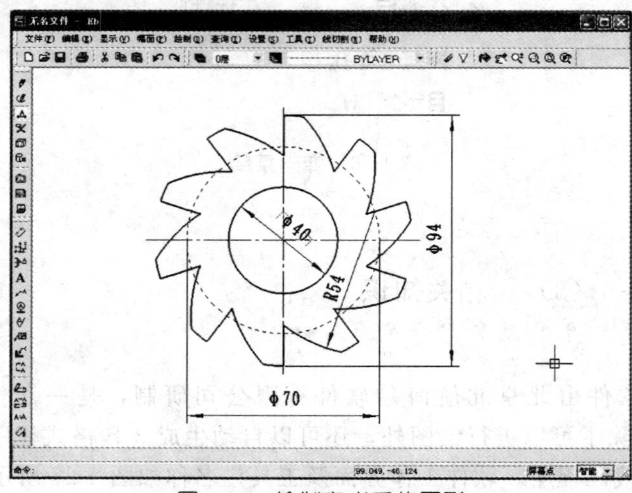

图 4-28　绘制完成后的图形

任务 4-7（2）　工作过程

第 1 步　在图 4-25 中① 区域点鼠标右键，在弹出的菜单中选择 **恢复老面孔** 命令，如图 4-29 所示。选中后，结果如图 4-30 所示。

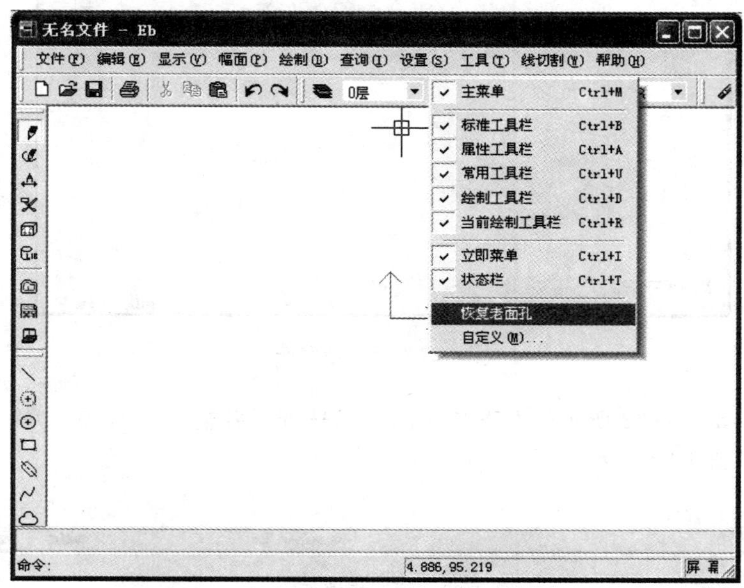

图 4-29　第 1 步操作之一

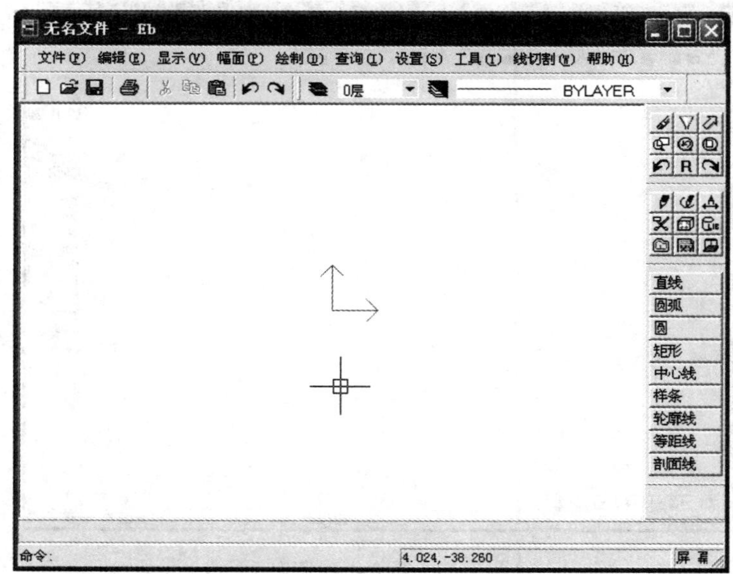

图 4-30　第 1 步操作之二

第 2 步　选择"（基本曲线）→圆"命令，结果如图 4-31 所示。

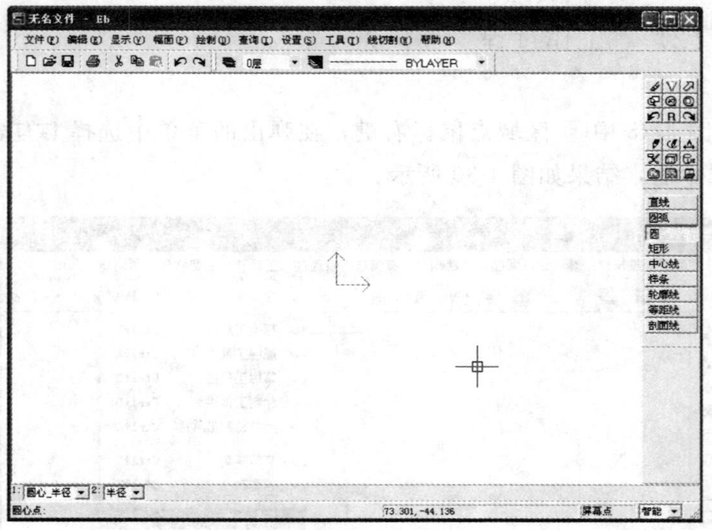

图 4-31 第 2 步操作

第 3 步 在如图 4-32 所示的左下角按图所示选择，并输入“0，0”。输入完成后回车或右击，结果如图 4-33 所示。

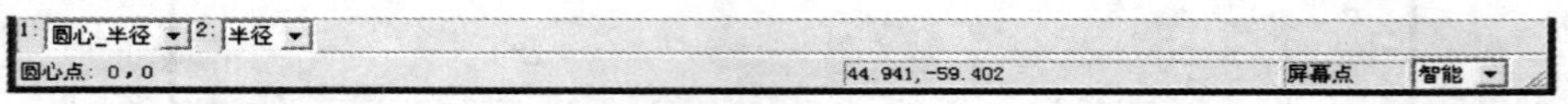

图 4-32 第 3 步操作之一

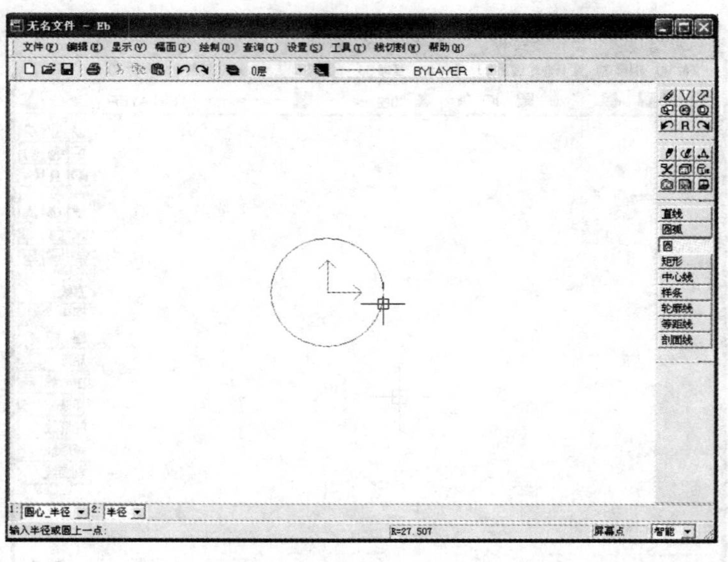

图 4-33 第 3 步操作之二

第 4 步 光标移到窗口左下角，输入 20，如图 4-34 所示。完成后回车或右击，结果如图 4-35 所示。

1: 圆心_半径 2: 半径
输入半径或圆上一点: 20
R=49.431
屏幕点
智能

图 4-34 第 4 步操作之一

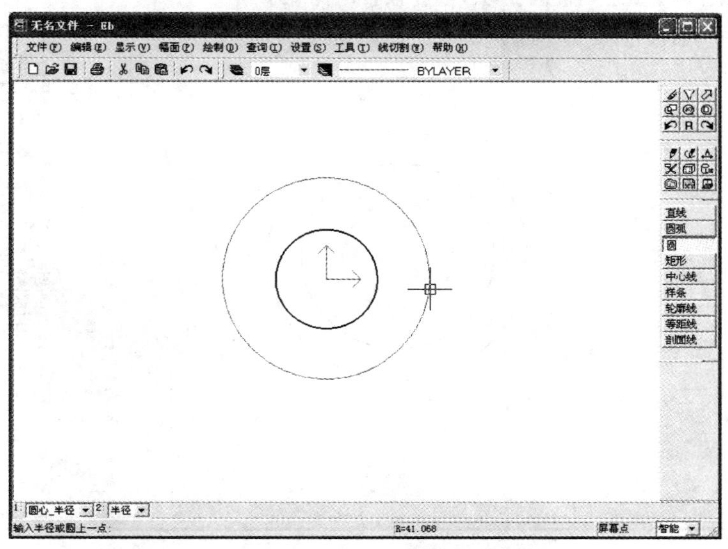

图 4-35 第 4 步操作之二

第 5 步 光标移到窗口左下角，输入 35，如图 4-36 所示。完成后回车或右击，结果如图 4-37 所示。

图 4-36 第 5 步操作之一

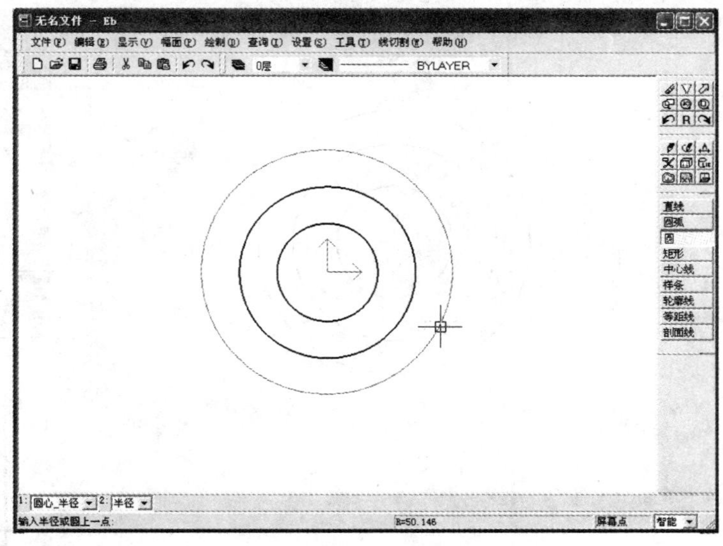

图 4-37 第 5 步操作之二

第 6 步　重复第 5 步输入 47，回车或右击。画出直径为 94 的圆后，点击两次鼠标右键，结果如图 4-38 所示。

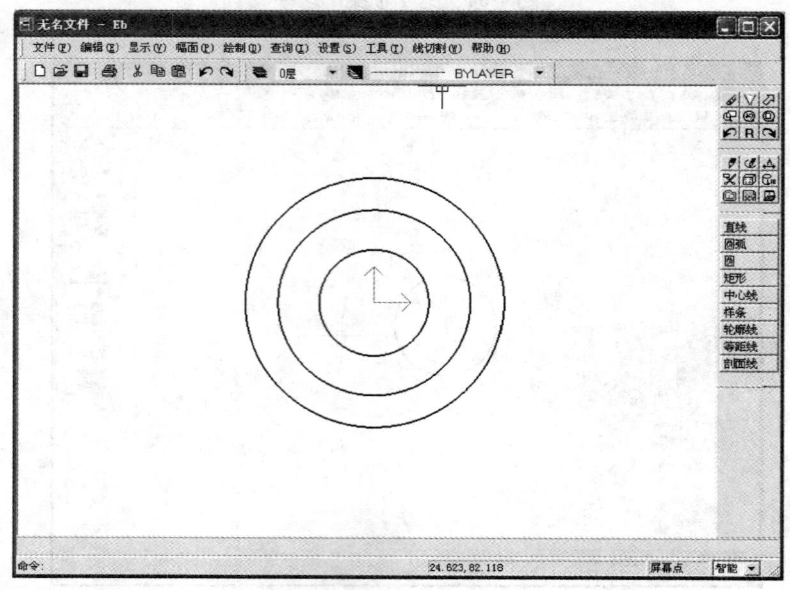

图 4-38　第 6 步操作

第 7 步　选择“（基本曲线）→直线→3: 非正交”命令，换用正交方式，如图 4-39 所示。移动鼠标到图 4-39①区域，当鼠标变成时，单击，向下移动鼠标，结果如图 4-40 所示。在合适位置单击，结果如图 4-41 所示。

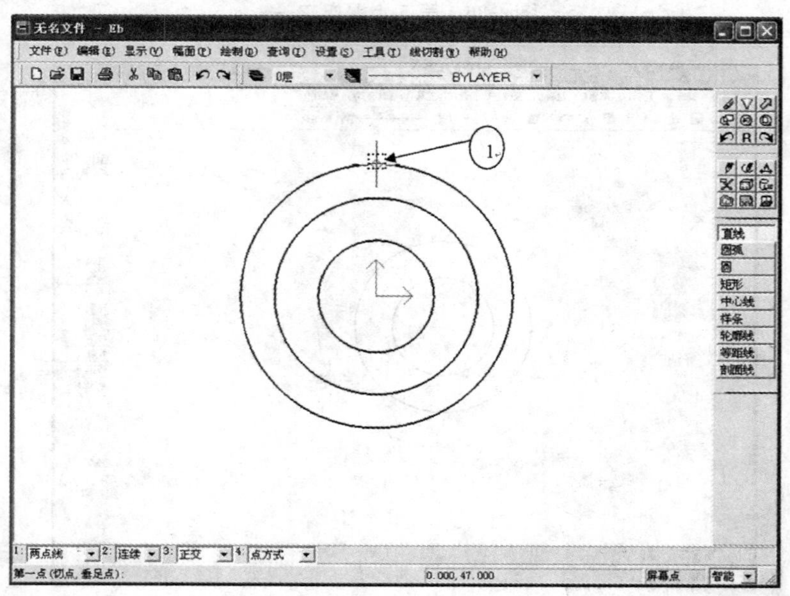

图 4-39　第 7 步操作之一

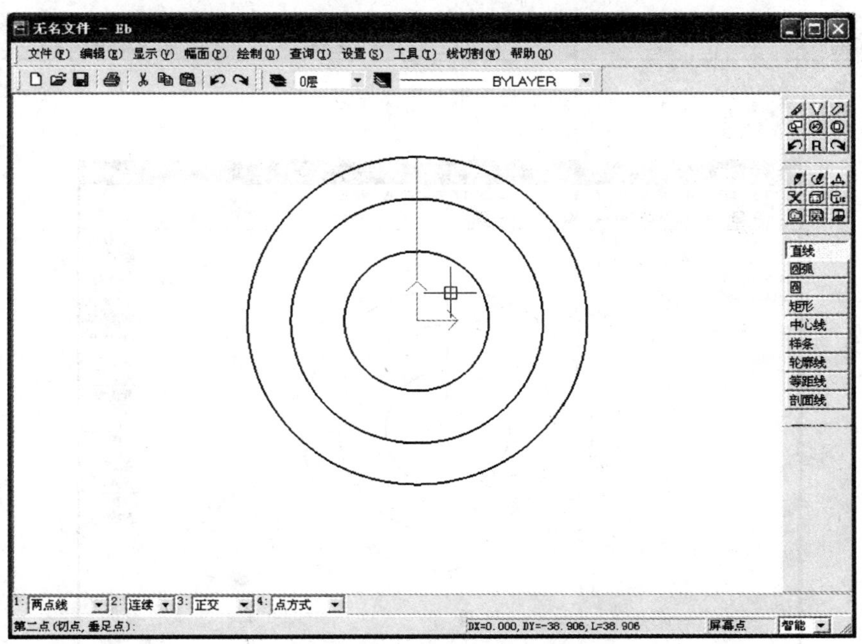

图 4-40　第 7 步操作之二

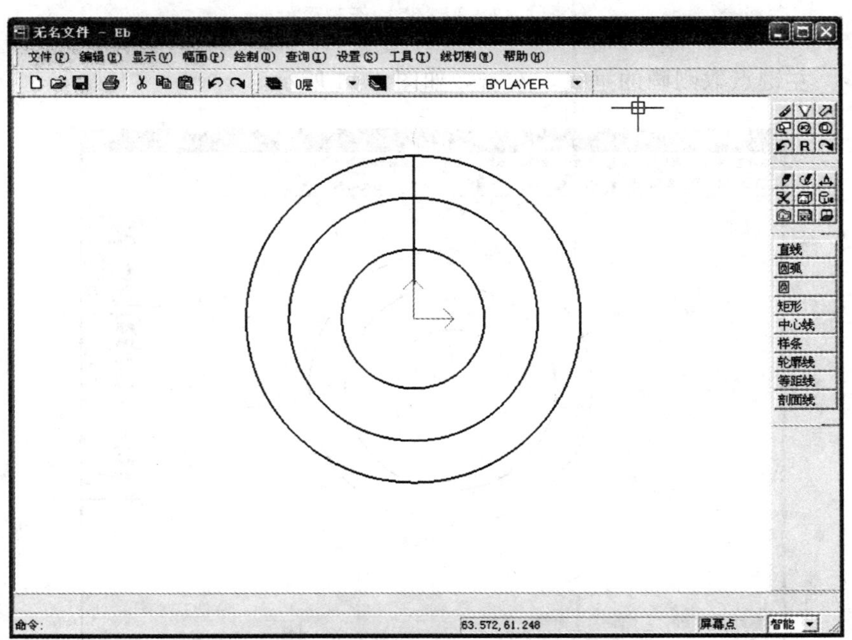

图 4-41　第 7 步操作之三

第 8 步　选择"（曲线编辑）→ 阵列 → 4:份数 4"命令，弹出如图 4-42所示的对话框，在此对话框中输入 10，回车或右击，结果如图 4-43 所示。

图 4-42　第 8 步操作之一

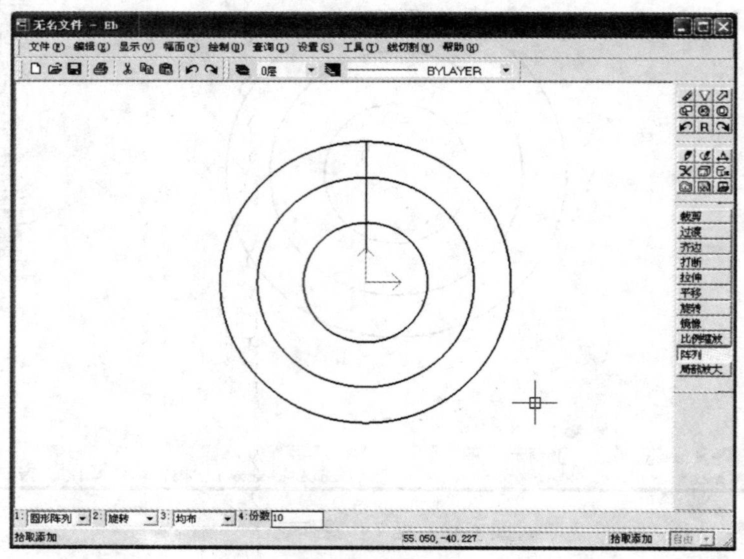

图 4-43　第 8 步操作之二

第 9 步　左键点取刚画的垂线，右击，如图 4-44 所示。

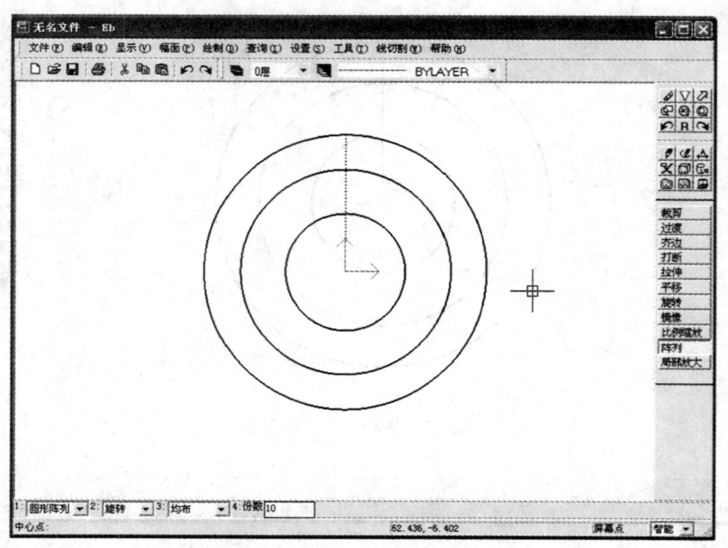

图 4-44　第 9 步操作

第 10 步　在窗口左下角输入“0，0”，如图 4-45 所示，回车或右击，结果如图 4-46 所示。

图 4-45 第 10 步操作之一

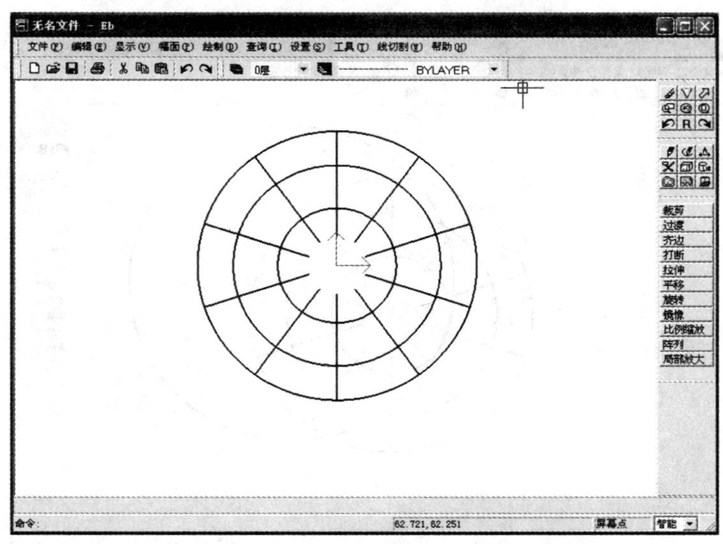

图 4-46 第 10 步操作之二

第 11 步 选择“ （基本曲线）→ 圆 ”命令，移动鼠标到图 4-47①区域，当鼠标变成 时，单击，在弹出的对话框中输入 54，如图 4-48 所示，回车或右击，结果如图 4-49 所示。

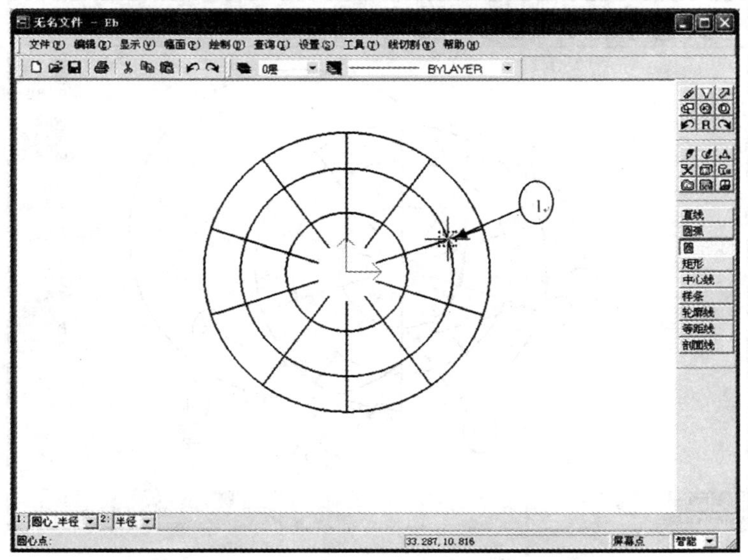

图 4-47 第 11 步操作之一

图 4-48　第 11 步操作之二

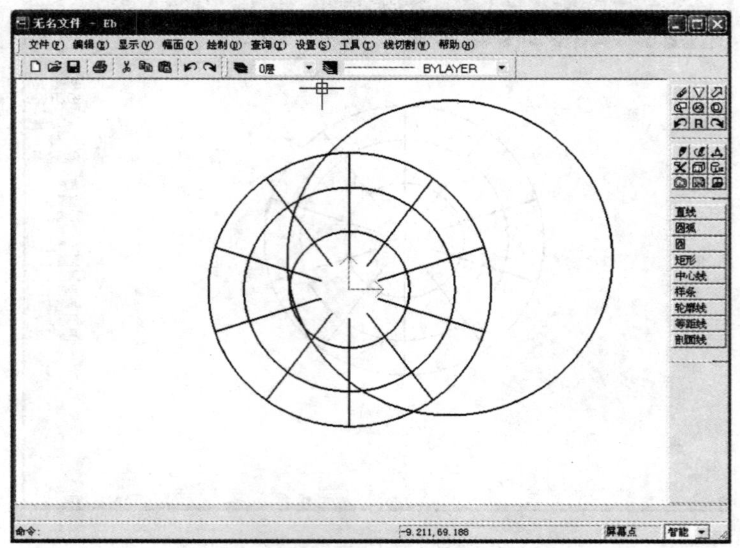

图 4-49　第 11 步操作之三

第 12 步　选择“（曲线编辑）→裁剪”命令，如图 4-50 所示。分别点击图 4-50①、②、③、④、⑤所示的区域，结果如图 4-51 所示。

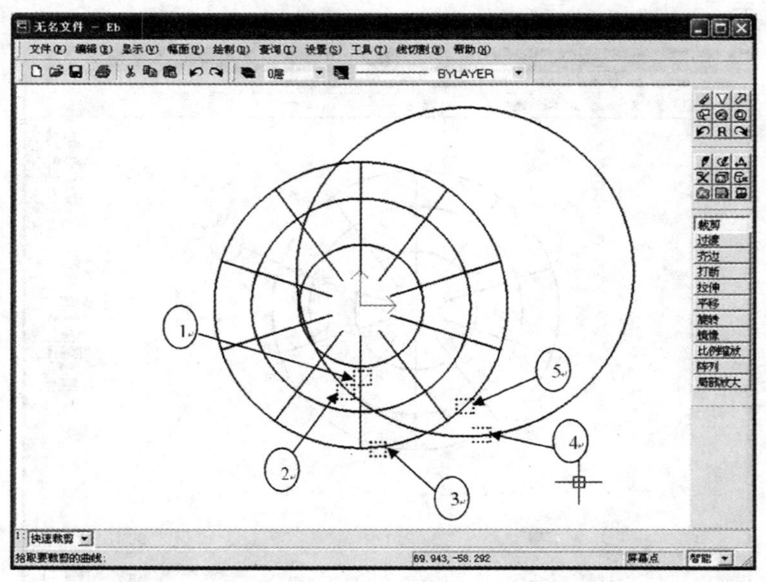

图 4-50　第 12 步操作之一

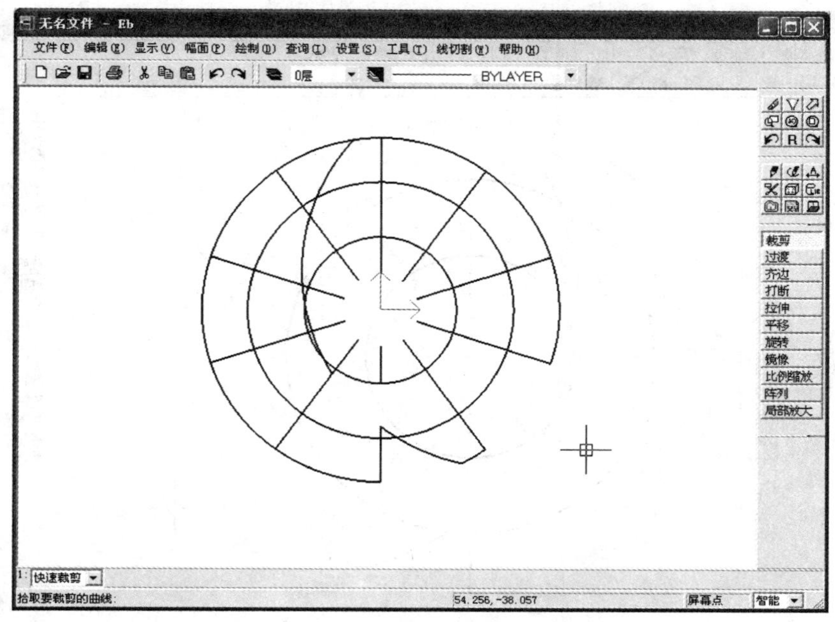

图 4-51　第 12 步操作之二

第 13 步　在没有选择任何命令的情况下，将鼠标移到图 4-52①区域，单击。移动鼠标到图 4-52②区域，单击，再分别点取 R54 和 R47 的圆弧，结果如图 4-53 所示。在绘图区的空白位置右击，如图 4-54 所示，选择 删除 ，结果如图 4-55 所示。

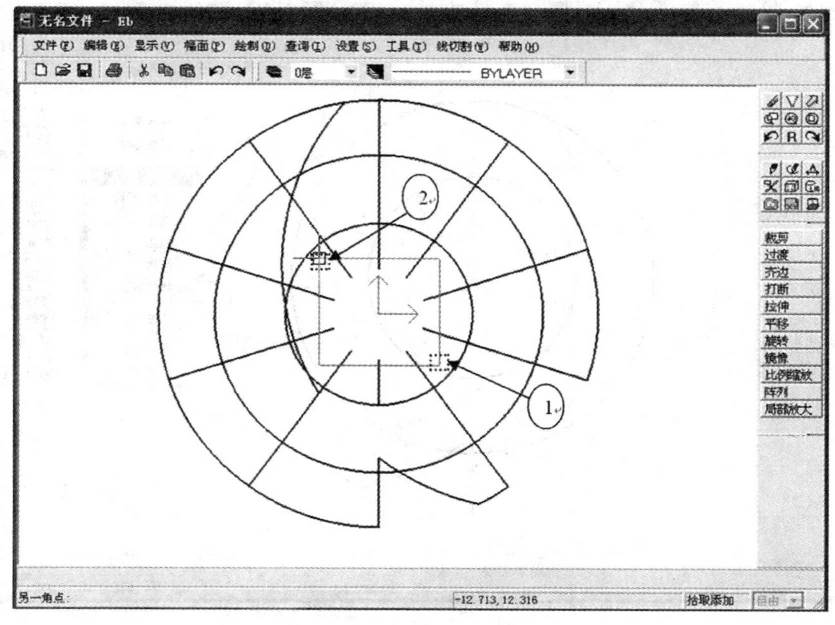

图 4-52　第 13 步操作之一

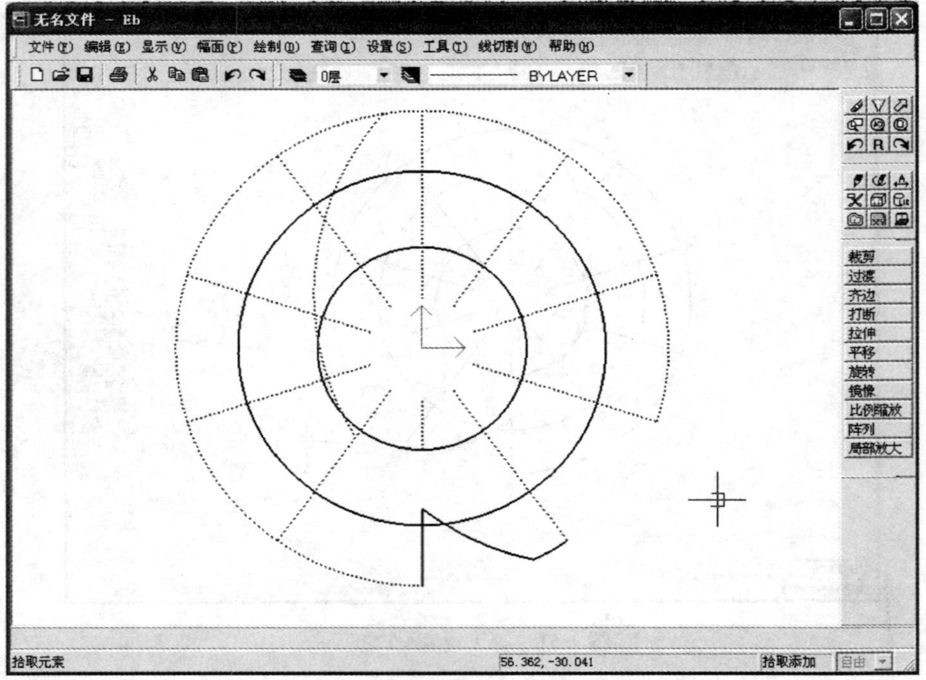

图 4-53 第 13 步操作之二

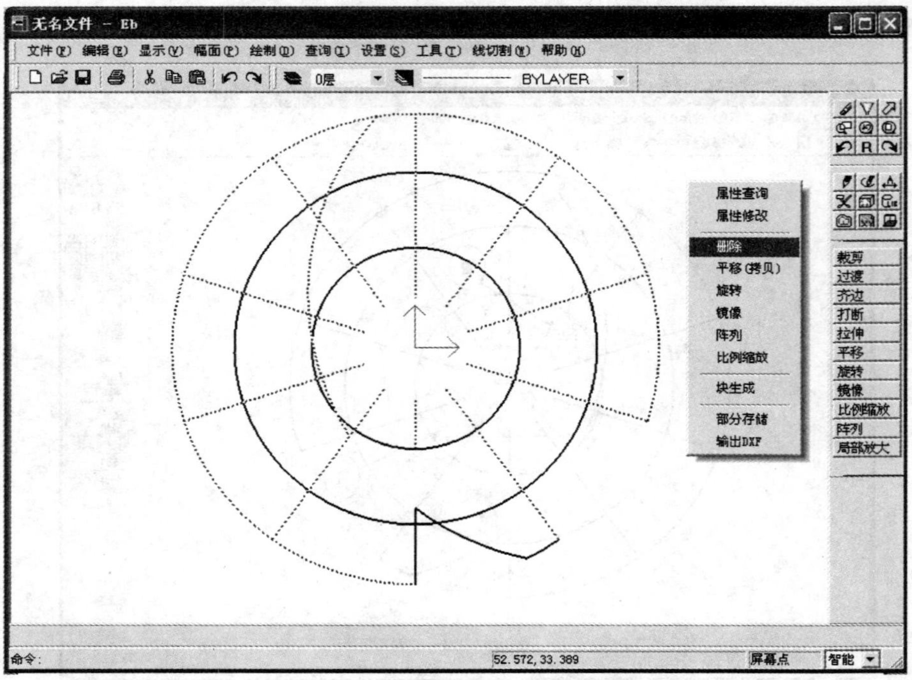

图 4-54 第 13 步操作之三

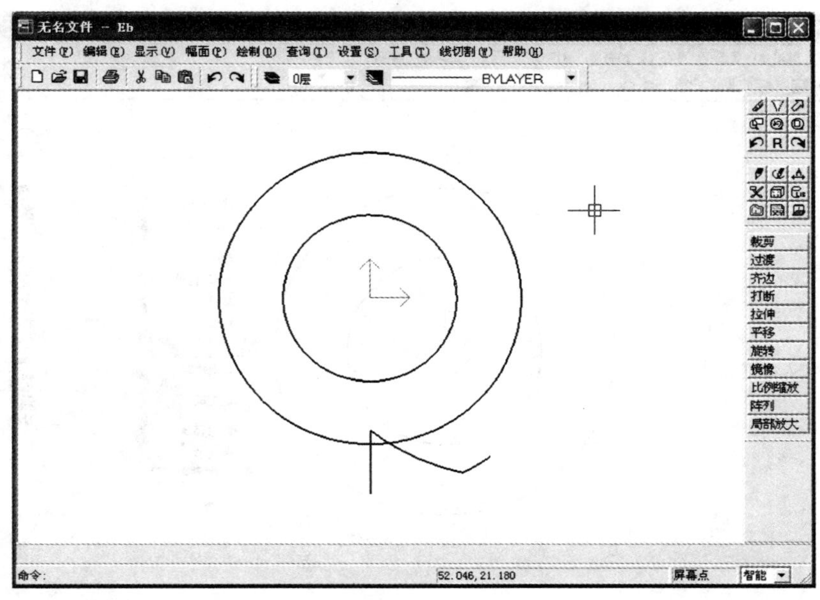

图 4-55 第 13 步操作之四

第 14 步 在没有选择任何命令的情况下，将鼠标移到图 4-55①区域，单击。移动鼠标到图 4-55②区域，单击，结果如图 4-56 所示。在绘图区的空白位置右击，弹出如图4-57所示菜单，选择阵列命令，结果如图 4-58 所示。当提示输入中心点时输入“0，0”，结果如图 4-59 所示。

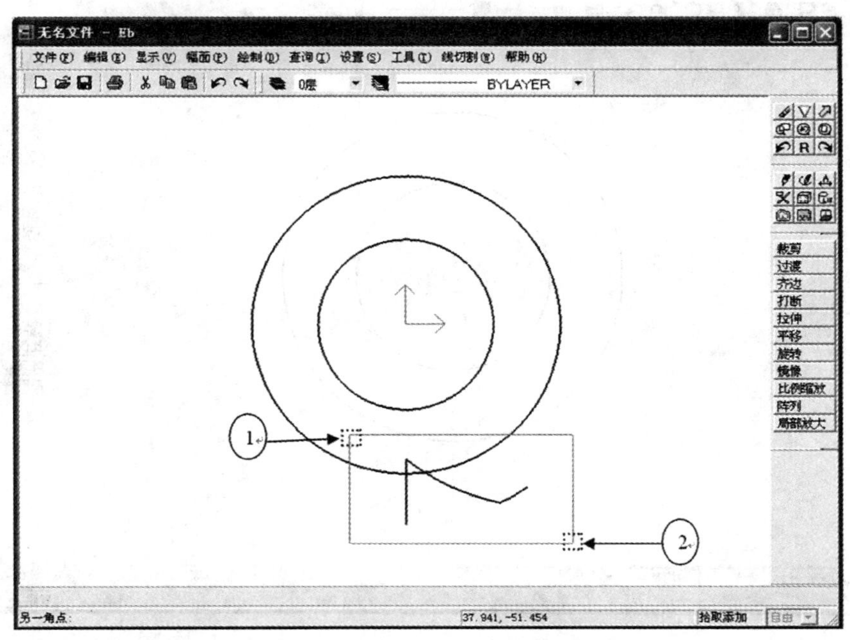

图 4-56 第 14 步操作之一

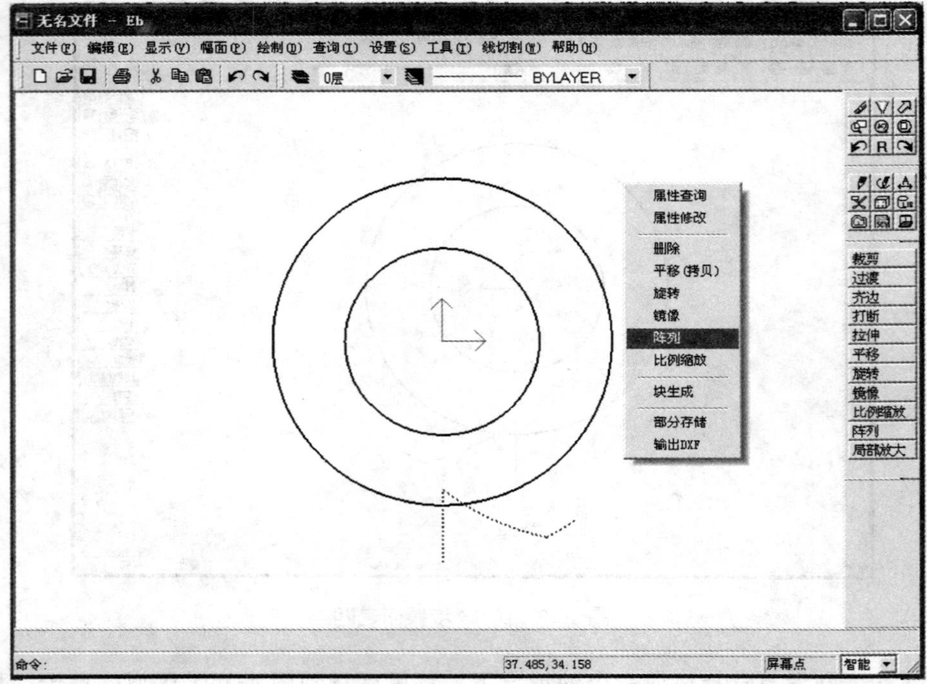

图 4-57　第 14 步操作之二

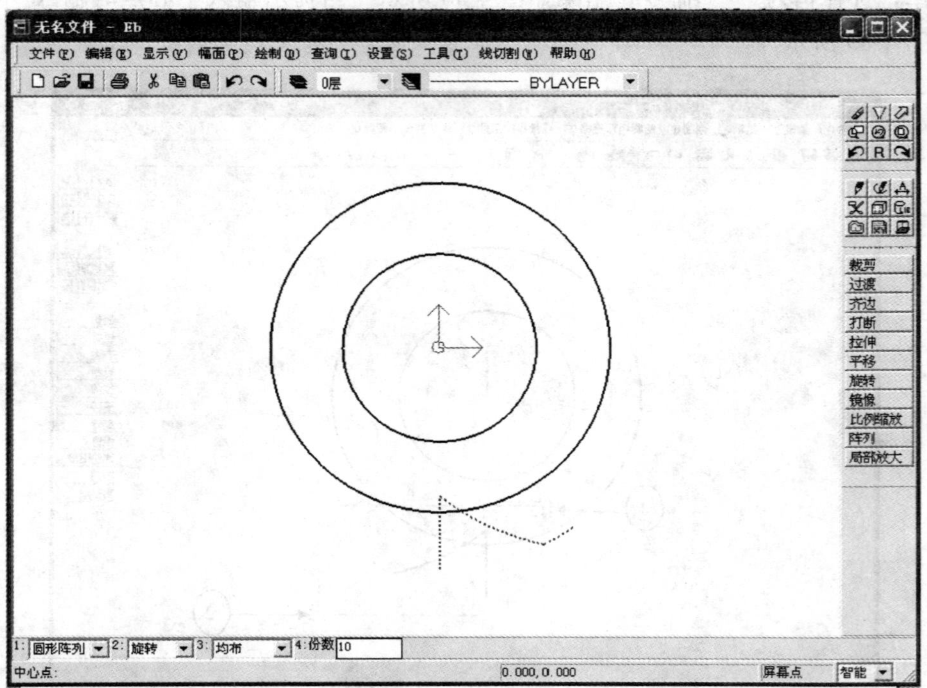

图 4-58　第 14 步操作之三

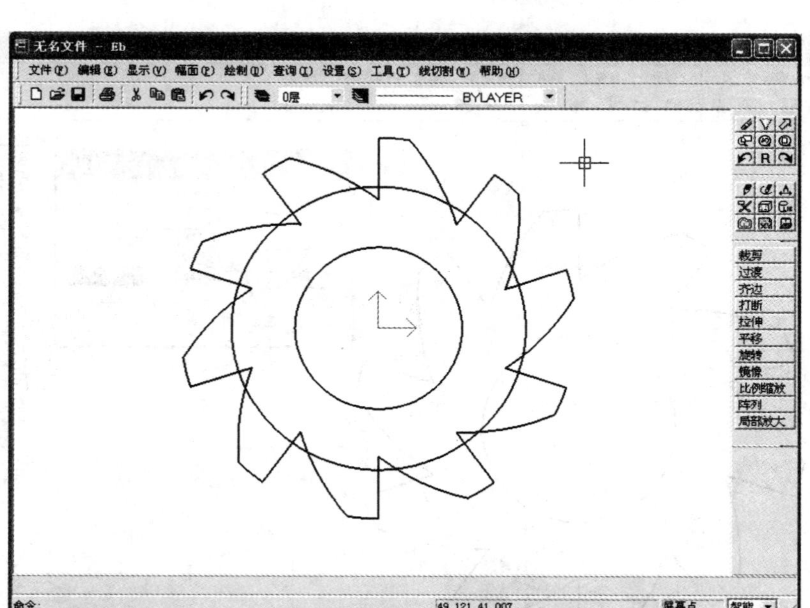

图 4-59　第 14 步操作之四

第 15 步　在没有选择任何命令的情况下，用鼠标左键点取直径为 70 的圆，在绘图区右击，弹出如图 4-60 所示菜单，选择 属性修改 命令，结果如图 4-61 所示。选择 层控制 命令，结果如图 4-62 所示。选择“虚线层”选项，分别单击“确定”按钮后，结果如图 4-63 所示。

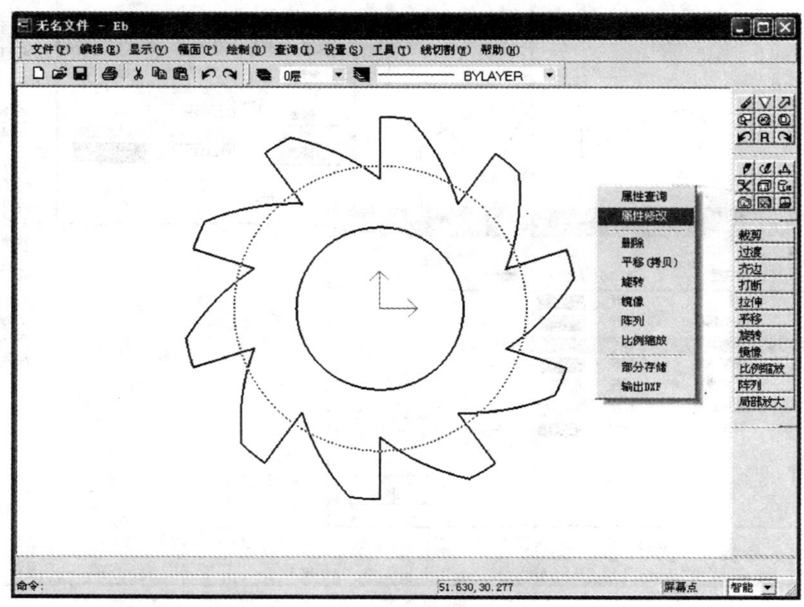

图 4-60　第 15 步操作之一

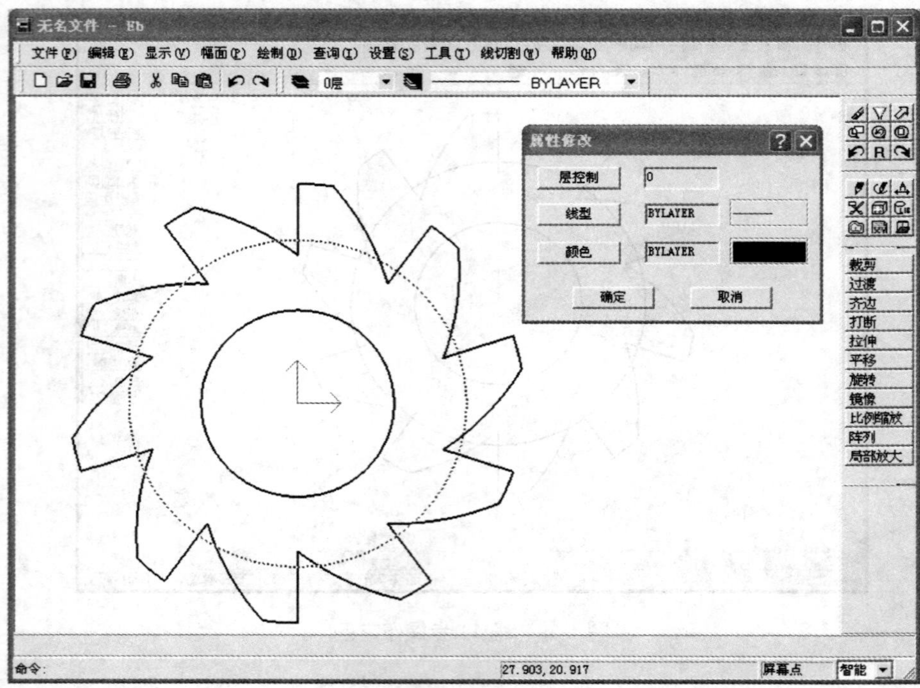

图 4-61　第 15 步操作之二

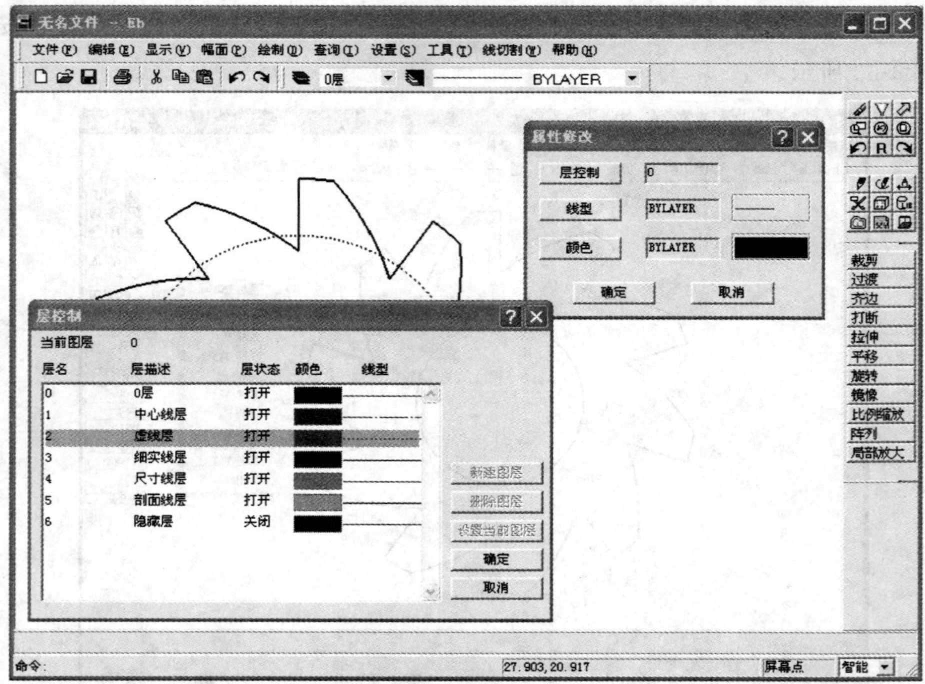

图 4-62　第 15 步操作之三

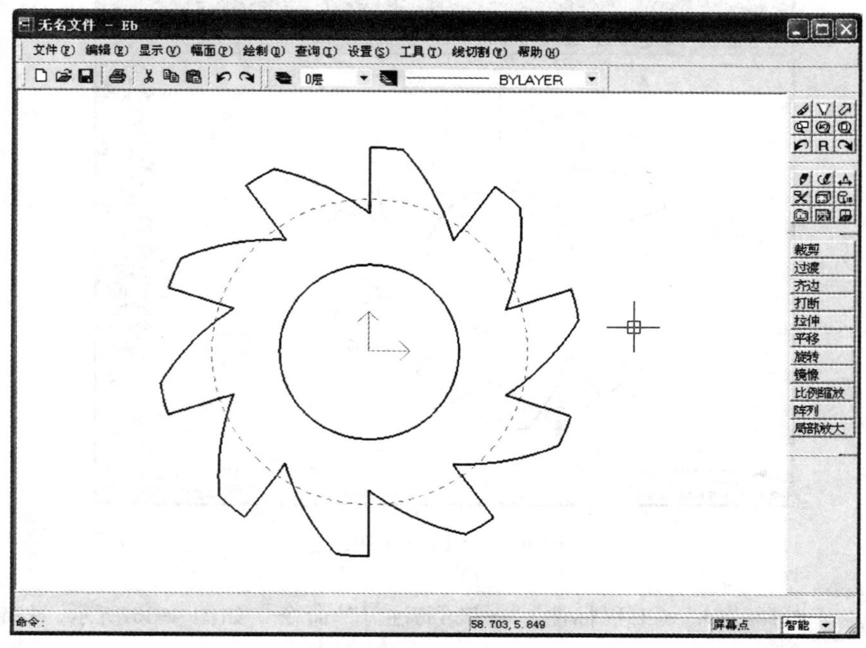

图 4-63　第 15 步操作之四

第 16 步　选择"（基本曲线）→中心线"命令，如图 4-64 所示。单击直径为 94 的圆弧，结果如图 4-65 所示。

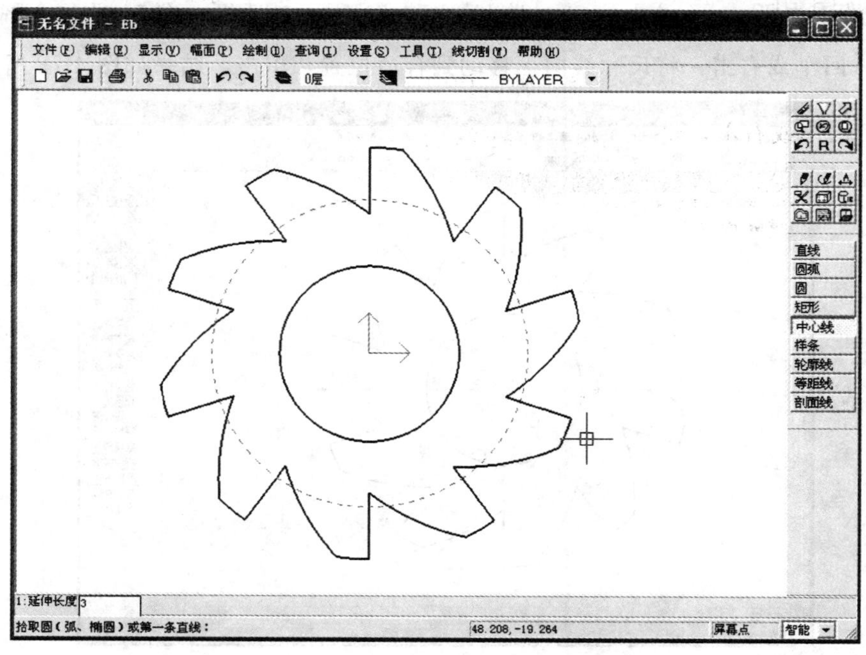

图 4-64　第 16 步操作之一

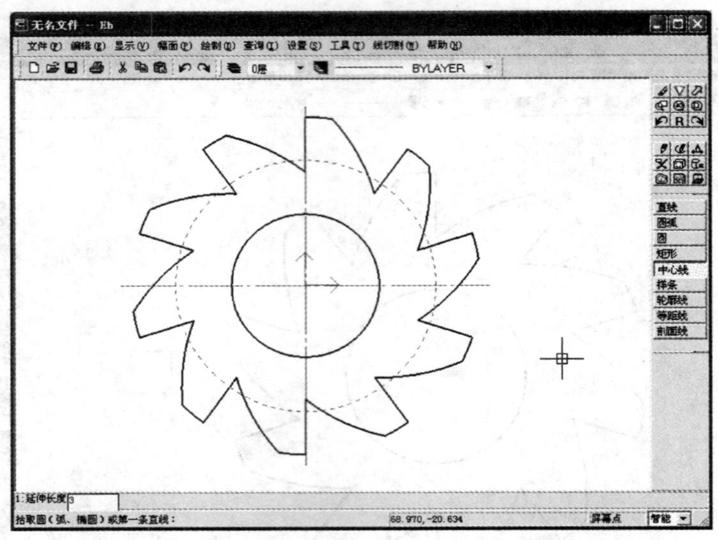

图 4-65 第 16 步操作之二

第 17 步 选择“A（工程标注）→ 尺寸标注 ”命令，如图 4-66 所示。按键盘空格键弹出如图 4-67 所示菜单，选择 I 交点 命令，把鼠标移到直径为 70 的虚线圆和水平中心线的交点（左边）位置，单击，如图 4-68 所示。当提示“拾取另一标注元素”时，再次按空格键，在弹出的菜单中选择 I 交点 命令，如图 4-69 所示。把鼠标移到直径为 70 的虚线圆和水平中心线的交点（右边）位置，单击，结果如图 4-70 所示。

点击 5:尺寸值 70 中的 70，弹出如图 4-71 所示对话框，在 70 前加入%c（注意 c 要小写），回车或右击，将尺寸线向下移动到合适位置，单击，结果如图 4-72 所示。

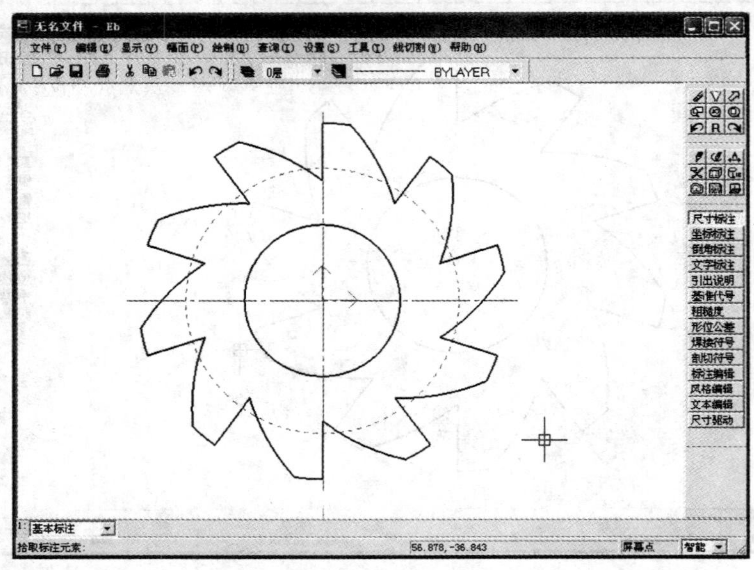

图 4-66 第 17 步操作之一

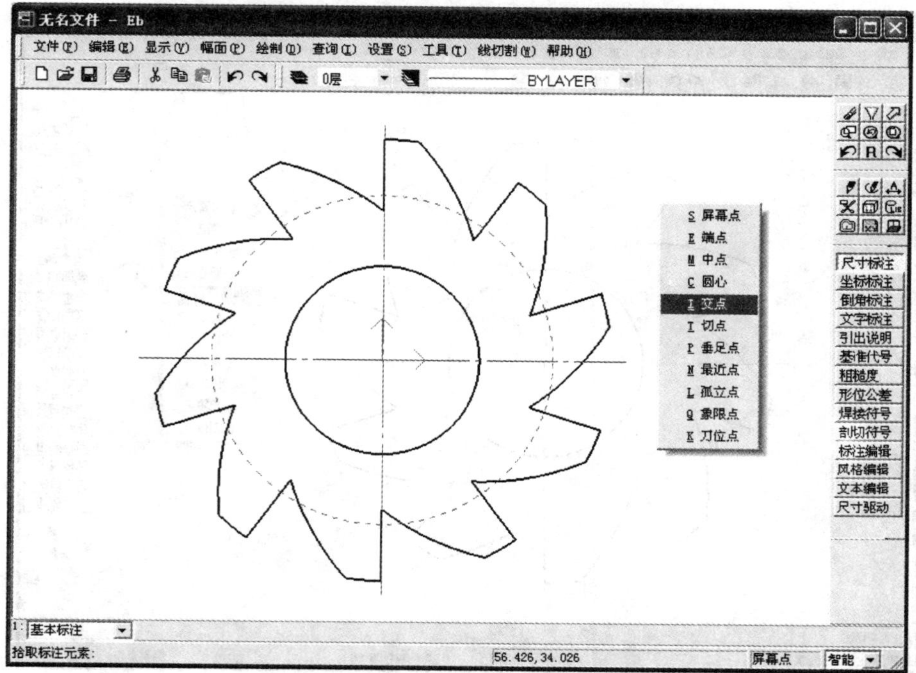

图 4-67 第 17 步操作之二

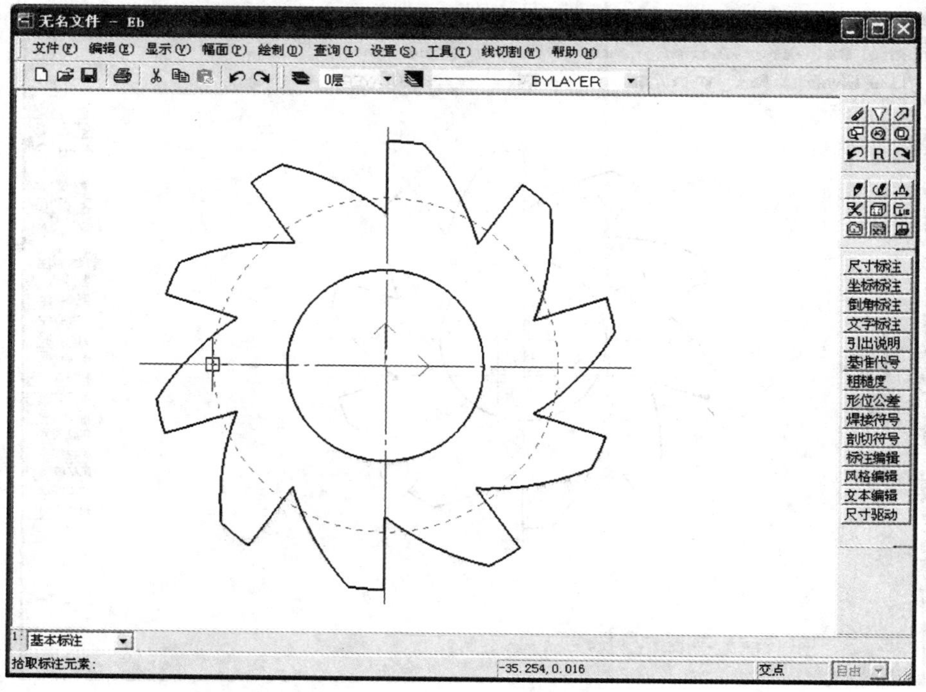

图 4-68 第 17 步操作之三

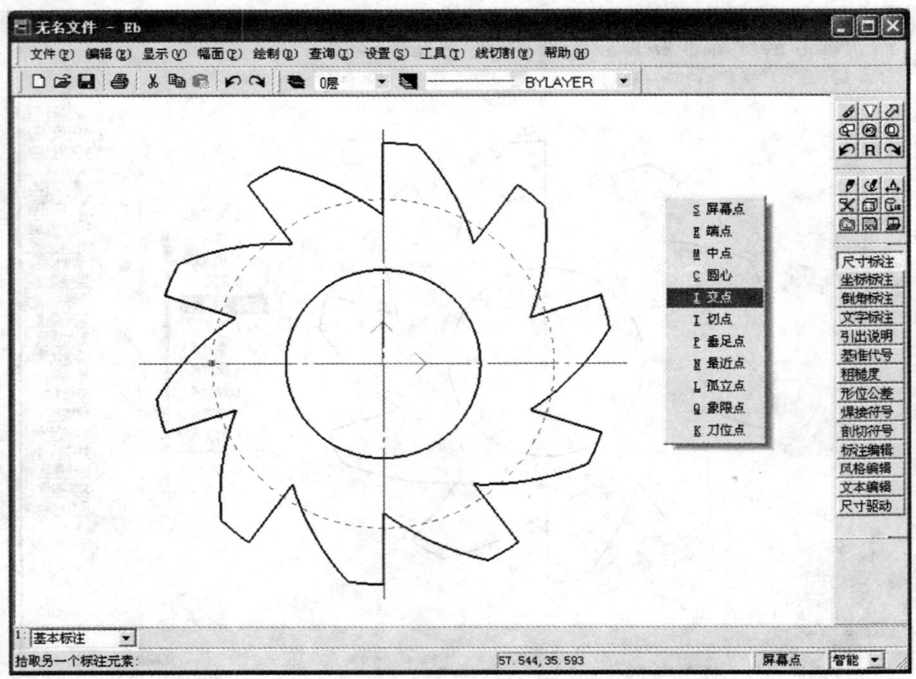

图 4-69　第 17 步操作之四

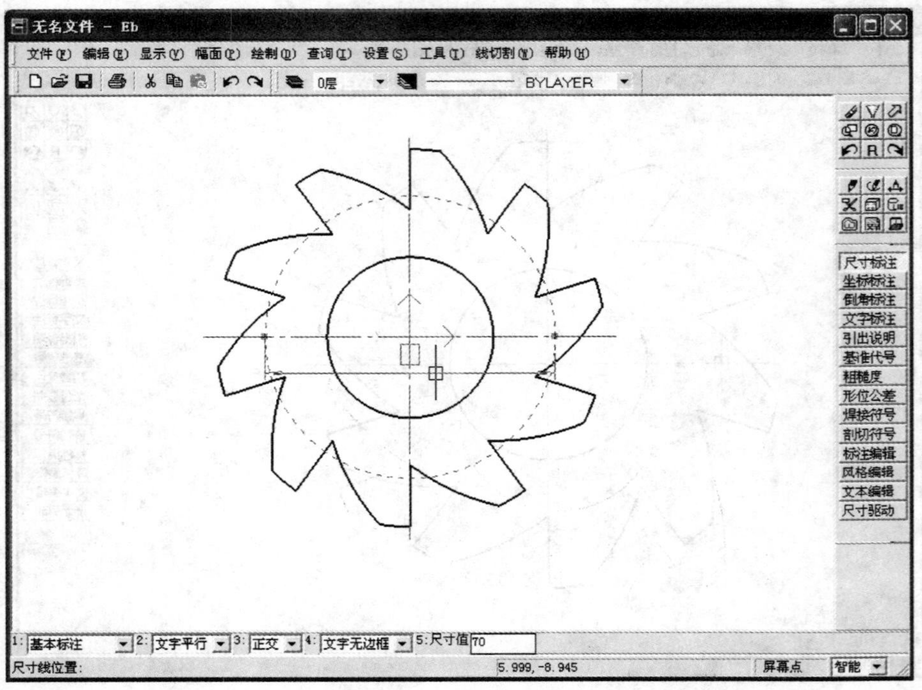

图 4-70　第 17 步操作之五

图 4-71　第 17 步操作之六

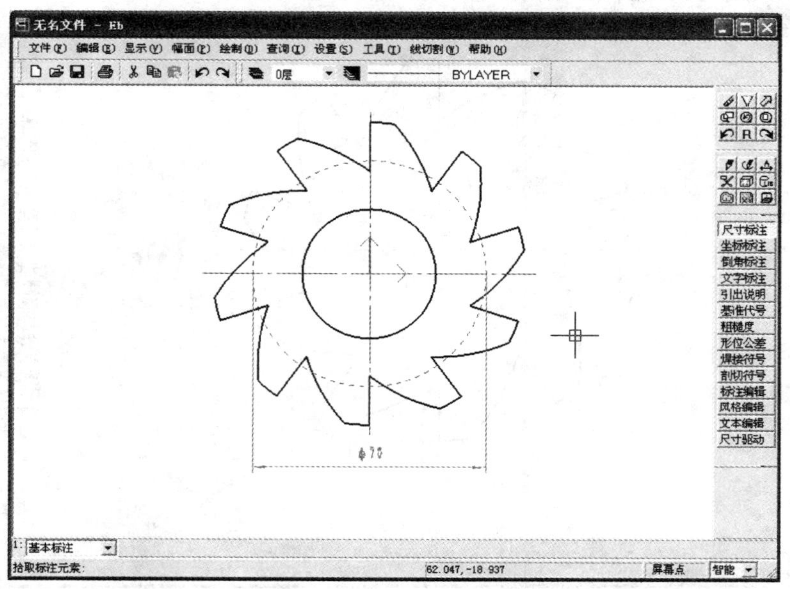

图 4-72　第 17 步操作之七

第 18 步　重复第 17 步的工作，标注出直径 90 的圆，如图 4-73 所示。

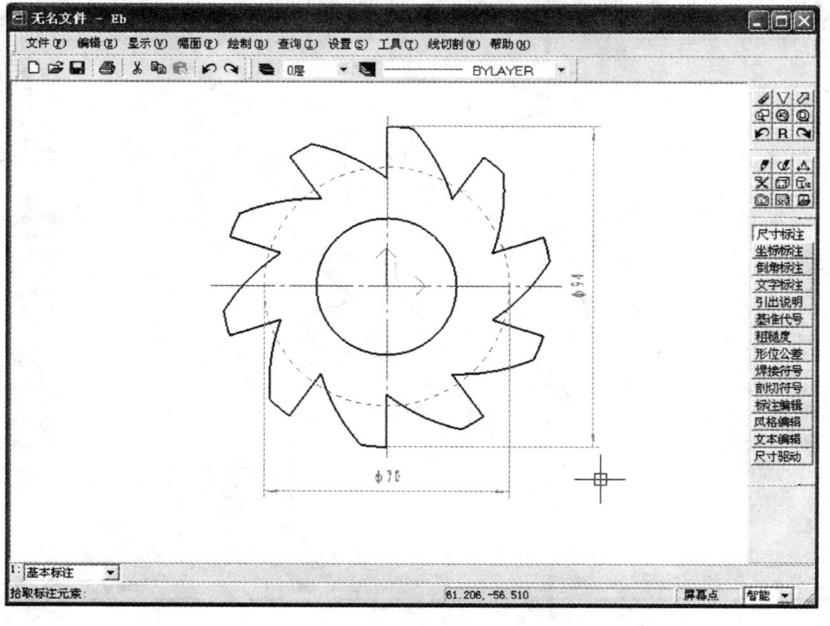

图 4-73　第 18 步操作

第 19 步　仍然选择尺寸标注命令，点击直径 40 的圆并将尺寸线移动到合适的位置，如图 4-74 所示。在绘图区的空白位置单击，结果如图 4-75 所示。

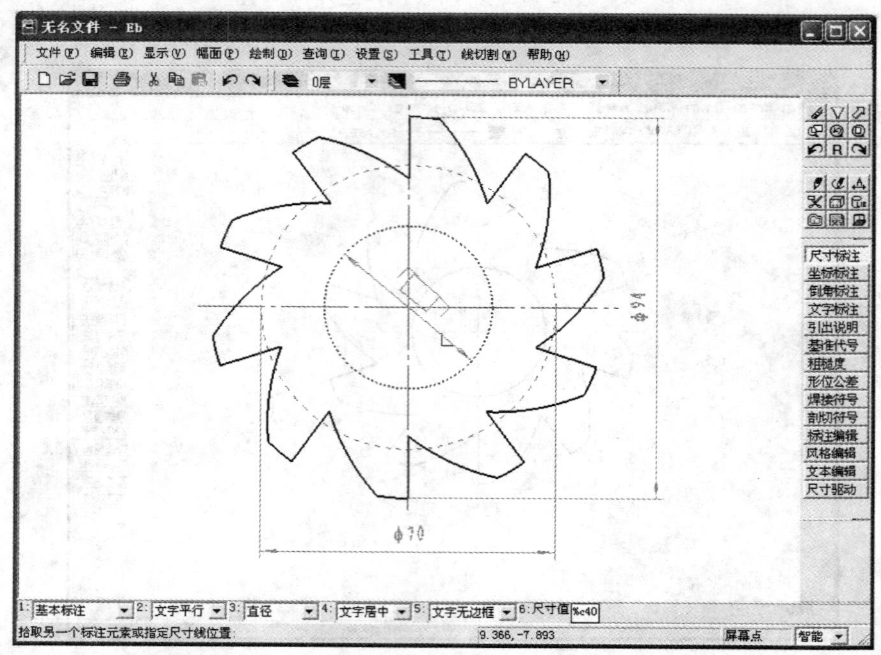

图 4-74　第 19 步操作之一

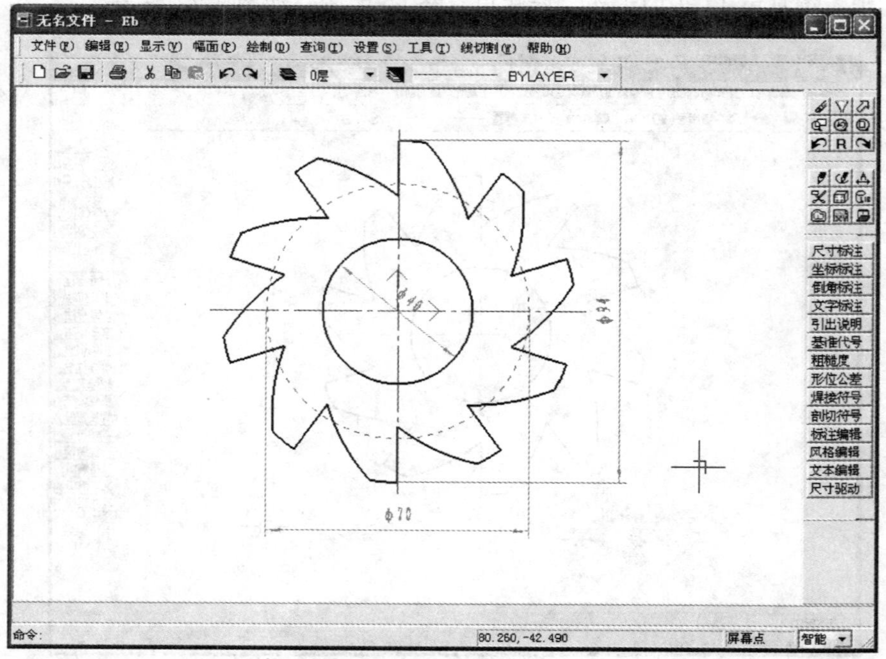

图 4-75　第 19 步操作之二

第 20 步 单击半径 54 的圆弧并将尺寸线移动到合适的位置，如图 4-76 所示。在绘图区的空白位置单击，结果如图 4-77 所示。

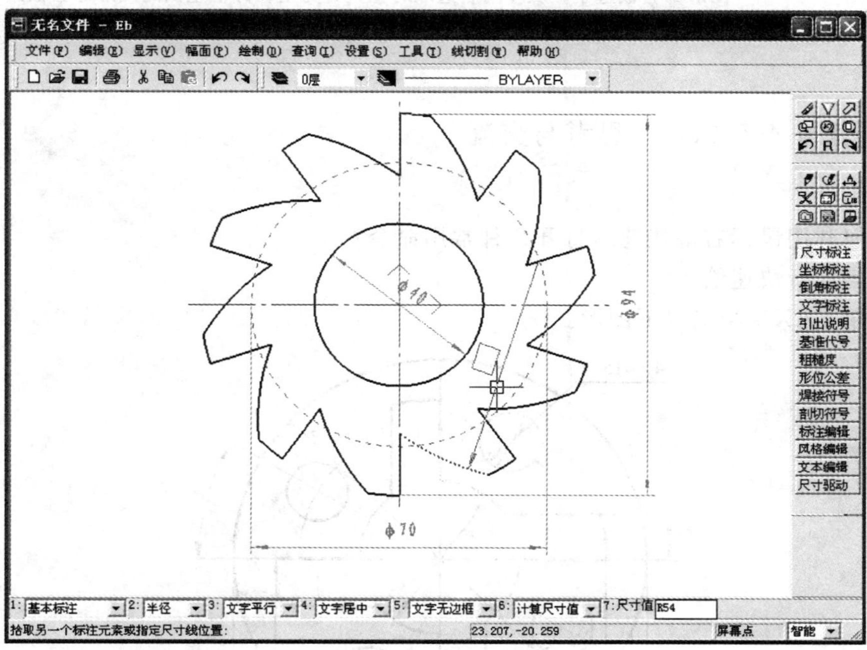

图 4-76 第 20 步操作之一

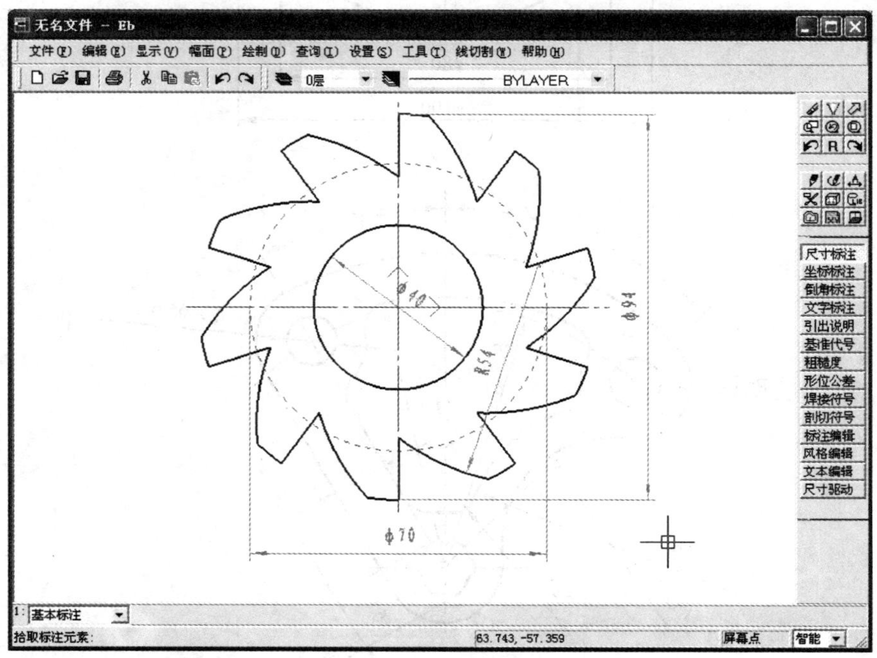

图 4-77 第 20 步操作之二

用鼠标框选图形，从右向左选取时，只要被方框碰到和完全在方框里面的图形都会被选中；从左向右选取时，只有完全在方框里面的图形才会被选中。

任务 4-7（4） 思考与交流

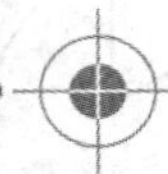

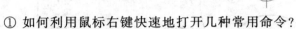

① 如何利用鼠标右键快速地打开几种常用命令？

② 如何进行快速绘图？

③ 请用 CAXA 绘出以下图形。

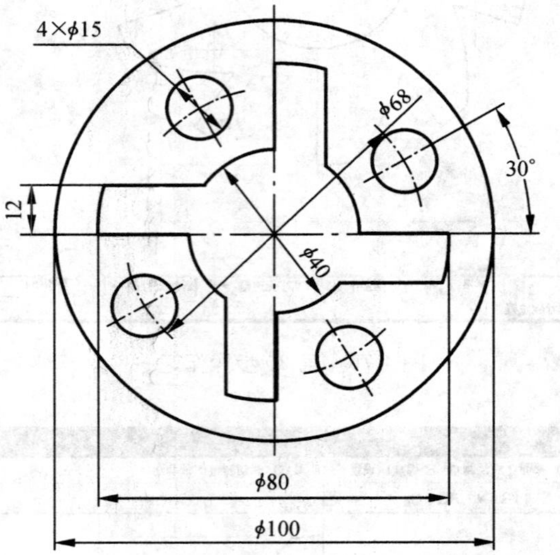

（1）

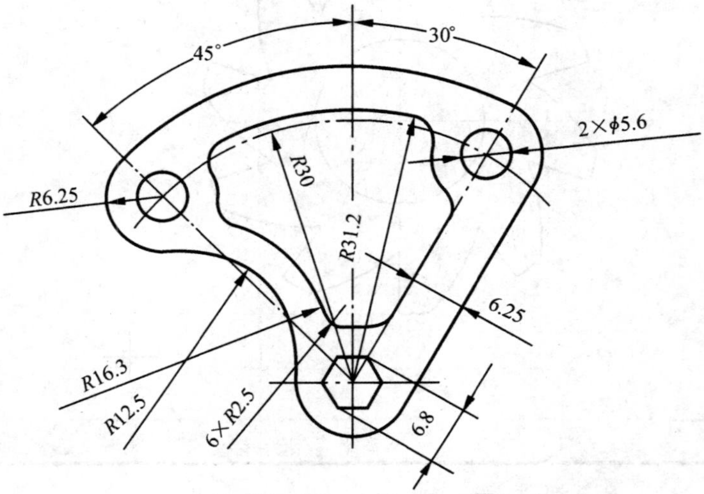

（2）

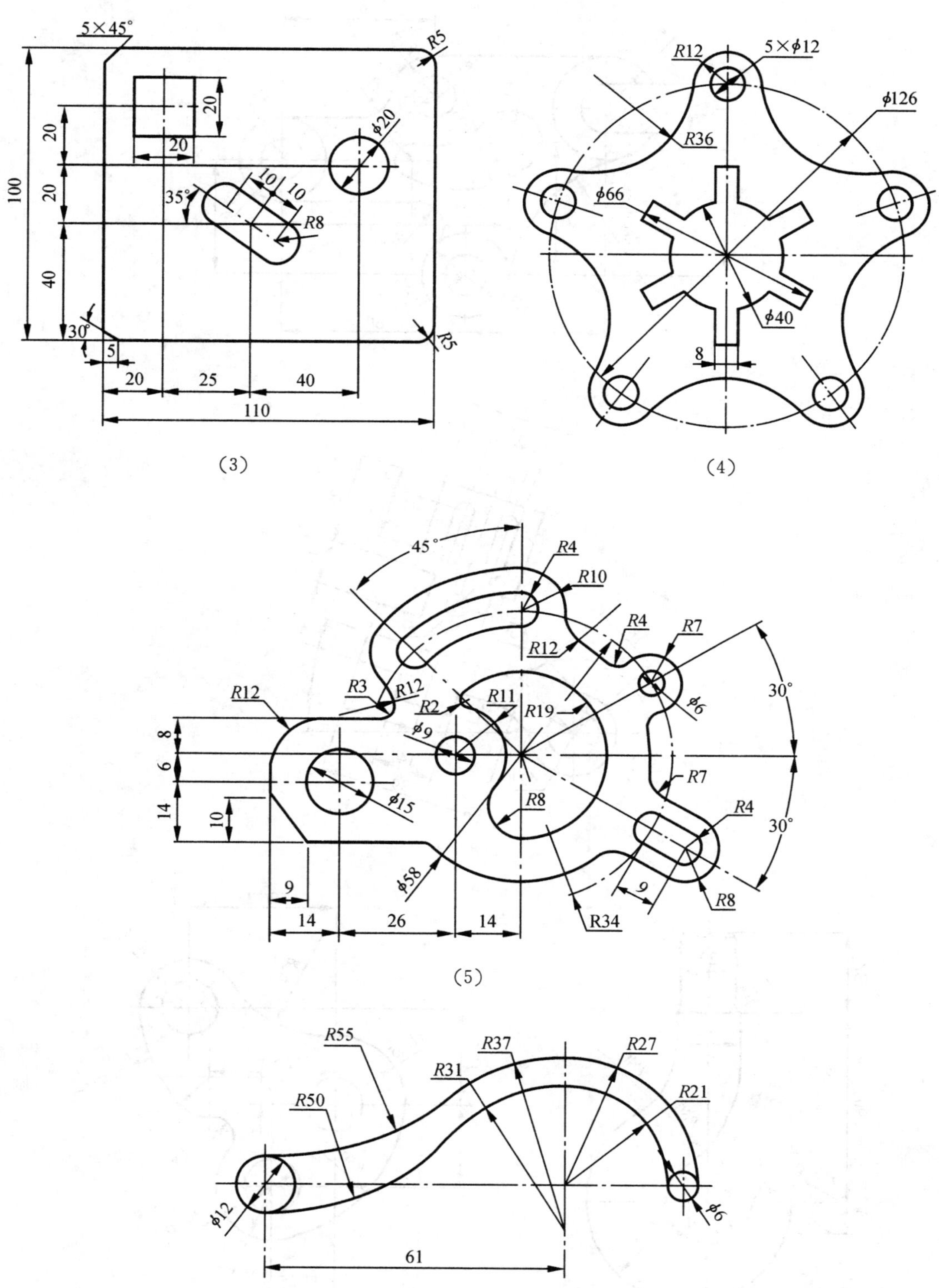

5×45°
R5
100
20
20
40
20
20
ϕ20
10
10
35°
R8
30°
5
R5
20
25
40
110
R12
5×ϕ12
ϕ126
R36
ϕ66
ϕ40
8
45°
R4
R10
R12
R4
R7
30°
R3
R12
R2
R11
R19
R12
ϕ6
8
6
ϕ9
14
10
ϕ15
R8
R7
R4
30°
ϕ58
9
9
R8
14
26
14
R34
R55
R37
R27
R31
R21
R50
ϕ12
ϕ6
61

(3)

(4)

(5)

(6)

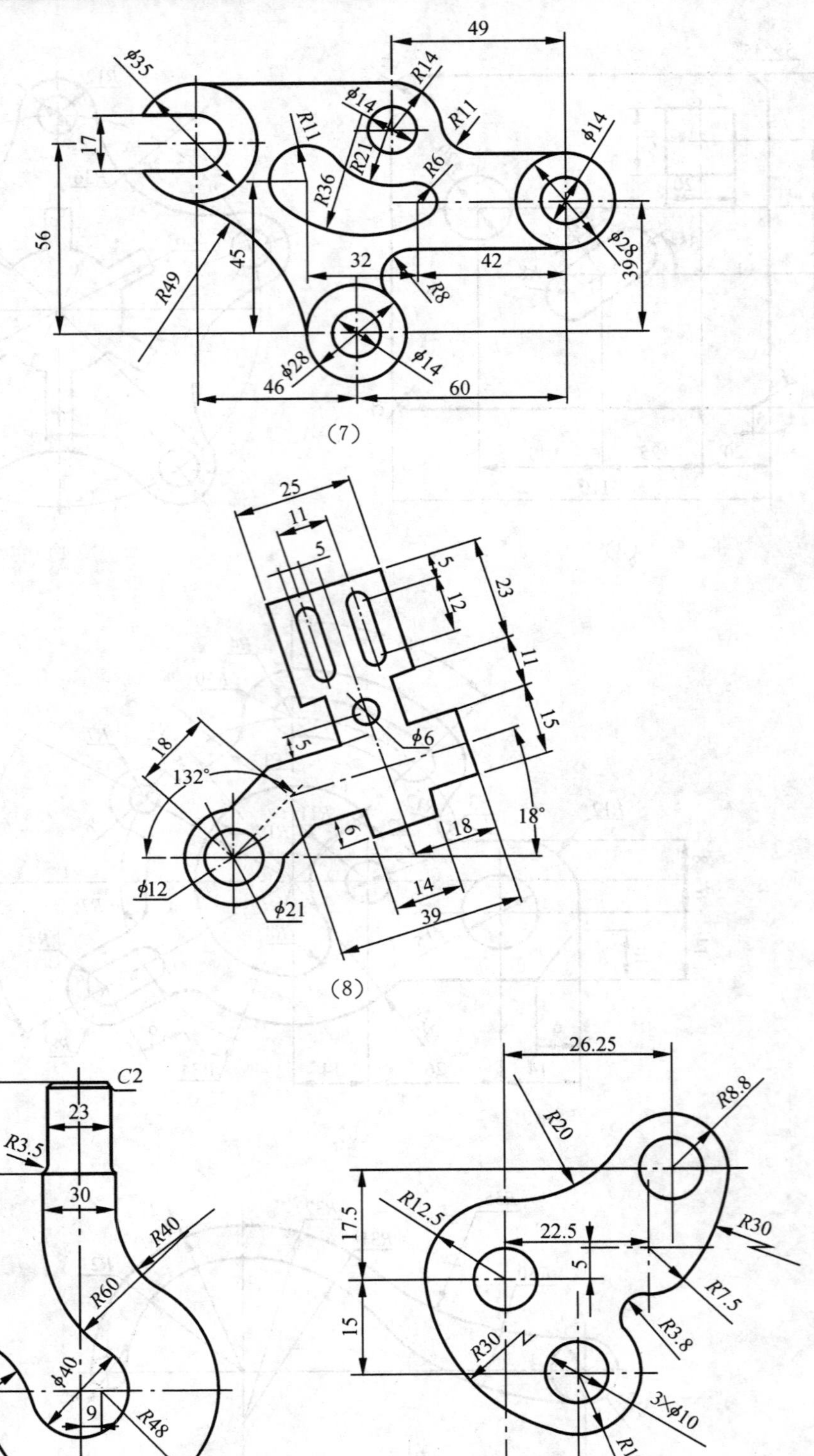
49
ϕ35
R14
ϕ14
R11
R11
17
R21
R6
ϕ14
R36
56
45
ϕ28
R49
32
42
R8
39
ϕ28
ϕ14
46
60
25
11
5
5
23
12
11
15
18
132°
5
ϕ6
18°
6
18
ϕ12
14
ϕ21
39
C2
38
23
R3.5
30
R40
90
R60
R4
ϕ40
R23
R40
15
9
R48
26.25
R8.8
R20
17.5
R12.5
22.5
R30
5
R7.5
15
R3.8
R30
3×ϕ10
R10
11.25

(7)

(8)

(9)

(10)

任务 4-8 加工轨迹生成与仿真

任务 4-8（1） 学会加工轨迹生成与仿真操作

按照加工实例的要求完成图 4-77 所绘图形的轨迹生成与仿真。

任务 4-8（2） 工作过程

第 1 步 打开图 4-77 所绘图形，单击（层控制）图标，弹出如图 4-78 所示窗口，分别单击“中心线层”、“虚线层”、“尺寸线层”后边的打开按钮，让其变为关闭，结果如图 4-79 所示。单击“确定”按钮，结果如图 4-80 所示（隐藏中心线、虚线、尺寸线）。

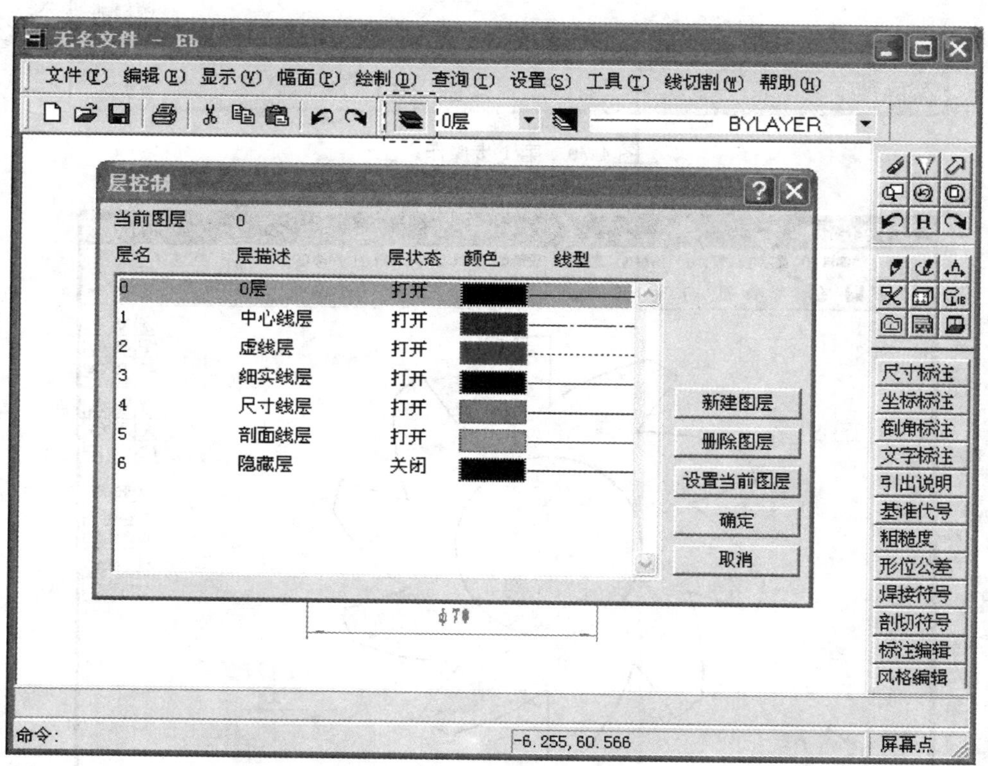

图 4-78 第 1 步操作之一

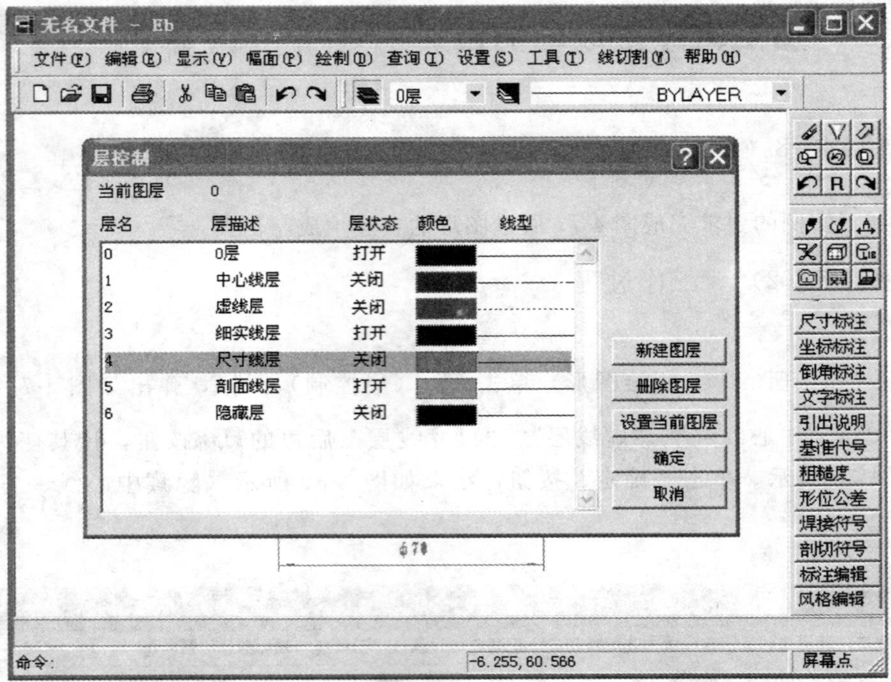

图 4-79 第 1 步操作之二

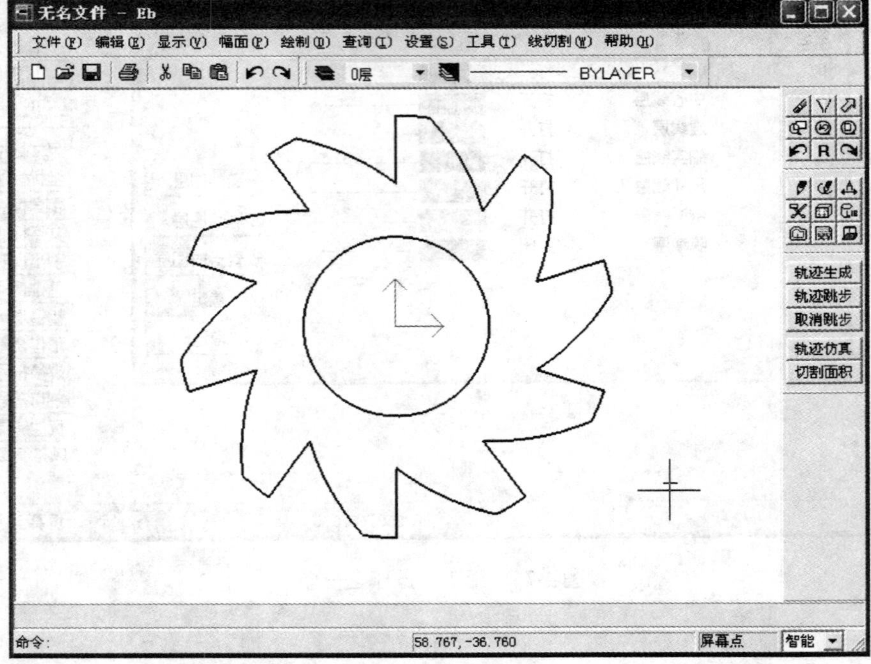

图 4-80 第 1 步操作之三

第 2 步　单击 线切割(W) 图标，弹出如图 4-81 所示菜单。选择 轨迹生成(G) 命令，弹出如图 4-82 所示对话框。单击 偏移量/补偿值 选项卡，将偏移量设为 0.1，如图 4-83 所示。单击“确定”按钮，当提示 拾取轮廓: 时，用鼠标选取直径为 40 的圆，单击逆时针方向的箭头，如图 4-84 所示，结果如图 4-85 所示。当提示 输入穿丝点位置: 时，用键盘输入“0，15”，如图 4-86 所示，右击两次或回车两次，结果如图 4-87 所示。

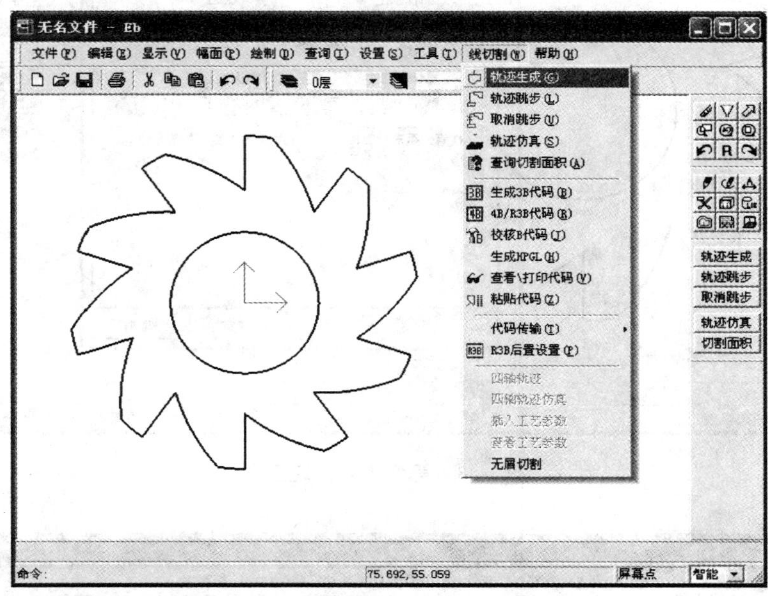

图 4-81　第 2 步操作之一

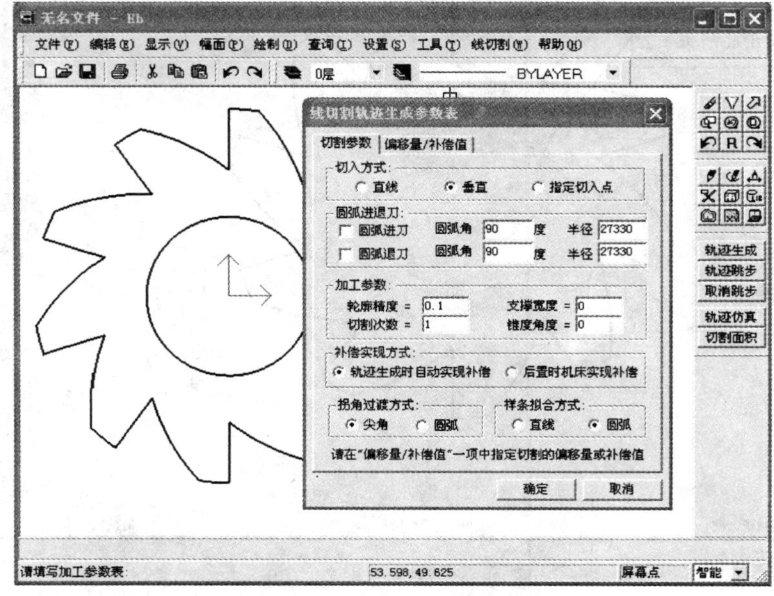

图 4-82　第 2 步操作之二

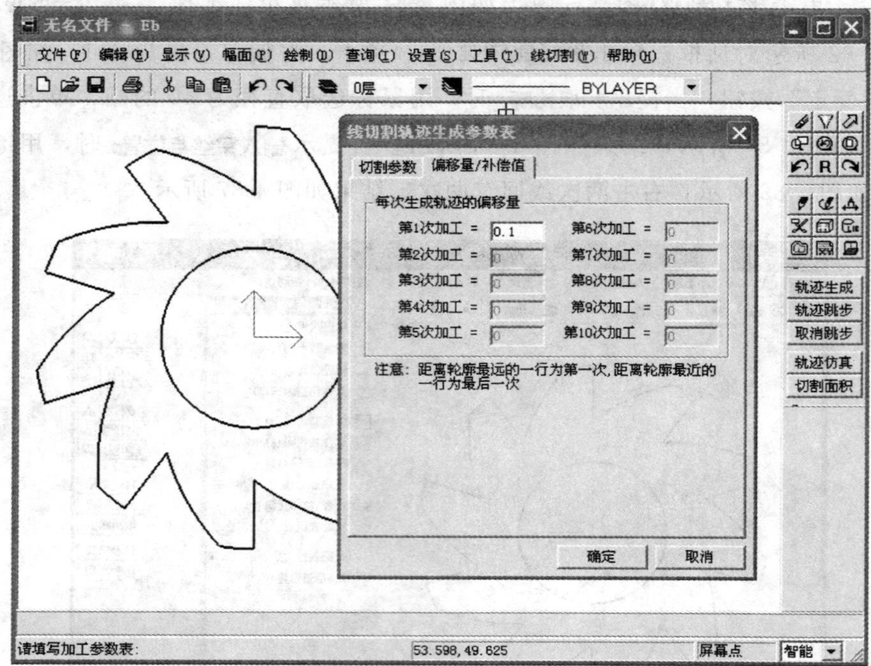

图 4-83　第 2 步操作之三

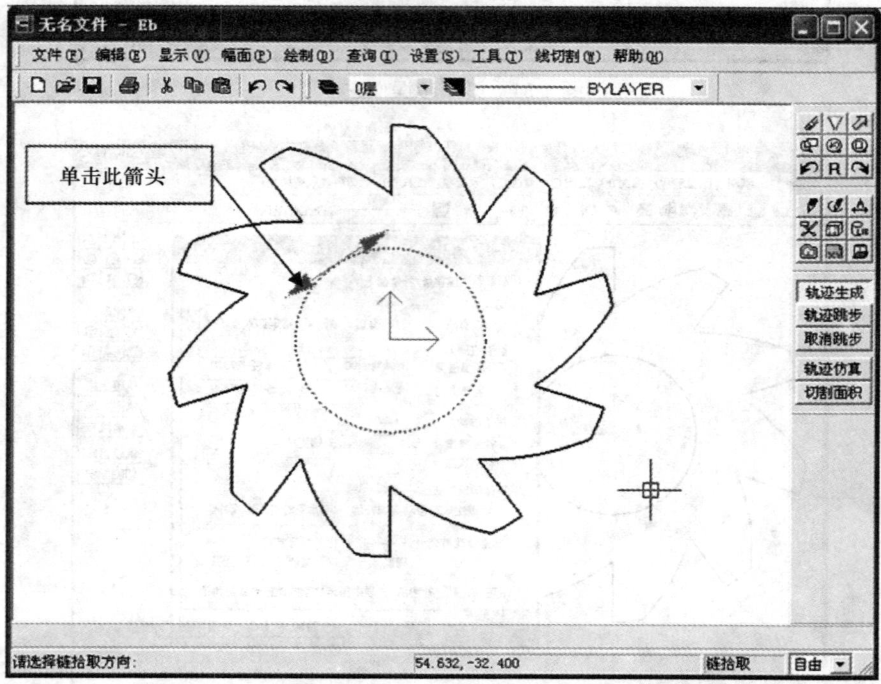

图 4-84　第 2 步操作之四

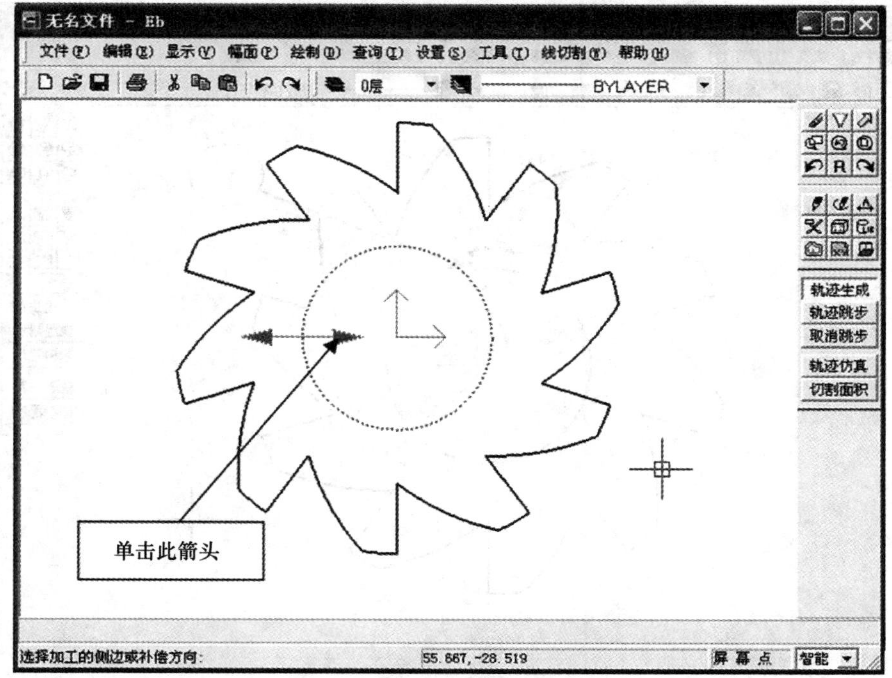

图 4-85　第 2 步操作之五

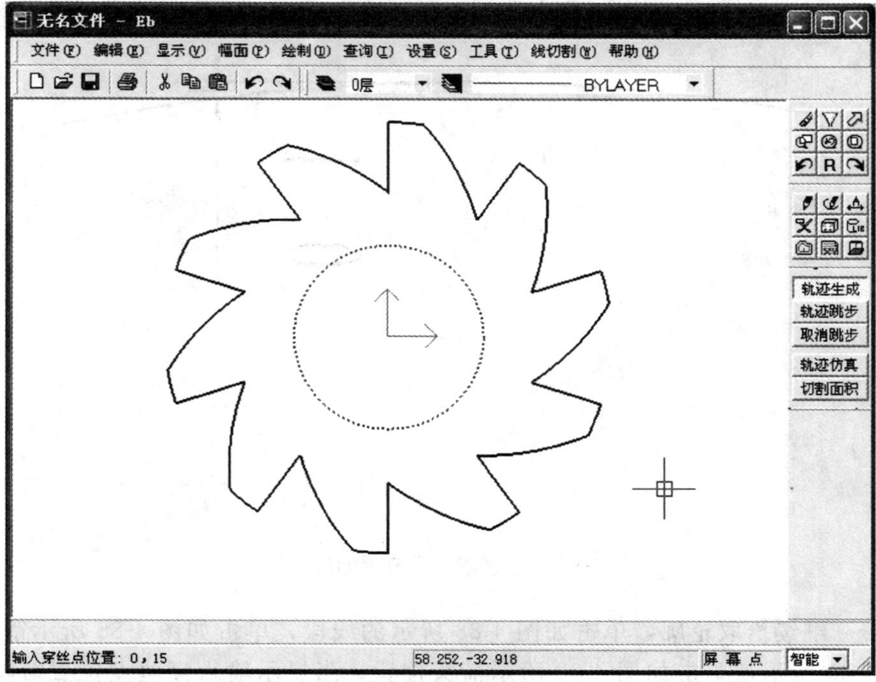

图 4-86　第 2 步操作之六

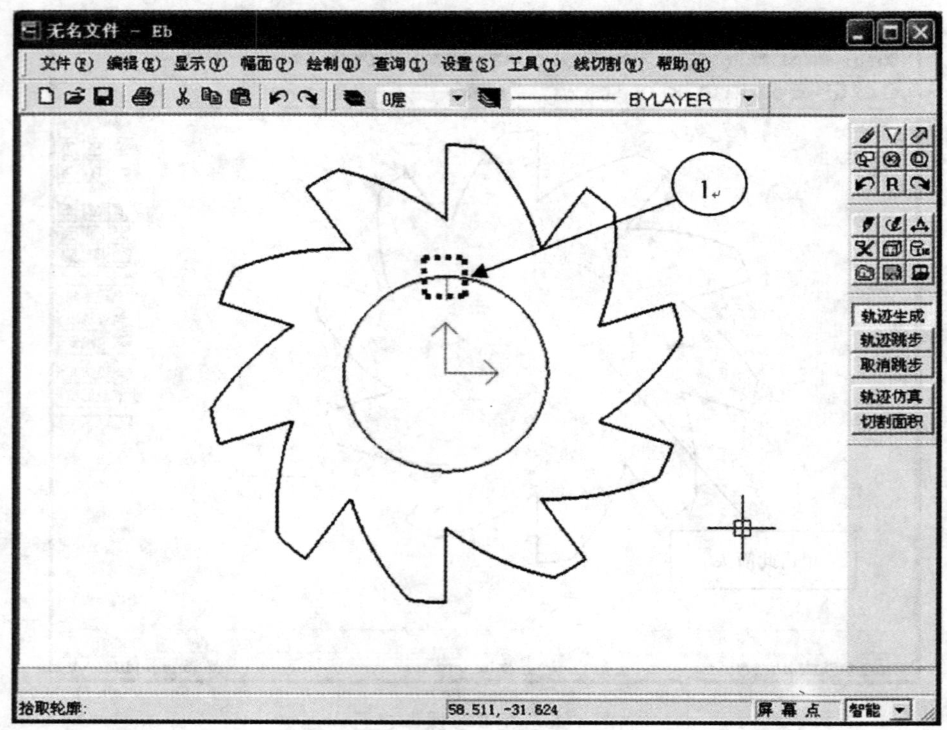

图 4-87 第 2 步操作之七

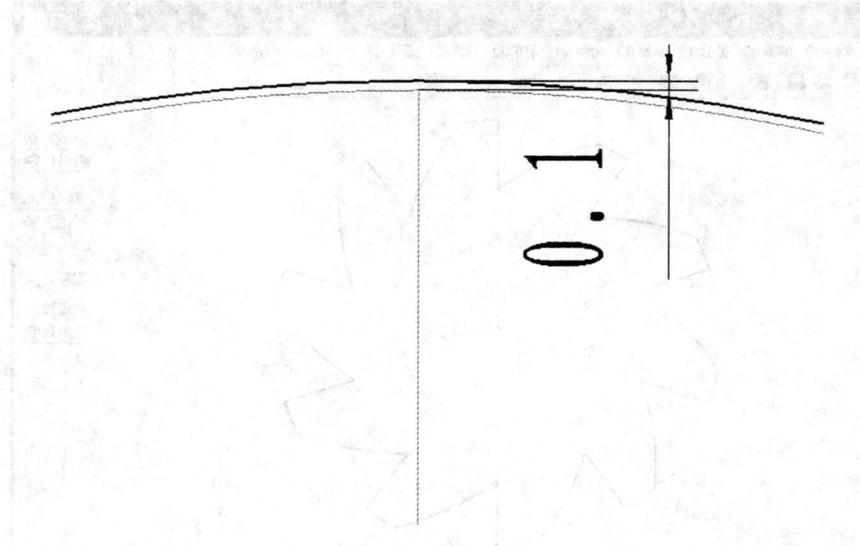

图 4-87 中①区域所示位置的放大图

第 3 步 继续拾取轮廓，单击如图 4-88 所示的线段，单击如图 4-88 所示箭头位置，结果如图 4-89 所示，单击如图 4-89 所示箭头位置。当提示输入穿丝点位置时输入“0，－50”，如图 4-90 所示。右击两次或回车两次，结果如图 4-91 所示。

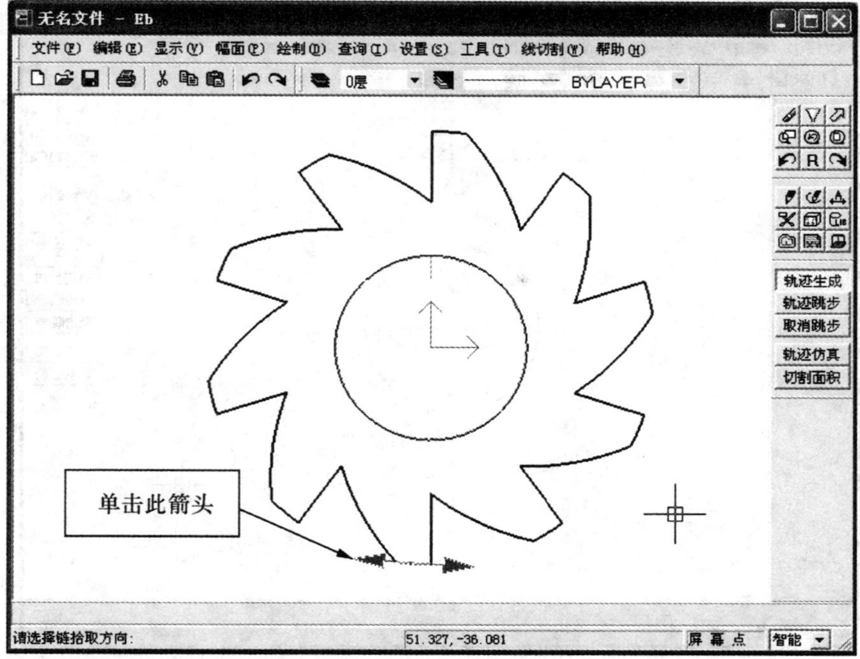

图 4-88 第 3 步操作之一

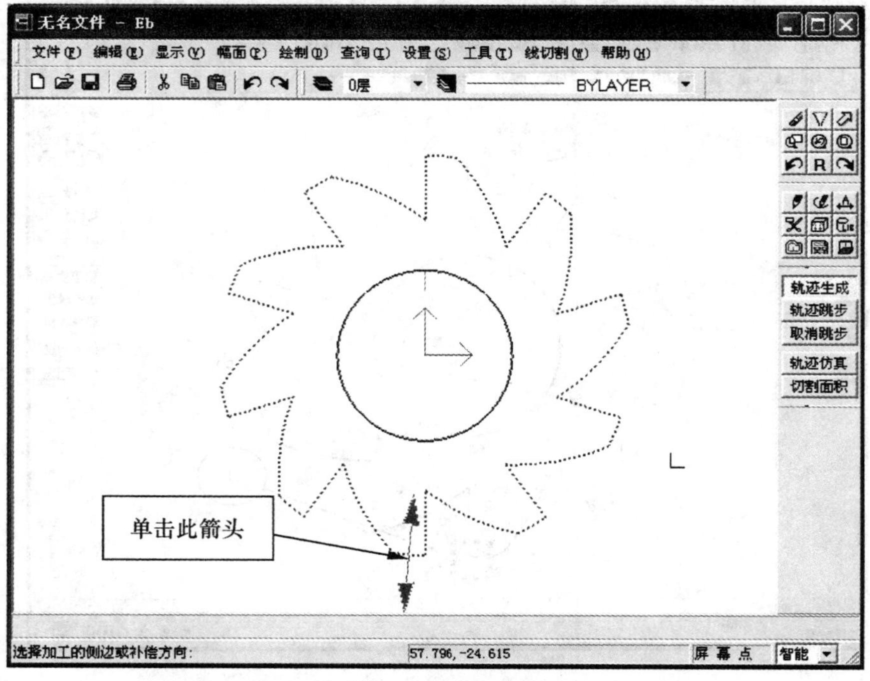

图 4-89 第 3 步操作之二

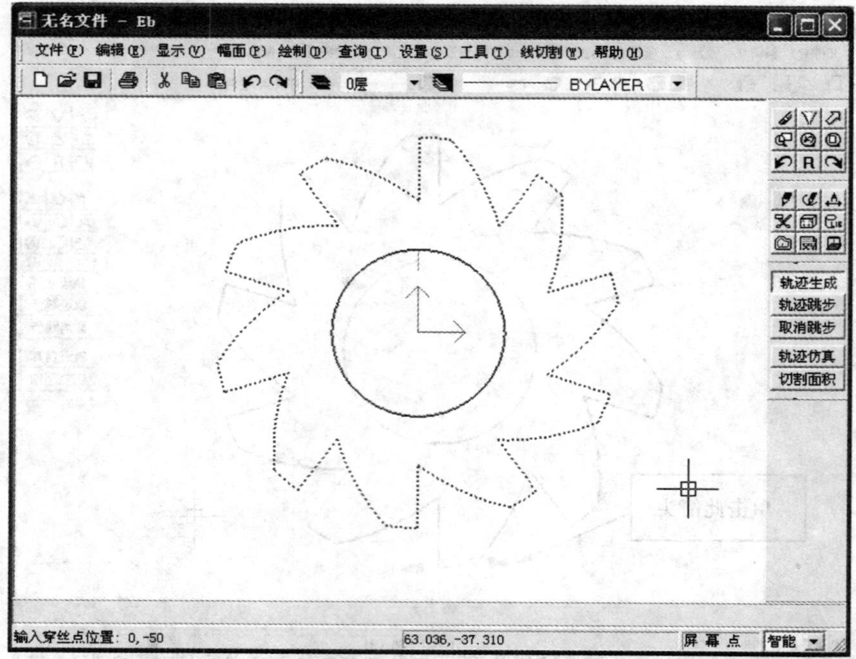

图 4-90　第 3 步操作之三

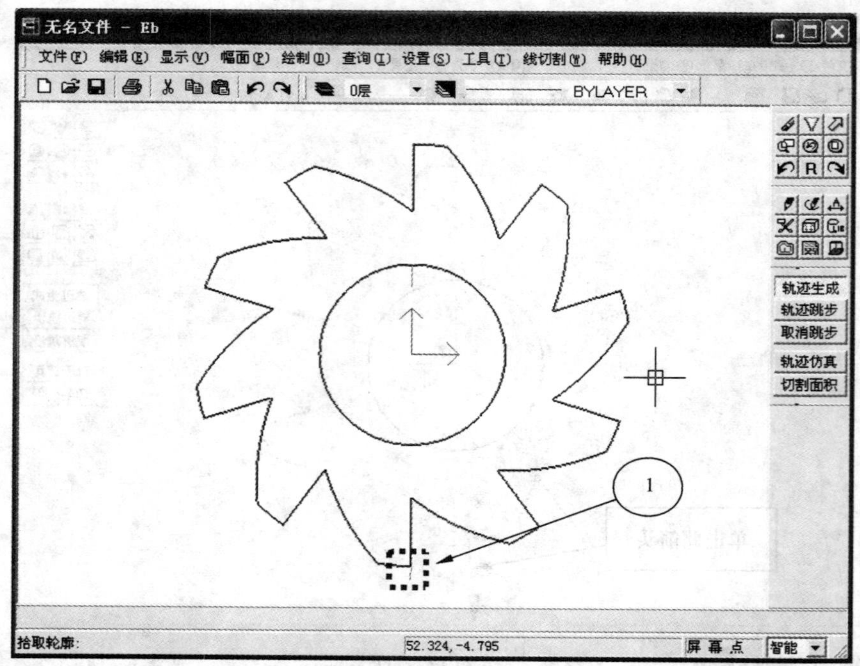

图 4-91　第 3 步操作之四

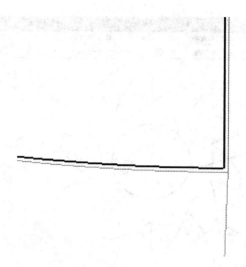

图 4-91 中①区域所示位置的放大图

第 4 步　单击**线切割(W)**按钮，选择**轨迹跳步(L)**命令，弹出如图 4-92 所示菜单。当提示**拾取加工轨迹**:时，分别拾取刚才生成的两条轨迹线，如图 4-93 所示。右击，结果如图 4-94 所示。

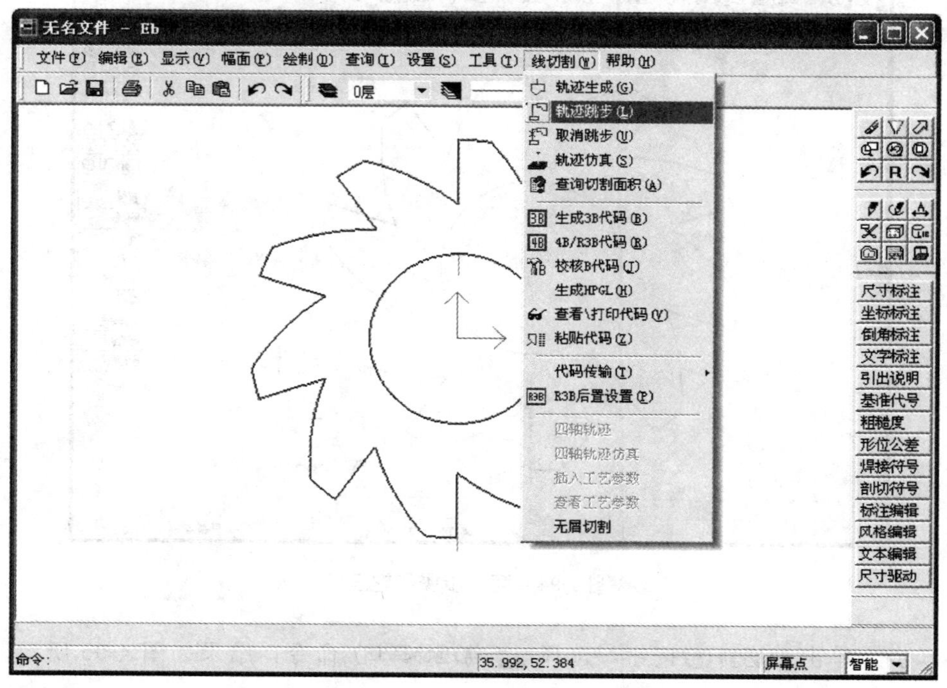

图 4-92　第 4 步操作之一

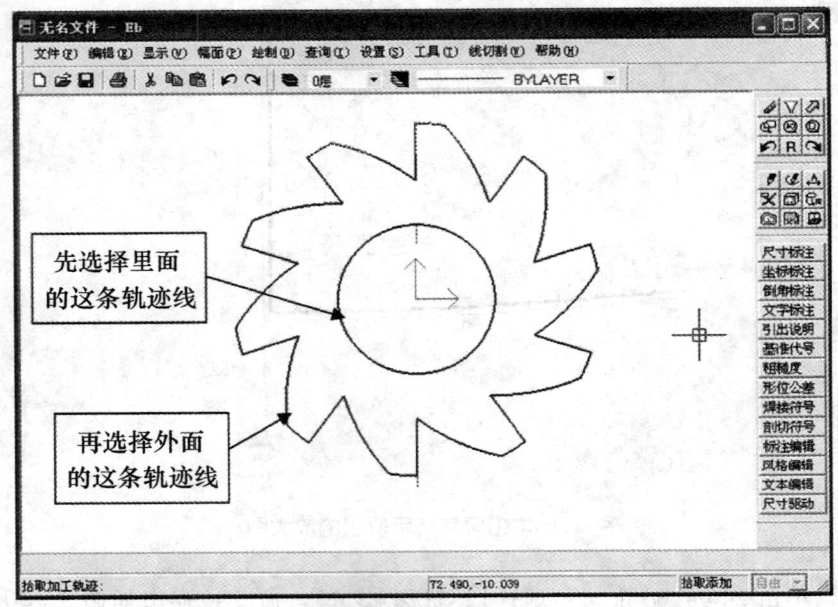

图 4-93 第 4 步操作之二

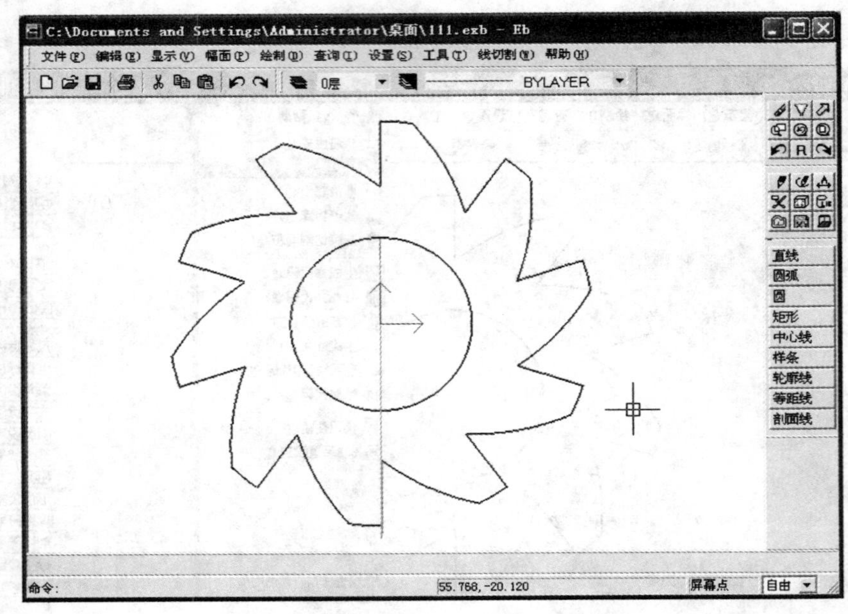

图 4-94 第 4 步操作之三

第 5 步 单击 线切割(W) 按钮，选择 轨迹仿真(S) 命令，结果如图 4-95 所示。将步长改为 0.005，如图 4-96 所示。拾取任意加工轨迹线，结果如图 4-97 所示（加工动态仿真）。

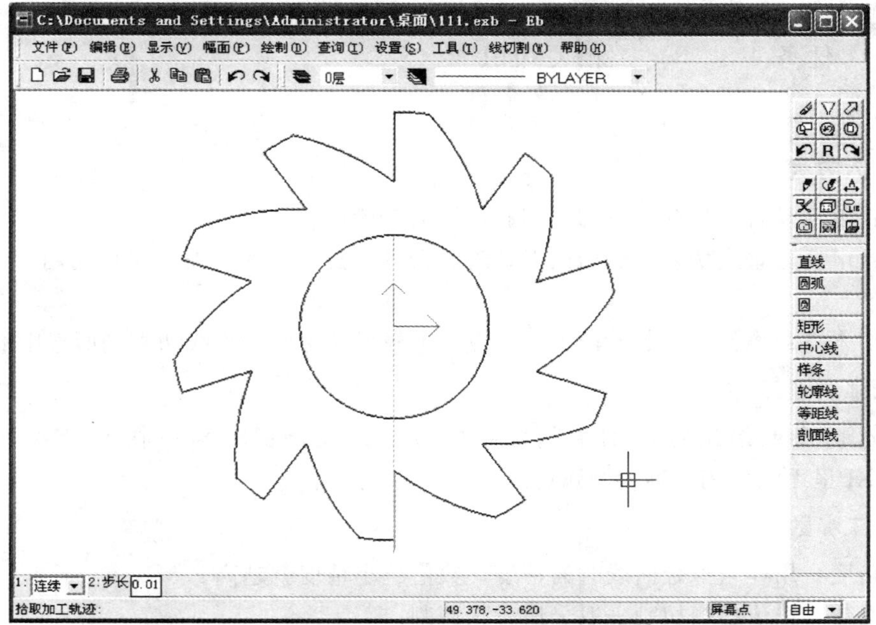

图 4-95　第 5 步操作之一

图 4-96　第 5 步操作之二

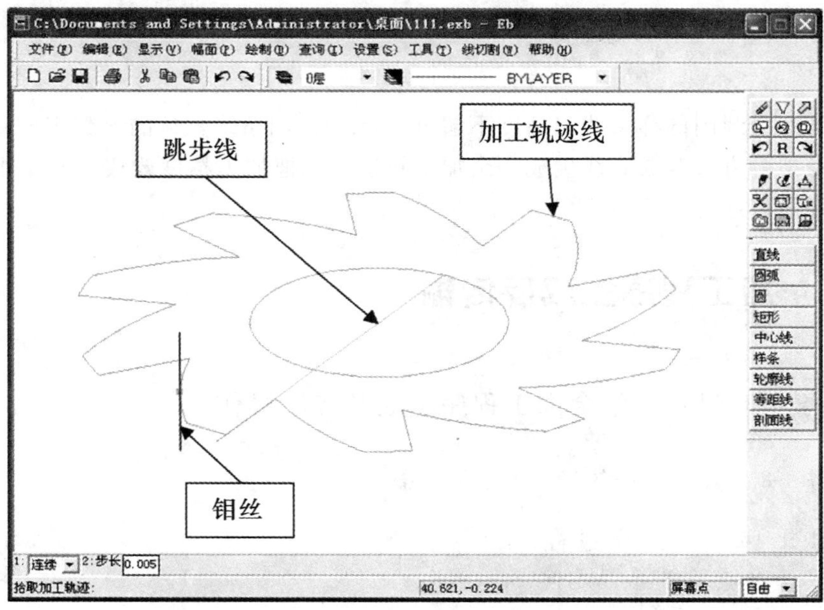

图 4-97　第 5 步操作之三

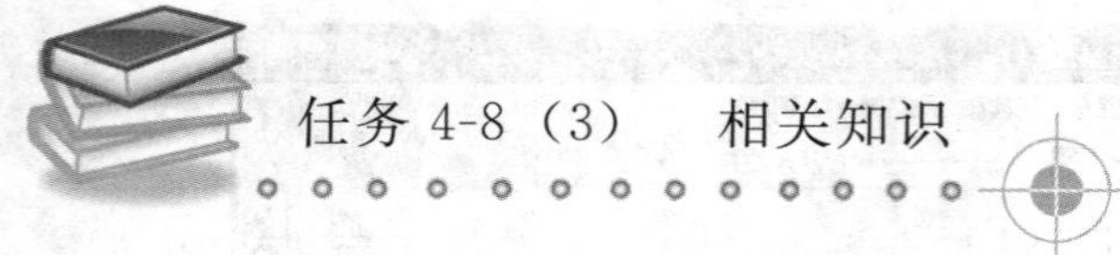

任务 4-8（3） 相关知识

1. 切入方式

直线：电极丝直接从穿丝点切割到起始段的起始点。

垂直：电极丝垂直切入到起始段上，若起始段上找不到垂足点，就自动用“直线”切入。

指定切入点：操作者在起始段上选一点，电极丝从穿丝点直线切割到所选中的点。

2. 圆弧进退刀

电极丝切入或退出零件加工起始点的方式采用圆弧过渡（在 CAXA 线切割—Windows XP里无法使用）称为圆弧进退刀。

3. 加工参数

轮廓精度：用样条拟合曲线时的精度，数值越小精度就越高。

切割次数：快走丝线切割一般采用一次切割。

支撑宽度：对于多次切割，除最后一次外，前面的切割都不能把零件切下来，要留下一段来支撑零件，留下这段的宽度就是支撑宽度。

锥度角度：锥度加工时，电极丝的倾斜角度（在 CAXA 线切割—Windows XP 里无法使用）称为锥度角度。

任务 4-8（4） 思考与交流

用样条画一个封闭的样条线（高度不超过 1 mm），用系统默认的参数生成一个加工轨迹，先把样条拟合方式改成直线生成一个加工轨迹，再把加工精度改成 0.001 生成一个加工轨迹，观察轨迹线的变化。

任务 4-9 加工程序生成及传输

任务 4-9（1） 学会加工程序生成及传输操作

完成任务 4-8 中加工轨迹的程序生成及传输。

任务 4-9（2） 工作过程

第 1 步 打开任务 4-8 中生成的加工轨迹，选择 线切割(W) 中的 3B 生成3B代码(B) 命令，如图 4-98 所示。弹出如图 4-99 所示对话框，给定代码保存路径和名称，单击“保存”按钮。提示拾取加工轨迹，如图 4-100 所示。选择任务 4-8 中生成的加工轨迹，拾取完后右击，会自动弹出加工代码。

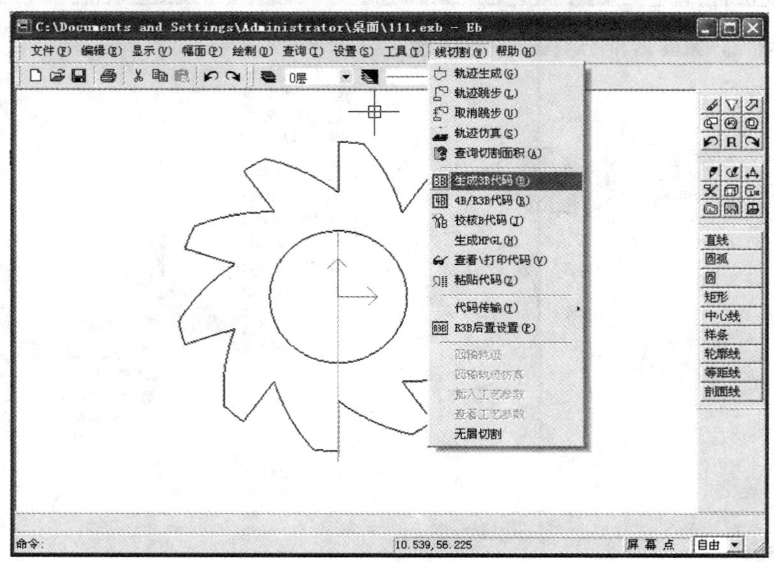

图 4-98　第 1 步操作之一

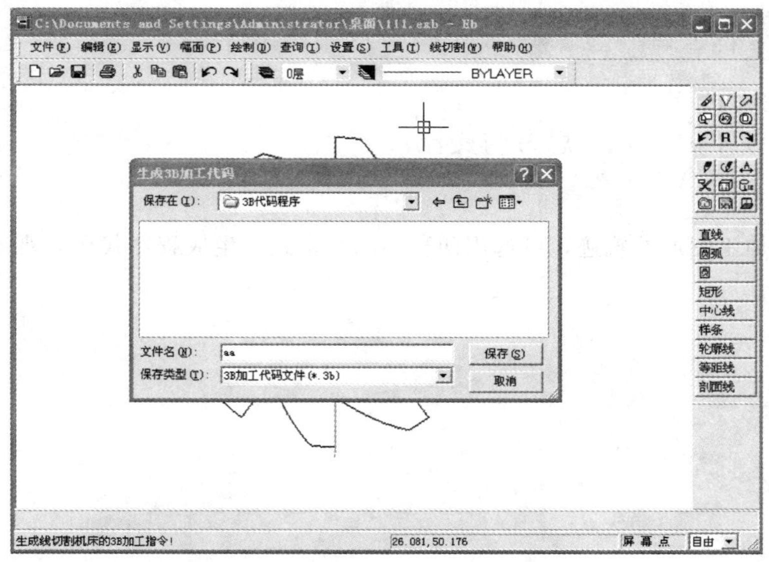

图 4-99　第 1 步操作之二

图 4-100　第 1 步操作之三

第 2 步　选择“线切割→代码传输→应答传输”命令，如图 4-101 所示。右击开始传输，按 ESC 键可以结束。

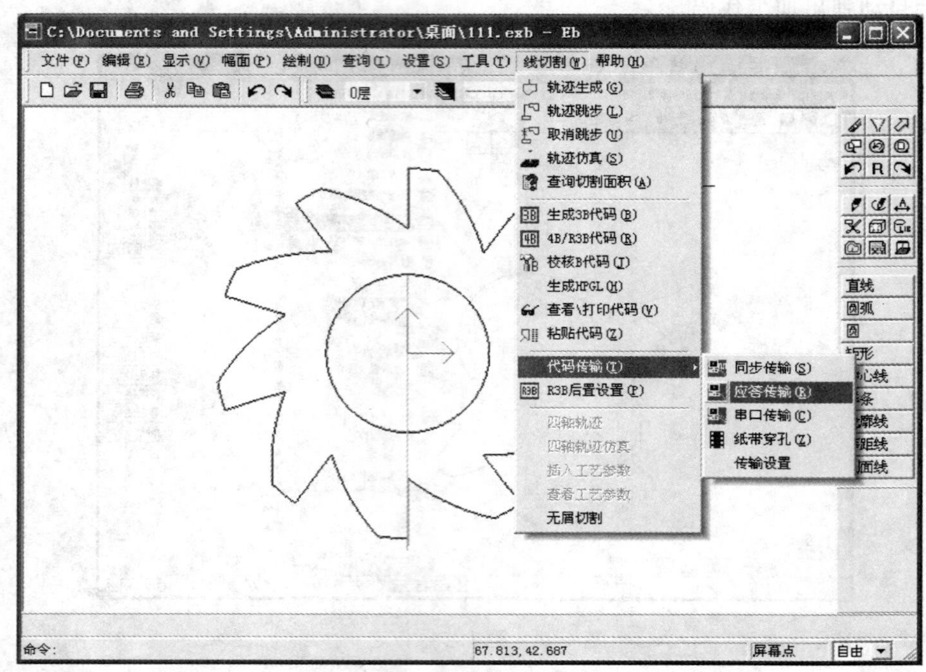

图 4-101　第 2 步操作

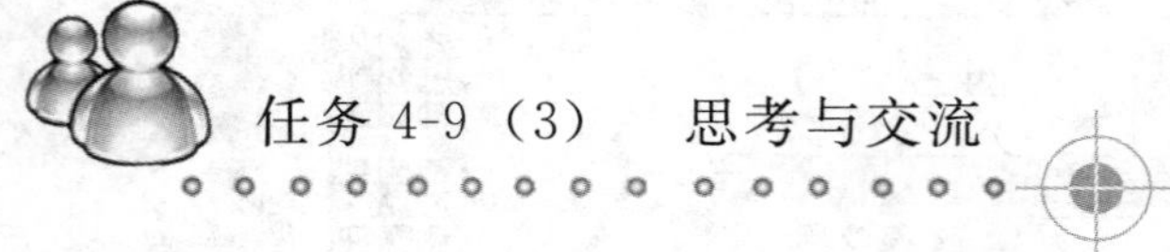

任务 4-9（3）　思考与交流

对同一个加工图形的轨迹，可选用四种不同的格式来生成程序代码，观察生成的程序代码有何区别。

项目五

数控电火花成型机床的加工操作方法

【教学重点】

· 数控电火花成型机床的认识

· 数控电火花成型机床的操作

· 数控电火花成型机床的加工工艺

· 数控电火花成型机床的加工实例

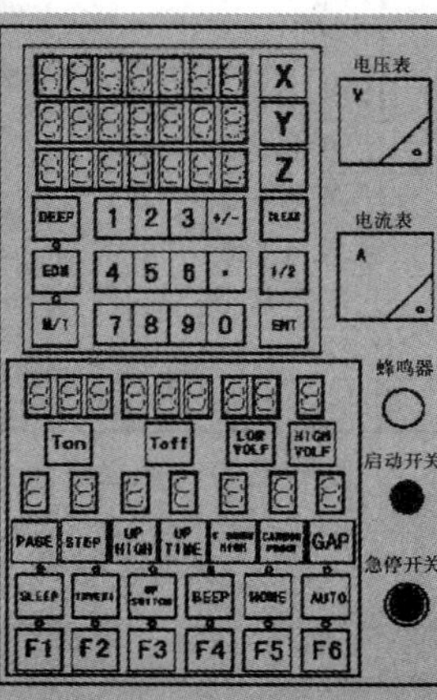

教学建议

序号	任务	建议学时	建议教学方式	备注
1	任务 5-1	1	讲授、示范教学、辅导教学	
2	任务 5-2	0.5	讲授、示范教学、辅导教学	
3	任务 5-3	1	讲授、示范教学、辅导教学	
4	任务 5-4	0.5	讲授、示范教学、辅导教学	
5	任务 5-5	1	讲授、示范教学、辅导教学	
6	任务 5-6	1	讲授、示范教学、辅导教学	
7	任务 5-7-1	0.5	讲授、示范教学、辅导教学	
8	任务 5-7-2	2	讲授、示范教学、辅导教学	
9	任务 5-8-1	1	讲授、辅导教学	
10	任务 5-8-2	0.5	讲授、辅导教学	
11	任务 5-8-3	3	讲授、辅导教学	
12	任务 5-8-4	1	讲授、辅导教学	
13	任务 5-8-5	1	讲授、辅导教学	
14	任务 5-9-1	1	讲授、辅导教学	
15	任务 5-9-2	1	讲授、辅导教学	
16	任务 5-9-3	1	讲授、辅导教学	
17	任务 5-10-1	2	讲授、示范教学、辅导教学	
18	任务 5-10-2	1	讲授、示范教学、辅导教学	
19	任务 5-10-3	1	讲授、示范教学、辅导教学	
总计		21		

教学准备

序号	任务	设备准备	刀具准备	材料准备
1	任务 5-1	电火花机床 4 台		
2	任务 5-2	电火花机床 4 台		
3	任务 5-3	电火花机床 4 台	千分表、磁力表座	
4	任务 5-4	电火花机床 4 台		
5	任务 5-5	电火花机床 4 台	千分表、磁力表座	
6	任务 5-6	电火花机床 4 台		
7	任务 5-7-1	电火花机床 4 台		
8	任务 5-7-2	电火花机床 4 台		
9	任务 5-8-1			
10	任务 5-8-2			
11	任务 5-8-3			
12	任务 5-8-4			
13	任务 5-8-5			
14	任务 5-9-1			
15	任务 5-9-2			
16	任务 5-9-3			
17	任务 5-10-1	电火花机床 4 台		
18	任务 5-10-2	电火花机床 4 台		
19	任务 5-10-3	电火花机床 4 台		

（注：以每 40 名学生为一教学班，每 7～9 名学生为一个任务小组）

任务 5-1　认识数控电火花成型机床

任务 5-1（1）　认识数控电火花成型机床

认真观察一台数控电火花成型机床后，指出图 5-1 中数控电火花成型机床各部分的名称及其功能。

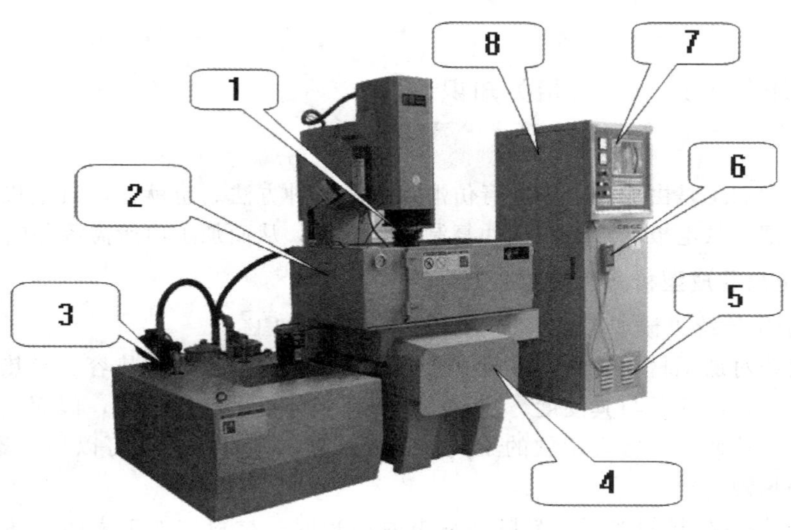

图 5-1　数控电火花成型机床

任务 5-1（2）　工作过程

第 1 步　阅读与该任务相关的知识。

第 2 步　仔细观察实训车间的数控电火花成型机床，了解其各组成部分的名称及其功能。图 5-1 中各组成部分的功能见表 5-1。

表 5-1　电火花成型机床各组成部分的功能

序　号	名　　称	功　　能
1	主轴头	装夹工具电极，控制工具电极的进给精度
2	工作台及工作液箱	工作台用来支承和装夹工件；工作液箱使电极和工件浸在工作液中，对电极和工件起到冷却、排屑作用
3	工作液和循环过滤系统	工作液起放电介质、冷却、排屑作用；循环过滤系统对工作液起过滤作用
4	伺服进给系统	控制工件与工具电极之间的放电间隙

续表

序 号	名 称	功 能
5	脉冲电源	向电火花成型机床提供间隙性的能量以蚀除金属
6	手控盒	用于手动控制机床各轴的运动、零点校验、开油、放电等
7	操作面板	人机界面，用于程序的输入、编辑，信息的显示等
8	数控装置	机床核心，对程序进行编译、运算、处理，控制机床各部分的工作

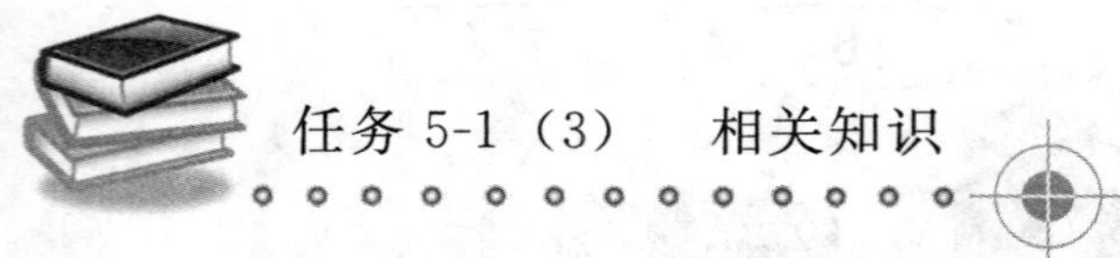

任务 5-1（3） 相关知识

电火花成型加工是由成型电极进行仿形加工的一种方法。也就是工具电极相对于工件作进给运动，把工具电极的形状和尺寸复制到工件上，从而加工出所需零件的过程。

1. 数控电火花成型机床适宜的加工材料

① 适宜于用传统机械加工方法难于加工的材料的加工。

由于电火花对加工材料的加工性能主要取决于材料的熔点、比热容、导热系数（热导率）等热学性质，而几乎与其硬度、韧性、抗拉强度等机械性质无关，因而工具电极材料不必比工件硬，从而可以实现用软的工具加工硬、韧的工件，甚至可以加工聚晶金刚石、立方氮化硼等超硬材料。

② 适宜于热敏材料的加工。当脉冲放电时间短时，材料被加工表面受热影响的范围小，故还适宜于加工热敏材料。

2. 数控电火花成型机床适宜的加工形状

数控电火花成型机床适宜加工特殊及复杂形状的零件。由于电极和工件之间没有接触式相对切削运动，不存在机械加工时的切削力，两者之间宏观作用力极小。火花放电时，局部、瞬时爆炸力的平均值很小，不足以引起工件的变形和位移，故适宜于低刚度工件和微细部位的加工，如可以加工壁薄、有弹性、低刚度、微细小孔、异形小孔、深小孔等特殊零件。

3. 数控电火花成型机床常用的加工方式

图 5-2 是数控电火花成型机床的几种常用的加工方式。

4. 数控电火花成型机床的组成

数控电火花成型机床由于功能的差异，导致在布局和外观上有很大的不同，但其基本组成是一样的。如图 5-1 所示，数控电火花成型机床一般都是由床身、立柱、工作台、工作液箱、主轴头、工作液循环过滤系统、脉冲电源和伺服进给机构等部分组成。

1）床身和立柱

床身和立柱是基础结构，由它确保电极与工作台、工件之间的相互位置。位置精度的高低对加工有直接的影响，如果机床的精度不高，加工精度就难以保证。因此，不但床身和立柱的结构应该合理，有较高的刚度，能承受主轴负重和运动部件突然加速运动的冲击

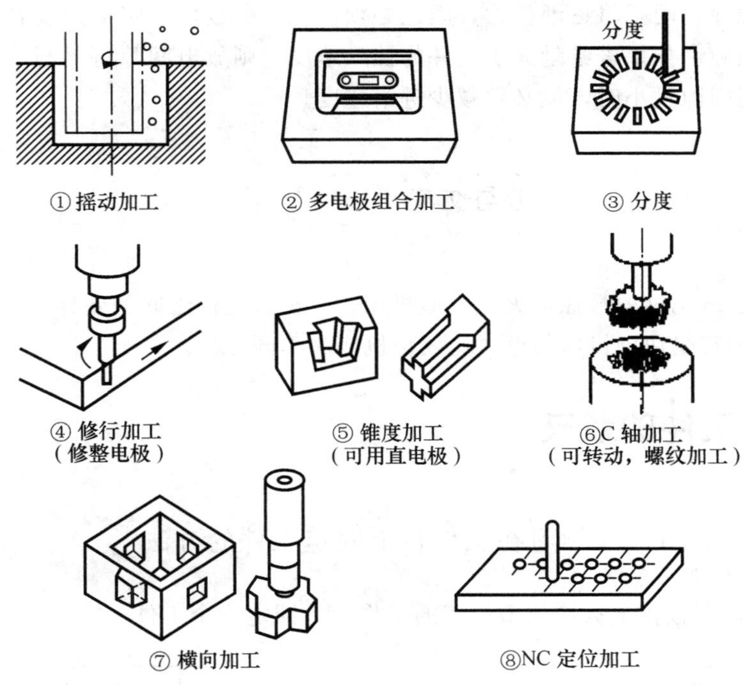

图 5-2 电火花成型机床常用的加工方式

力，还应能减小温度变化引起的变形。

2）工作台

工作台主要用来支承和装夹工件。工作台是操作者装夹找正时经常移动的部件，通过移动上下滑板，改变纵向、横向位置，达到电极与工件间所要求的相对位置。

3）主轴头

主轴头是电火花成型加工机床的一个关键部件，在结构上由伺服进给机构、导向和防扭机构、辅助机构三部分组成。主轴头的功能是装夹工具电极，控制工具电极的进给精度。

4）工作液箱和循环过滤系统

工作液箱中装有工作液，工作液起放电介质、冷却、排屑作用；循环过滤系统对工作液起过滤作用。

5）脉冲电源

脉冲电源的作用是向电火花成型机床提供间隙性的能量以蚀除金属。

普及型（经济型）电火花加工机床一般采用高低压复合的晶体管脉冲电源，而中、高档电火花加工机床则采用计算机控制的脉冲电源。

6）伺服进给系统

伺服进给系统的作用是用来控制工件与工具电极之间的放电间隙。正常电火花加工时，工具与工件间有一定的放电间隙。如果间隙过大，脉冲电压不能击穿间隙间的绝缘工作液产生放电火花，就必须使工具电极向下进给缩小间隙。在正常的电火花加工时，由于工件被不断地蚀除，间隙将逐渐扩大，因此必须使工具电极以一定的速度补偿进给，以维持所需的放电间隙。如果进给量大于工件的蚀除速度，则放电间隙将逐渐变小，甚至等于零形成短路。当间隙过小时，就必须减少进给速度。

任务 5-1（4） 思考与交流

① 说说自己所见过的数控电火花成型机床，并比较它们之间的差异。

② 说说电火花线切割机床与电火花成型机床的不同之处。

任务 5-2 工件的装夹

任务 5-2（1） 学习在工作台上固定工件的方法

参照图 5-3，在数控电火花成型机床的工作台上固定一个工件。

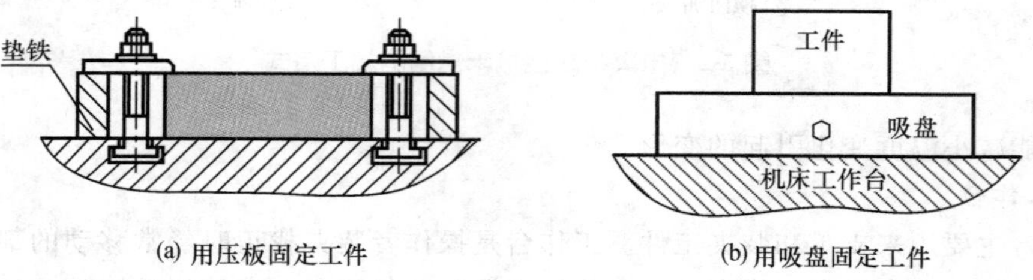

图 5-3 工件的固定

任务 5-2（2） 工作过程

第 1 步 阅读与该任务相关的知识。

第 2 步 选用如下装夹方式进行装夹。

（1）用永磁吸盘装夹工件；

（2）使用辅助工具装夹工件。

任务 5-2（3） 相关知识

因工件的形状、大小各异，因而工件的装夹方法就相应地有所不同。常用的装夹方法有永磁吸盘装夹法、平口钳装夹法、导磁块装夹法、斜度工具装夹法等。

1）永磁吸盘装夹

永磁吸盘（图 5-4）是使用高性磁钢，通过强磁力来吸附工件的。它吸夹工件牢靠、精度高、装卸速度快，是较理想的电火花机床装夹设备。它也是电火花加工中最常用的装夹方法。用永磁吸盘装夹工件时，一般用压板把永磁吸盘固定在电火花机床的工作台面上。

图 5-4　HZ 系列强力角型永磁夹盘

永磁吸盘的磁力是通过吸盘内六角孔中插入的扳手来控制的。当扳手处于 OFF 侧时，吸盘表面无磁力，这时可以将工件放置于吸盘台面，然后将扳手旋转至 ON 侧，工件就被吸紧于吸盘上。ON/OFF 切换时磁力面的平面精度不变。

永磁吸盘适用于装夹安装面为平面的工件或辅助工具。

2）平口钳装夹

平口钳是通过固定钳口部分对工件进行装夹定位，通过锁紧滑动钳口来固定工件的。平口钳的常见形式如图 5-5 所示。

图 5-5　平口钳

对于一些因安装面积小，用永磁吸盘安装不牢靠的工件，或一些特殊形状的工件，可考虑使用平口钳来进行装夹。

3）导磁块装夹

导磁块（图 5-6）应放置在永磁吸盘台面上才能使用，它是通过传递永磁吸盘的磁力来吸附工件的。使用时要使导磁块磁极线与永磁吸盘磁极线的方向相同，否则不会产生磁力。

图 5-6 导磁块

有些工件需要悬挂起来进行加工，可以采用两个导磁块来支撑工件的两端，使加工部位的通孔处于开放状态，这样就可以改善加工中的排屑效果。

4）斜度工具装夹

对于安装面相对加工平面是斜面的工件，装夹要借助具有斜度功能的工具来完成。

正弦磁盘（图 5-7）的结构类似于永磁吸盘，它通过本身产生的磁力吸附工件，是用来装夹具有斜度的工件的常用工具。

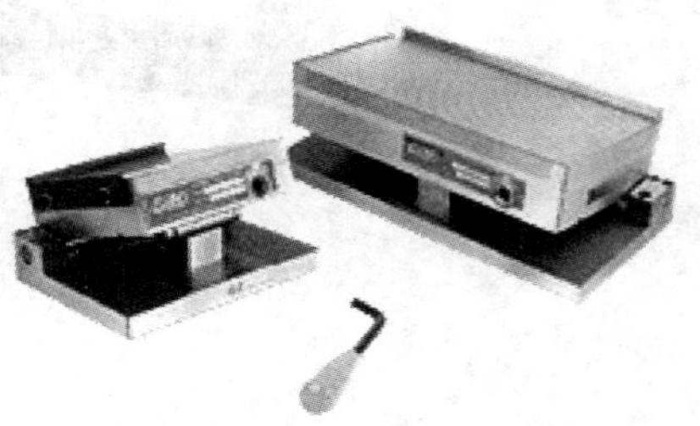

图 5-7 一体超薄正弦磁盘

角度导磁块（图 5-8）与前面介绍的导磁块属于同类工具，也是通过传递永磁吸盘的磁力来固定工件的，用来装夹具有对应斜度的工件。角度导磁块的 V 形槽角度一般为 45°，不能调节，只能用于装夹对应斜度的工件。由于不需要对角度进行调节，故装夹精度比较好，使用方便。

图 5-8 角度导磁块

任务 5-3 工件的校正

任务 5-3（1） 学习工件的校正方法

参照图 5-9，对已装夹在数控电火花成型机上的工件进行校正。

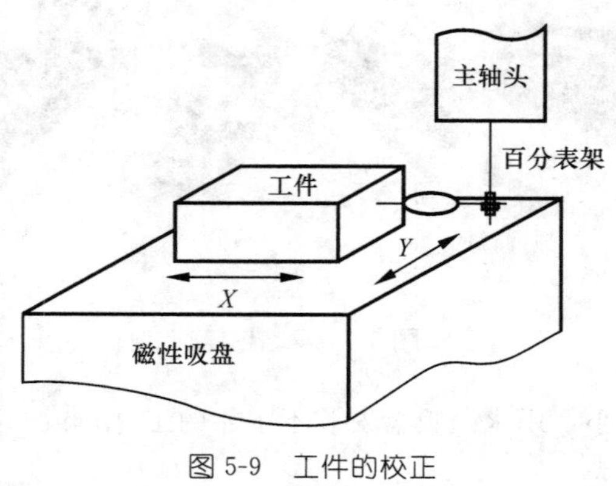

图 5-9 工件的校正

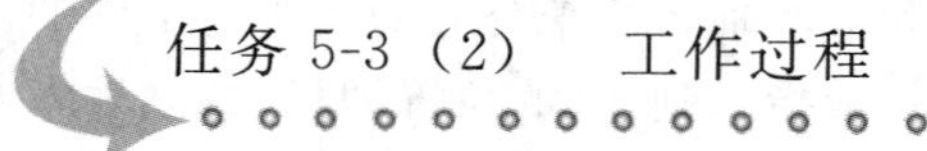

任务 5-3（2）　工作过程

第 1 步　阅读与该任务相关的知识。

第 2 步　利用千分表校正工件。具体操作步骤如下：

① 固定千分表的磁性表座于机床主轴侧的下端；

② 将表架摆放成方便校正的样式；

③ 用手控盒移动相应的轴，使表头刚好接触工件的基准面；

④ 纵向或横向移动机床主轴，观察千分表的读数；

⑤ 用铜棒敲击工件，调整工件的平行度。

任务 5-3（3）　相关知识

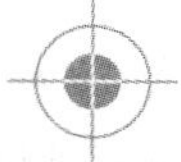

工件装夹完成以后，要对其进行校正。工件的校正就是使工件的工艺基准与机床 X、Y 轴的轴线平行，以保证工件的坐标系方向与机床的坐标系方向一致。

使用校表来校正工件是在实际加工中应用最广泛的校正方法。校表的结构由指示表和磁性表座组成，如图 5-10 所示。指示表有千分表和百分表两种，百分表的指示精度最小为 0.01 mm，千分表的指示精度最小为 0.001 mm。数控电火花加工属于精密加工范畴，一般使用千分表校正工件。磁性表座用来连接指示表和固定端，其连接部分可以灵活地摆成各种样式，使用非常方便。

(a)指示表

(b)磁性表座

图 5-10　校表的组成

用校表校正时工件必须要有一个明确的、容易定位的基准面。这个基准面必须经过精密加工，一般以磨床精加工的表面为标准。

校正工件时，将千分表的磁性表座固定在机床主轴侧或床身某一适当位置，同时将表架摆放到能方便校正工件的样式；再使用手控盒移动相应的轴，使千分表的测头与工件的基准面相接触，直到千分表的指针有指示数值为止（一般指示到30的位置即可）。然后纵向或横向移动机床主轴，根据千分表的读数变化调节工件基准面使其与机床 X、Y 轴平行。使用铜棒敲击工件来调整平行度，如果千分表指针变化很大，可以在调节中稍用力进行敲击，如果千分表指针变化很小，就要耐心地轻轻敲击，直到满足精度要求为止。

对于使用安装工具来安装工件的场合，校正工件前，应先将安装工具的基准面校正好并固定在工作台上，再校正或检查工件的平行度。

平口钳的固定钳口是装夹工件时的定位元件，因此通常采用找正固定钳口的位置使平口钳在机床上定位。

使用角度导磁块时，应先校正 V 形槽与机床纵向或横向的轴向平行度；

使用正弦磁盘时，应先校正正弦磁盘的基准与机床相应轴的平行度；

然后安装、校正工件，最后摆正斜度。如果提前将角度摆正好，将会使校正工件的操作变得非常不方便。

遇到批量工件加工的场合，重复进行工件的校正比较繁琐，如果加工精度要求不是太高，可采用基准靠平的方法来简化操作：先将一物体的基准面校正好，并将此物体固定，以后将工件的基准面靠平该物体的基准面。这种方法校正精度波动范围在 0.02 mm 左右。

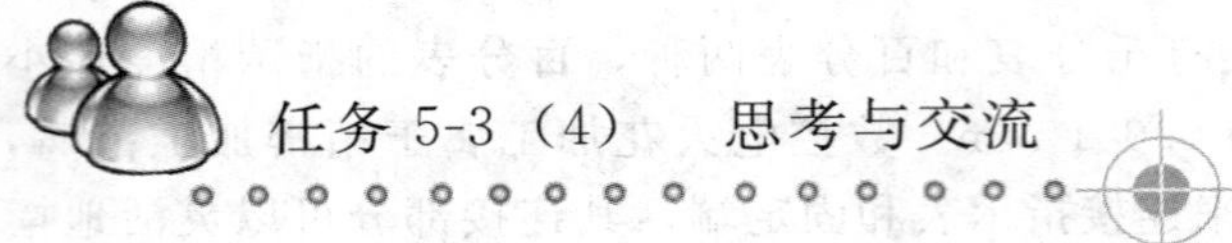

任务 5-3（4）　思考与交流

加工过程中需多次装夹工件，其装夹定位的原则是什么？

任务 5-4　电极的装夹

任务 5-4（1）　学习在主轴上装夹电极的方法

分别利用标准套筒形夹具、钻夹头夹具、螺纹夹头夹具、连接板式夹具，在数控电火花成型机床的主轴头上装夹电极。

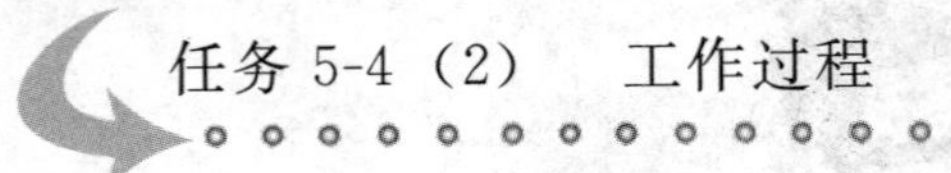

任务 5-4（2）　工作过程

第 1 步　阅读与该任务相关的知识。

第 2 步　自己动手，装夹电极。

① 小尺寸整体式电极采用标准套筒、钻夹头装夹，如图 4-13 和图 4-14 所示。

② 大尺寸整体式电极采用标准螺纹夹头装夹，如图 4-15 所示。

③ 大尺寸镶拼式石墨电极先将拼块用螺栓紧固，如图 4-16（a）所示；或用聚氯乙烯醋酸溶液或者环氧树脂粘合。

任务 5-4（3）　相关知识

安装电极时，一般使用通用夹具或专用夹具直接将电极装夹在机床主轴的下端。对于小型的整体式电极，多数采用通用夹具直接装夹在机床主轴的下端，采用标准套筒、钻夹头装夹（如图 5-11、图 5-12 所示）；对于尺寸较大的电极，常将电极通过螺纹连接直接装夹在夹具上（如图 5-13 所示）。

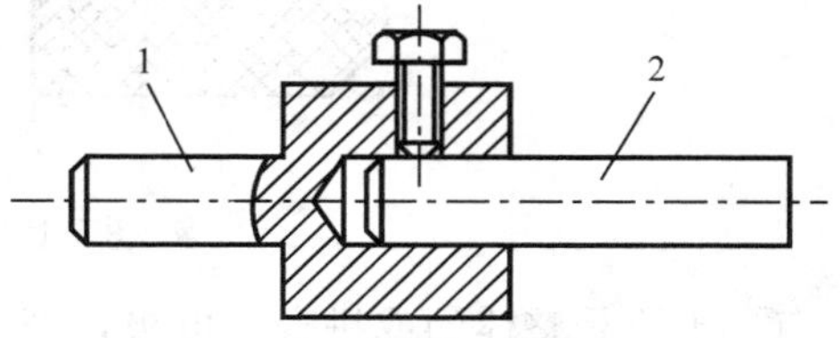

图 5-11　标准套筒形夹具

1—标准套筒　2—电极

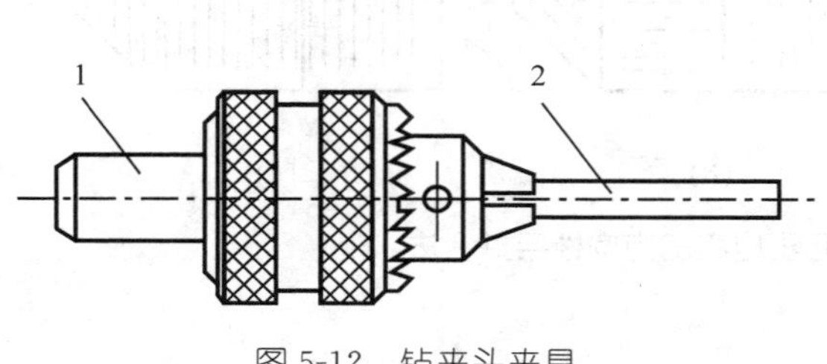

图 5-12　钻夹头夹具

1—钻夹头　2—电极

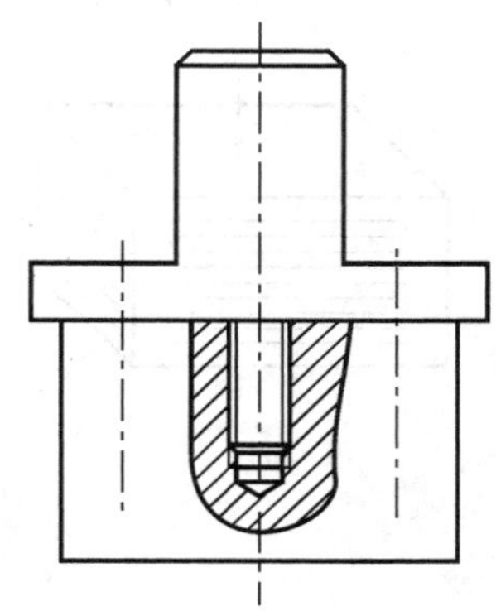

图 5-13　螺纹夹头夹具

镶拼式电极的装夹，一般先用连接板将几块电极拼接成所需的整体，然后再用机械方法固定，如图 5-14（a）所示；也可用聚氯乙烯醋酸溶液或环氧树脂粘合，如图 5-14（b）所示。在拼接时各结合面需平整密合，然后再将连接板连同电极一起装夹在电极柄上。

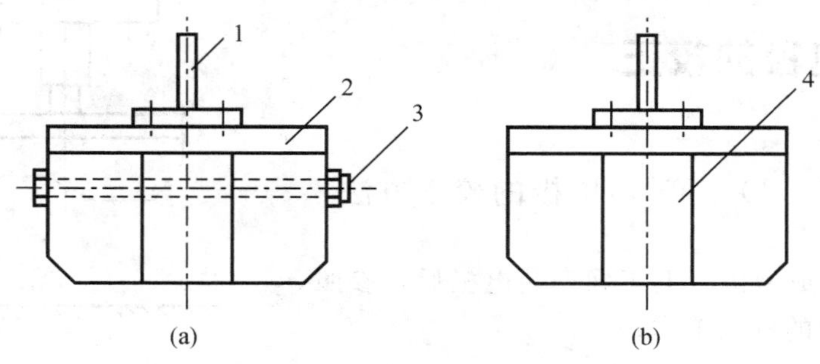

图 5-14　连接板式夹具

1—电极柄　2—连接板　3—螺栓　4—粘合剂

当电极采用石墨材料时，应注意以下几点。

① 由于石墨较脆，故不宜攻螺孔，可用螺栓或压板将电极固定于连接板上。石墨电极的装夹如图 5-15 所示。

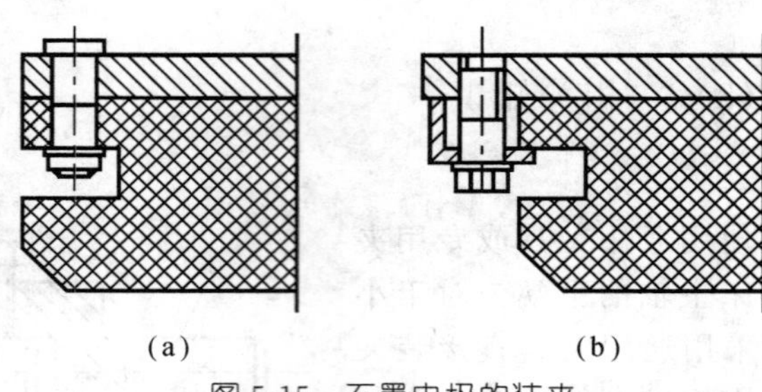

图 5-15　石墨电极的装夹

② 不论是整体的或拼合的电极，都应使石墨压制时的施压方向与电火花加工时的进给方向垂直。图 5-16（a）所示箭头为石墨压制时的施压方向，图 5-16（b）为不合理的拼合，图 5-16（c）为合理的拼合。

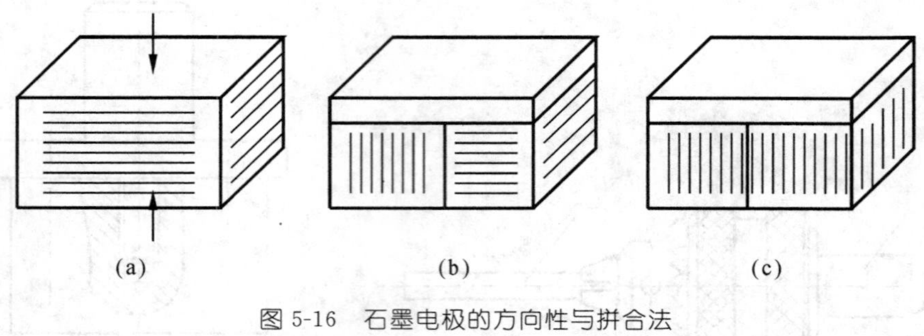

图 5-16　石墨电极的方向性与拼合法

任务 5-4（4）　思考与交流

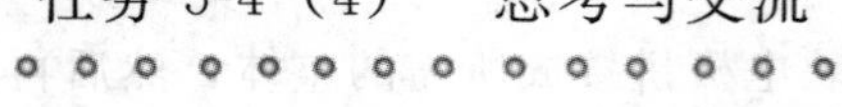

装夹细长电极时，如何保证电极加工时的强度？

任务 5-5　电极的校正

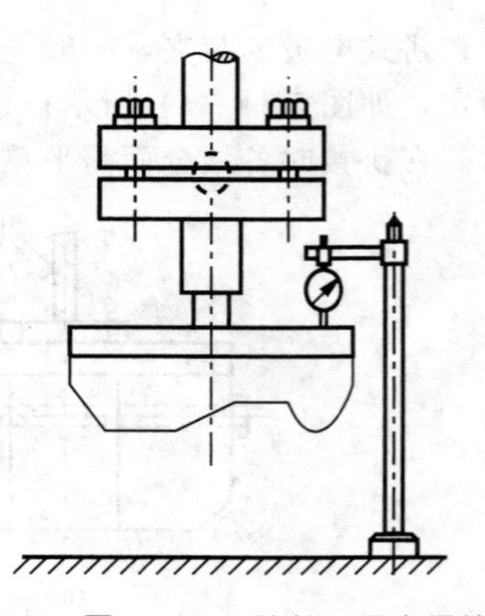
图 5-17　型腔加工用电极校正

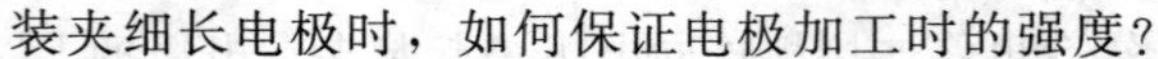

任务 5-5（1）　学习电极的校正方法

在数控电火花成型机床上正确安装电极后，参照图 5-17，完成电极的校正工作。

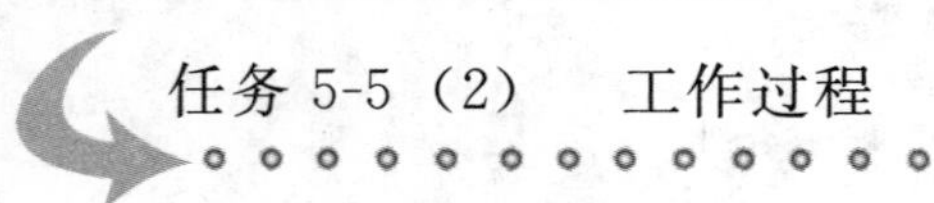

任务 5-5（2）　工作过程

第 1 步　阅读与该任务相关的知识。

第 2 步　自己动手，利用千分表校正电极，操作步骤如下。

① 将主轴移动到便于校正电极的合适位置。

② 将可调节角度的夹头用螺钉调节到大概中心处，使中心刻度线对齐。

③ 选择校正的基准面，将千分表测头压在电极的基准面上。

④ 移动坐标轴，观察千分表上读数的变化估测差值。

⑤ 不断调整夹头装置的螺钉，直到校正为止。

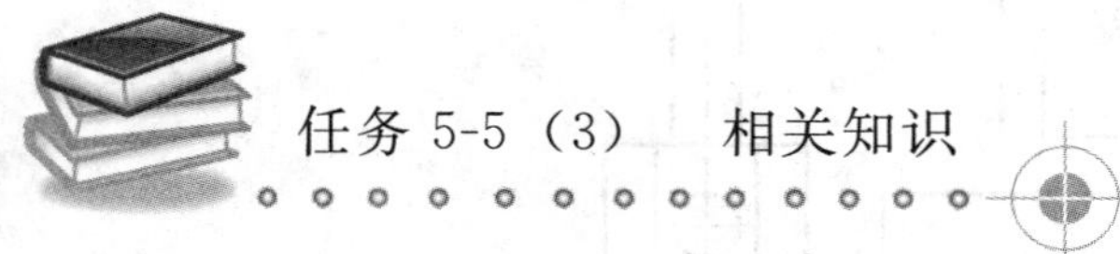

任务 5-5（3）　相关知识

电极装夹好后，必须进行校正才能加工，即不仅要调节电极与工件基准面垂直，而且需在水平面内调节、转动一个角度，使工具电极的截面形状与将要加工的工件型孔或型腔定位的位置一致。电极与工件基准面的垂直常用球面铰链来实现，工具电极的截面形状与型孔或型腔的定位靠主轴与工具电极安装面相对转动机构来调节，垂直度与水平转角调节正确后，都要用螺钉夹紧，如图 5-18 所示。

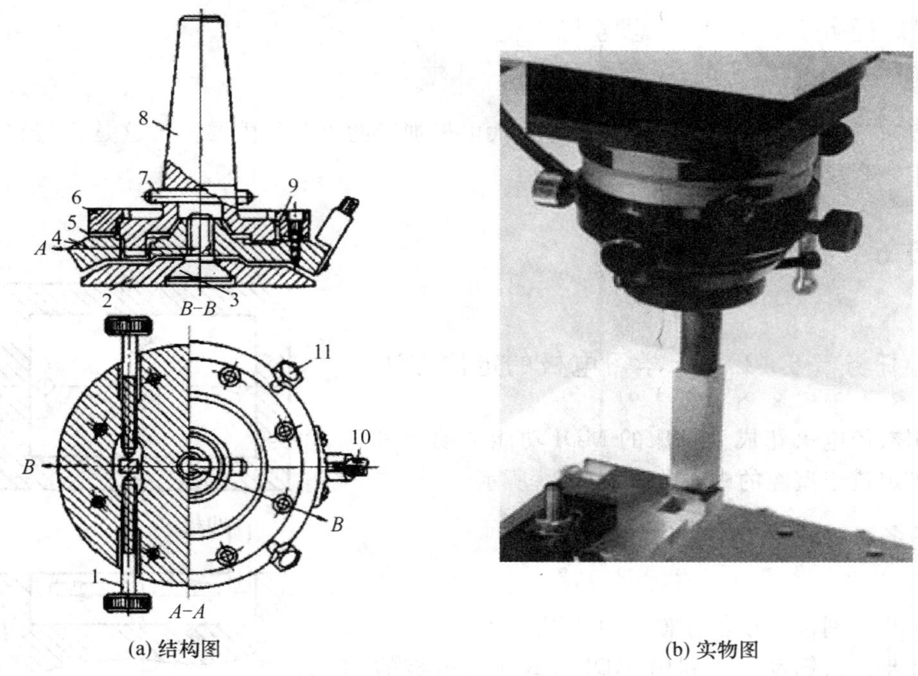

(a) 结构图　　(b) 实物图

图 5-18　垂直和水平转角调节装置的夹头

1—调节螺钉　2—摆动法兰盘　3—球面螺钉　4—调角校正架　5—调整垫　6—上压板　7—销钉　8—锥柄座　9—滚珠　10—电源线　11—垂直度调节螺钉

电极校正的方法一般有如下两种。

① 根据电极的侧基准面，采用千分表找正电极的垂直度，如图 5-19 所示。

② 根据电极端面火花放电精确校正。如果电极端面为平面，可用电极装夹的调节装置使电极端面与模块平面进行火花放电，通过调节使四周均匀地出现放电火花，即可完成电极的校正。

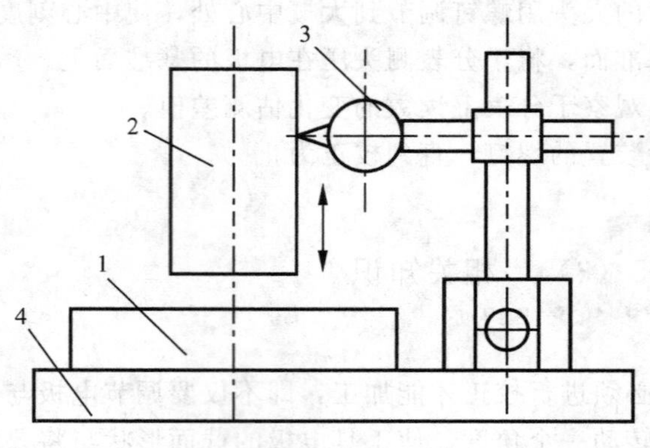

图 5-19　千分表找正示意图

1—凹模　2—电极　3—千分表　4—工作台

任务 5-5（4）　思考与交流

一般来说，小电极加工的火花间隙比大电极加工的火花间隙要大，这是否与它们精度校正的难易程度有关？

任务 5-6　电极的定位

任务 5-6（1）　学习电极的定位方法

利用数控电火花成型机床的 MDI 功能手动操作实现电极定位于型腔的中心，如图 5-20 所示。

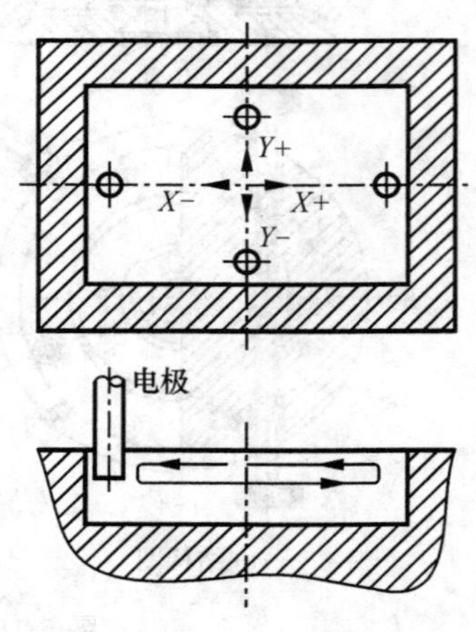

图 5-20　工件中心找正示意图

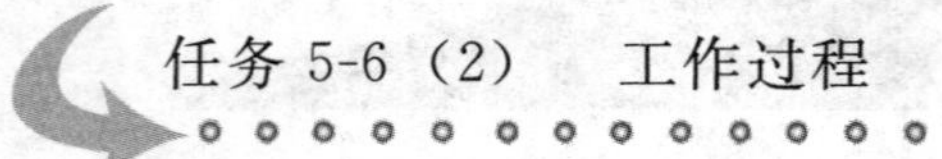

任务 5-6（2）　工作过程

第 1 步　阅读与该任务相关的知识。

第 2 步　自己动手，利用 MDI 方式实现电极的定位。

将工件型腔、电极表面的毛刺去除干净，手动移动电极到型腔的中心，执行如下指令：

```
G80 X−;                /* 电极向 X−方向接触感知 */
G92 G54 X0;            /* G54 坐标系下设置 X 为 0 */
M05 G80 X+;            /* 忽视接触感知，电极向 X+方向接触感知 */
M05 G82 X;             /* 忽视接触感知，电极移到 X 方向的中心 */
G92 X0;                /* G54 坐标系下设置 X 为 0 */
```

```
G80 Y－；            /＊ 电极向Y－方向接触感知 ＊/
G92 Y0；             /＊ G54坐标系下设置Y为0 ＊/
M05 G80 Y＋；        /＊ 忽视接触感知，电极向Y＋方向接触感知 ＊/
M05 G82 Y；          /＊ 忽视接触感知，电极移到Y方向的中心 ＊/
G92 Y0；             /＊ G54坐标系下设置Y为0 ＊/
```

通过上述指令操作，电极找到了型腔的中心。但考虑到实际操作中由于型腔、电极有毛刺等意外因素的影响，应确认找正是否可靠。所以，在找到型腔中心后，应执行如下指令：

```
G92 G55 X0 Y0；   /＊ 将目前找到的中心在G55坐标系内的坐标值也设定为X0Y0 ＊/
```

然后再重新执行前面的找正指令，找到中心后，观察G55坐标系内的坐标值。如果与刚才设定的零点相差不多，则认为找正成功；若相差过大，则说明找正有问题，必须接着进行上述步骤，至少保证最后两次的找正位置基本重合。

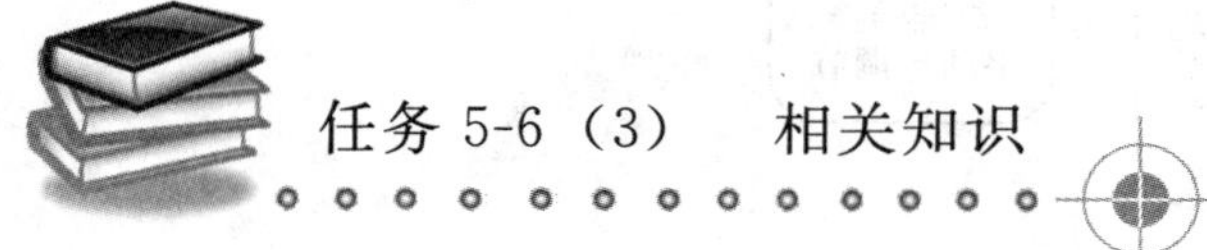

任务5-6（3）　相关知识

电极相对于工件定位是指将已安装校正好的电极对准工件上的加工位置，以保证加工的型孔或型腔在凹模上的位置精度。习惯上将电极相对于工件的定位过程称为找正。目前生产的大多数电火花机床都有接触感知功能，通过接触感知功能能较精确地实现电极相对工件的定位。

目前生产的许多电火花成型机床都有找中心的按钮，这样可以避免手动输入过多的指令，但同样要多次找正，至少保证最后两次的找正位置基本重合。

电极的定位也有通过靠模来实现的。所谓的靠模，就是让数控装置引导伺服驱动装置驱动工作台或电极，使工具电极和工件间相对运动并且接触，从而数字显示出工件相对于电极的位置的一种方法。靠模之后，我们就知道电极当前的位置，然后计算出加工位置距当前位置的距离，再直接把电极移动相应的距离即可进行编程加工。如果加工位置正好在工件的中点或中心，则可以通过靠模，然后启动自动移到中点或直接启动自动寻心即可。

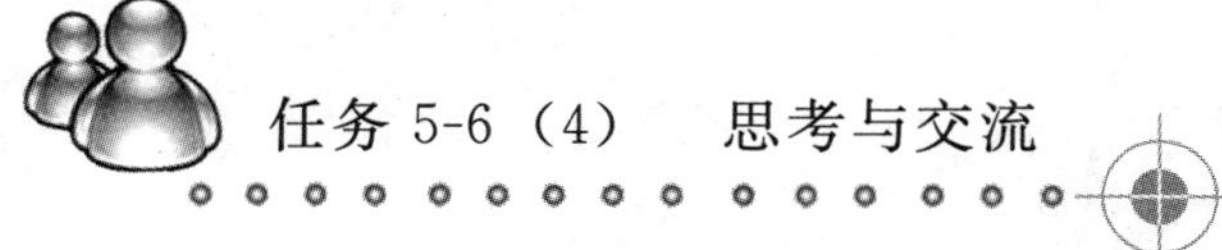

任务5-6（4）　思考与交流

① 小组讨论电极装夹、校正及定位时要注意的事项。

② 用数控电火花成型机床的MDI功能手动操作如何实现定位于矩形外形零件的中心？

任务5-7　机床的操作

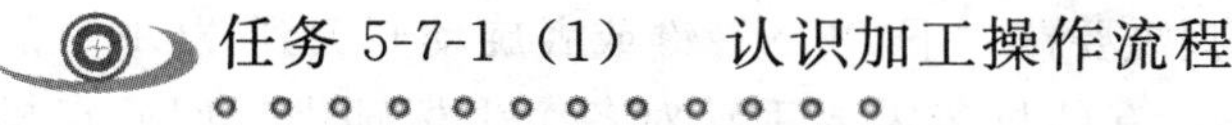

任务5-7-1（1）　认识加工操作流程

请按图5-21所示步骤，操作数控电火花成型机床，并认真观察机床的运行情况。

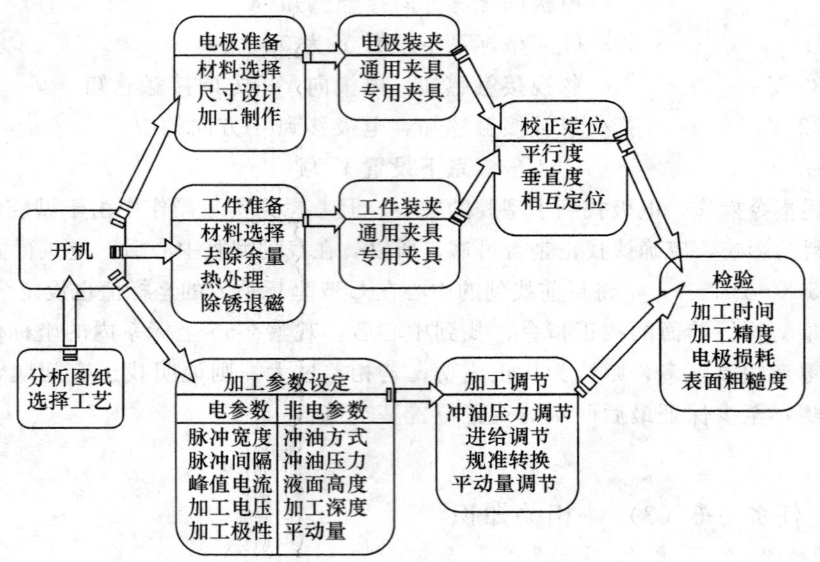

图 5-21　电火花成型机床加工步骤示意图

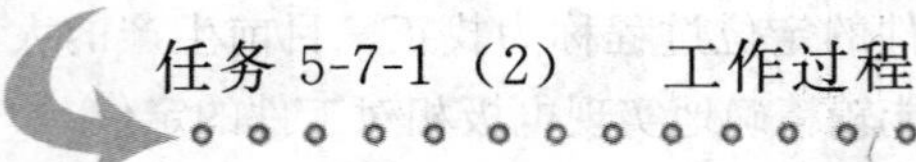

任务 5-7-1（2）　工作过程

第 1 步　阅读与该任务相关的知识。

第 2 步　熟悉操作要点，熟知操作流程。机床操作的一般步骤如下：

① 开机；

② 工件安装；

③ 电极安装；

④ 加工原点设定；

⑤ 程序输入；

⑥ 程序运行；

⑦ 零件检测；

⑧ 关机。

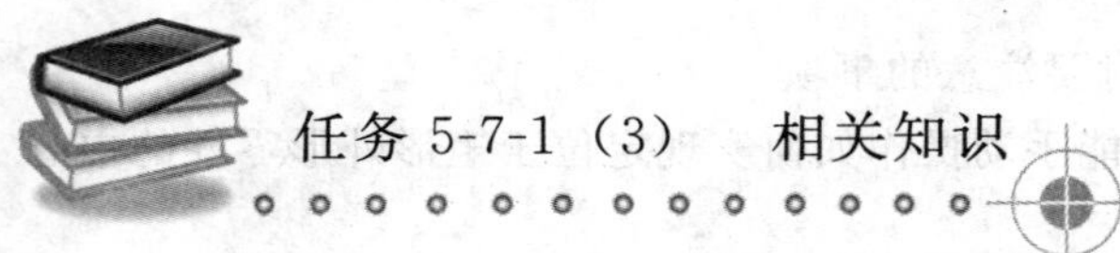

任务 5-7-1（3）　相关知识

一般来说，数控电火花成型机床的加工操作流程包括以下几个步骤。

1. 开机

数控电火花成型机床的开机，一般只需要按一下“ON”键或者旋动开关到“ON”的位置，然后进行回原点或机床复位操作。有的机床需要手动对各个坐标轴进行回原点操作，而且一般是先回 Z 坐标轴，然后再回 X 坐标轴，最后回 Y 坐标轴；有的机床的自动化程度较高，只需要敲击一下回原点键，机床便可自动回原点（自动回原点的顺序也是先回 Z 坐标轴，再回 X 坐标轴，最后回 Y 坐标轴）。如果不按照顺序，则可能会使工具电极和工件或夹具发生碰撞，从而导致短路或使工具电极受到损伤。

2. 工件安装

工件的安装就是使工件在机床上有准确且固定的位置，使之有利于加工和编写程序。安装时，一定要将工件固定，以免在加工时出现振动或移动。同时要尽量考虑用基准面作为定位面。例如使用磁力吸盘装夹零件时，一般都将工件的底面放在吸盘上，另一个面紧贴在吸盘的侧面的定位面上定位，然后打开吸盘的磁力开关即可。

3. 电极安装

工具电极的安装精度直接影响到加工的形状精度和位置精度，所以其安装至关重要。一般电极都要求与 XY 平面（也就是水平面）垂直，且在 Z 轴方向也要符合要求，否则就可能导致加工出来的形状不符合要求，或出现位置偏差。一般都要通过杠杆百分表来对电极的 XY 方向找正，同时还要对它的 Z 轴方向找正。

4. 加工原点设定

电极的定位一般是通过“靠模”来实现的。所谓靠模就让数控装置引导伺服驱动装置驱动工作台或电极，使工具电极和工件相对运动并且接触，从而数字显示出工件相对于电极的位置的一种方法。靠模之后，我们就知道电极当前的位置，然后计算出加工位置距当前位置的距离，直接把电极移动相应的距离即可进行编程加工。如果加工位置正好在工件的中点或中心，则可以通过靠模后启动自动移到中点或直接启动自动寻心即可。

5. 程序输入

通过靠模找到编程原点后，把编程原点的 X 、Y 设为零，Z 设为 2.000。选择“程序编辑”的模式，再选择“多点加工”输入新程序名、靠模坐标系、安全高度、加工方式（单点或多点加工）。然后按 ESC 键返回上一个界面，进入“十段深度”，选择“输入资料”，输入电极和工件的材料、最大和最小电流、加工深度、摇动类型、摇动尺寸。

6. 程序运行

启动程序前，应仔细检查当前即将执行的程序是否为加工程序。程序运行时，应注意放电是否正常，工作液液面是否合理，火花是否合理，产生的烟雾是否过大。如果发现问题，应立即停止加工，检查程序并修改参数。

7. 零件检测

取下工件，用相应测量工具进行检测，检查是否达到加工要求。常用的检测工具有游标卡尺、深度尺、内径千分尺、塞规、卡规、三坐标测量机等，针对不同的检测对象合理选用。

8. 关机

关机的方式一般有两种：一种叫硬关机，另一种叫软关机。

硬关机就是直接切断电源，使机床的所有活动都立即停止，这种方法适用于遇到紧急情况或危险时紧急停机，在正常情况下一般不采用。具体操作方法是，按下急停按钮，再按下“OFF”键。

软关机则是正常情况下的一种关机方法，它是通过系统程序实现的关机。具体操作方法是，在操作面板上进入关机窗口，按照提示输入“YES”或“Y”确认后，系统即可自动关机。

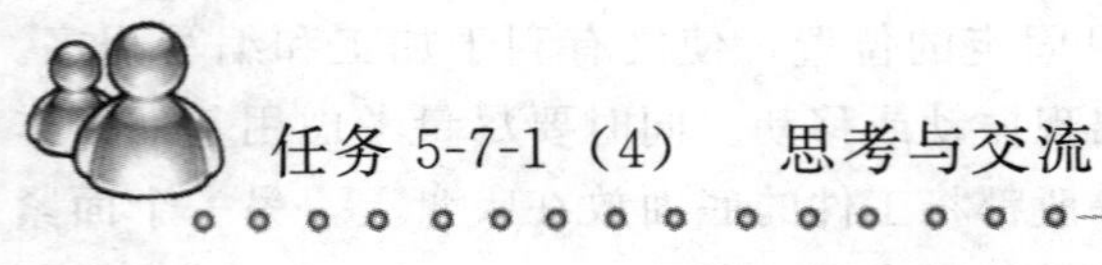

任务 5-7-1（4）　思考与交流

① 试分析机床各坐标轴回原点操作的过程及其先后顺序的理由。

② 试比较机床软、硬关机后所处的状态。

任务 5-7-2（1）　学习机床加工操作方法

认真观察数控电火花成型机床，了解机床各部分的运动关系，熟悉操作面板各功能键的作用。国产 DK7145NC 机床的操作面板如图 5-22 所示，请说出其中各按键的功能。

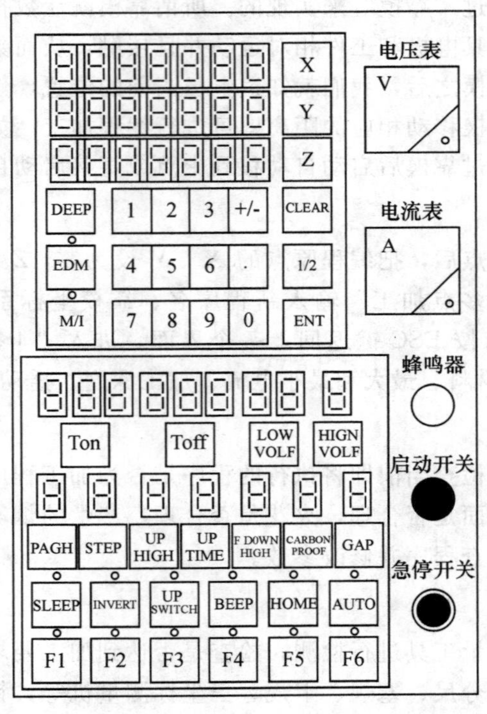

图 5-22　DK7145NC 操作面板

任务 5-7-2（2）　工作过程

第 1 步　阅读与该任务相关的知识。

第 2 步　按照所学的机床操作方法，灵活操作机床。图 5-22 所示操作面板各按键的功能说明见表 5-2。

表 5-2　国产 DK7145NC 机床操作面板按键的功能

序　号	按键名称	功能说明
1	DEEP	定深
2	CLEAR	清零
3	ENT	确认输入
4	EDM	深度显示和轴位显示切换键，不亮时为轴位显示
5	M/I	公、英制转换键，不亮时为公制
6	1/2	中心点位置显示键
7	Ton	脉宽
8	Toff	脉间
9	PAGE	页面
10	STEP	步序
11	UP HIGH	抬刀高度
12	UP TIME	抬刀时间
13	LOW VOLF	低压功率管（低压电流）
14	HIGH VOLF	高压功率管（高压电流）
15	F DOWN HIGH	快速下落高度
16	CARBON PROOF	防积碳
17	GAP	间隙电压
18	SLEEP	睡眠
19	INVERT	反打
20	UP SWITCH	抬刀切换
21	BEEP	消声（蜂鸣器）
22	HOME	回零
23	AUTO	自动
24	F1	慢抬刀
25	F2	分组脉冲
26	F3	提升间隙电压
27	F4	备用键
28	F5	备用键
29	F6	备用键

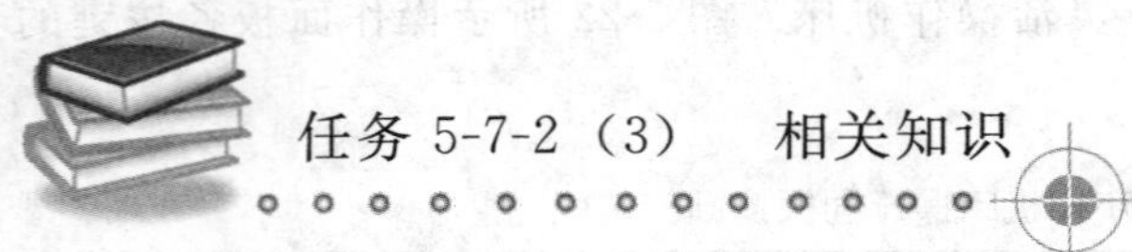

任务 5-7-2（3）　相关知识

下面以深圳福斯特的单轴数控电火花成型机床 DK7145NC 为例介绍机床的操作。机床外形如图 5-23 所示。

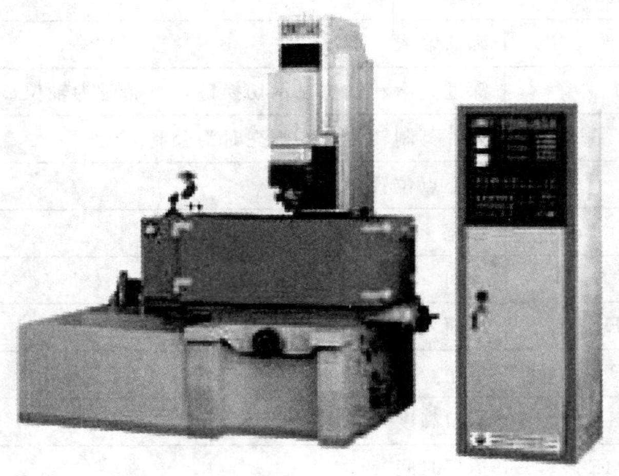

图 5-23　DK7145NC 机床

1. 机床主要参数

主轴伺服行程	250＋230 mm
X 向行程	手动 450 mm
Y 向行程	手动 350 mm
电源功率	6 kW
最大电极承重	75 kg
加工电流	60 A
油箱容积	450 L
最佳加工表面粗糙度	＜0.8 μmR_a
最低电极损耗	＜0.3％
最高生产率	300 mm^3/min

2. 操作面板功能设定

1）轴位设定

① 深度显示和轴位显示切换键。按 EDM 灯亮，显示深度值画面；自动加工时 X 轴位显示为目标深度值，Y 轴位显示为实际加工深度值；再按 EDM 灯灭，显示 X、Y、Z 三轴位置画面；该键在非自动加工时无效。

② 设定各轴位置（EDM 灯灭时）。对于轴及深度值的设定，在公制显示（即公/英制指示灯灭）时，如果最后一位为 0～4，确认后则为 0，如果最后一位为 5～9，确认后则为

5。深度值设定时，最后一位分辨率为 5 μm。

③ 深度设定键（DEEP）。EDM 灯亮时有效，操作同上设定。

④ 轴位清零键（CLEAR）。选定某一轴，按下该键（该键在加工时无效），将该轴显示清零。

⑤ 中心点位置显示键（1/2）。当在寻找工件中心点时，移动工作台以电极轻触工件的一端，选定轴位按下清零键；再移动工作台以电极轻触工件的另一端，再选定轴位按下“1/2”键，对应轴值会变为原来的 1/2；此时再移动工作台，当该轴的显示为 0 时即为所找之中心点。该键对 Z 轴无效，在加工时无效。

⑥ 公/英制单位切换键。按 M/I 对应指示灯亮，轴位显示值为英制，再按 M/I 对应指示灯灭，轴位显示值为公制。该键在加工时无效。

2）规准设定

规准设定是指对脉宽、脉间、高压、低压、抬刀高度、抬刀周期、快落高度、防积碳、间隙等参数的设定。其设定原则为：如果输入值大于该值允许的最大值（或小于最小值），确认后即为其最大值（或小于最小值）。

3）页面（PAGE）、步序（STEP）设定

本机共有十个页面（0～9），每一个页面包括十组步序，每一个步序都可以存储一组参数，每组参数包括脉宽、脉间等规准值和深度值。

按“确认”键后，规准位显示区显示该页面下的步序所存储的规准值，EDM 灯亮，X 轴位显示该步序所存储的深度值。在修改规准值和深度值时，确认后自动存储在当前页面、步序下。

其中的功能键说明如表 5-3 所示。

表 5-3　页面、步序功能键说明

序　号	按 键 名 称	功 能 说 明
1	睡眠键（SLEEP）	按下进行
2	反打键（INVERT）	按该键灯亮，可以进行反打；该键在加工时无效
3	抬刀切换键（UP SWITCH）	按该键灯亮，表示有抬刀时快速抬起，快速落下；再按该键灯灭，表示有抬刀时快速抬起，以伺服速度落下
4	回零键（HOME）	按该键灯亮，加工结束主轴头回到加工开始时的起始位置。再按该键灯灭，加工结束主轴头回到上限位置
5	自动键（AUTO）	按该键灯亮，可以进行分段加工；该键在加工时无效
6	慢抬刀键（F1）	按该键灯亮，加慢抬刀功能，适合大面积加工
7	分组脉冲键＜F2＞	按该键灯亮，加分组脉冲功能，适合石墨加工
8	提升间隙电压键（F3）	不按该键灯灭，间隙电压为正常状态；按该键灯亮，间隙电压加倍。它分 1、1.5、2……9.5 等 18 组参数，可根据加工的需要选择不同的间隙电压，适合深孔加工

续表

序　号	按键名称	功能说明
9	消声键（BEEP）	对刀短路，消声灯灭时报警蜂鸣；按下该键灯亮，取消报警。 加工时，液面或油温未达到要求，消声灯灭时报警蜂鸣；按下该键灯亮，取消报警；应注意此时液面保护不起作用，加工时应特别注意。 如果设定有误，分段调用，结束加工，感光报警或积碳引起的报警，不论消声灯亮否，均报警蜂鸣；按下该键可以取消报警，并改变灯的状态
10	备用键	

4）手控盒使用

DK7145NC 机床手控盒面板如图 5-24 所示。其中各按键功能说明如表 5-4 所示。

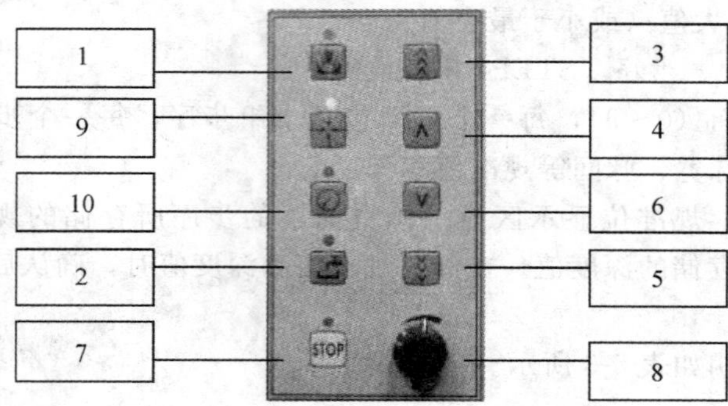

图 5-24　手控盒面板

表 5-4　手控盒面板按键功能说明

序　号	按键名称	功能说明
1	加工（WORK）	对刀或拉表状态，按下它，条件满足时加工指示灯亮，开始放电加工，同时启动油泵；条件不满足时则报警。 加工状态，再按下它，则切断加工电压，关闭油泵，主轴回退。回退到位切换到对刀状态时报警
2	油泵（PUMP）	按下它，灯亮，油泵启动，开始供应加工液；再按下它，关油泵
3	快退（FAST BACK）	按下它，主轴快退。对刀和短路状态下，则按下它，键无效
4	慢退（SLOW BACK）	按下它，主轴慢退
5	快进（FAST FEED）	按下它，主轴快进。对刀和短路状态下，则按下它，键无效
6	慢进（S10W FEED）	按下它，主轴慢进
7	悬停（STOP）	按下它，键灯亮，主轴悬停，则“快退”、“慢退”、“快进”、“慢进”键无效。再按下它，键灯灭，主轴悬停取消，则“快退”、“快进”、“慢退”、“慢进”键有效

续表

8	伺服旋钮	旋转旋钮，用于调节伺服灵敏度。顺时针方向调，灵敏度增高，伺服速度增加；逆时针方向调，灵敏度降低，伺服速度亦降低
9	对刀（EDGE FIND）	按下它，对刀灯亮，系统进入对刀状态；加工指示灯亮时按下它，则切断加工电压，关油泵，系统转换到对刀状态；拉表灯亮时按下它，对刀灯亮，系统转换到对刀状态
10	拉表（ALIGN）	加工灯亮时按下它，则切断加工电压，关油泵，拉表灯亮，系统转换到拉表状态；对刀灯亮时按下它，则拉表灯亮，系统转换到拉表状态；拉表灯亮时该键无效

3. 机床规准值范围及设置

1）规准值范围

① 脉宽（Ton）：在脉宽显示值为1～989（μs）时，为实际输出值；在脉宽显示值为990～999（μs）时，输出值和显示值的对应关系如表5-5所示单位为μs。

表 5-5　脉宽的显示值与输出值的对应关系

显示值	990	991	992	993	994	995	996	997	998	999
输出值	1100	1200	1300	1400	1500	1600	1700	1800	1900	2000

② 脉间（Toff）：10～999（us）。

③ 低压（LOW VOLF）：0，03，05，1～30。如果低压值＝03，输出电流约为0.3 A；如果低压值＝05，输出电流约为0.5 A。

④ 高压（HIGH VOLF）：0～3。

⑤ 页面（PAGE）：0～9。

⑥ 步序（STEP）：0～9。

⑦ 抬刀高度（UP HIGH）：1～9。显示值与实际抬刀高度对应值的关系如表5-6所示（单位为mm）。

表 5-6　显示值与抬刀高度对应值的关系

显示值	1	2	3	4	5	6	7	8	9
对应值	0.2	0.3	0.4	0.5	0.6	0.8	1.1	1.5	2.0

⑧ 抬刀周期（UP TIME）：0～9。抬刀周期为0，即加工时不抬刀；显示值和实际抬刀周期对应值的关系如表5-7（单位为s）所示。

表 5-7　显示值与抬刀周期对应值的关系

显示值	1	2	3	4	5	6	7	8	9
对应值	0.5	1	2	4	6	8	10	12	20

⑨ 快落高度（F DOWN HIGH）：0～9。此按键为实现两级抬刀而设置，快落高度设为0时，系统无两级抬刀；设为1～9时，可实现两级抬刀。显示值与实际快落高度对应值的关系如表5-8（单位为mm）所示。

表5-8 显示值与快落高度对应值的关系

显示值	1	2	3	4	5	6	7	8	9
对应值	0.2	0.25	0.3	0.4	0.5	0.6	0.8	1.1	1.5

⑩ 防积碳（CARBON PROOF）：0～9。防积碳设为0时，不进行积碳检测。

⑪ 间隙电压（GAP）：1～9。各档间隙电压的改变，随脉宽、脉间的变化而定。

⑫ X、Y、Z深度：−999.995 ～+999.995（mm）。

2）加工规准设置

根据加工要求设置加工规准（包括电流、脉宽、脉间、抬刀等参数），具体说明如下。

① 粗加工时，为了获得较快的加工速度，应选择大脉冲宽度和大电流，电流选择时应考虑电极尺寸；脉冲间隔从加工速度方面考虑选择应尽量小，只要不拉弧即可；但小脉冲间隔易造成加工条件恶化，间接造成电极损耗增大，选择时应留有余量。为了获得较小的电极损耗，应选择负极性加工，即工件接负极、电极接正极。

在DK7145NC上粗加工时，脉冲宽度可选300～800 μs，脉冲间隔可选80～ 250 μs。对于紫铜电极，选择300～800 μs脉冲宽度；对于石墨电极，脉冲宽度可选300～500 μs。电流可根据电极面积选择，一般单位面积电流不超过10 A/cm^2。由于排屑条件较好，可选择较长的抬刀时间和较大的抬刀高度。

② 中加工时，选择规准应比粗加工时小一些，以获得较好的表面粗糙度和尺寸精度，为精加工打好基础。脉冲宽度可选80～300 μs，脉冲间隔相应为100 μs以上，电流比粗加工时要小些，极性选择为负极性。

③ 精加工时，以获得良好的表面粗糙度和尺寸精度为主要目的，脉冲宽度要小，电流也要小；由于排屑条件恶劣，脉冲间隔应选大一些，抬刀次数要频繁而高度要低，以保证加工稳定。脉冲宽度选择80 μs以下，脉冲间隔选择放电稳定即可。

4. 机床操作步骤

① 开机。

开启总电源：检查机床电源线无误后，向上扳动电源柜的左侧面三联主电源空气开关；给接触器控制电源通电，松开急停按钮。

按启动按钮：系统进行自检，指示灯全亮，三轴显示888.888，规准值显示88—88；几秒钟后，系统结束自检，三轴及规准值显示上次关机时的值，主轴悬停，公/英制和反打指示灯指示上次关机时的状态。

②将电极装夹在主轴头上。装夹电极、工件时，机床手控盒面板一定要置于对刀状态，以防触电。

③ 校正电极并调节主轴行程至合适位置。机床手控盒面板置于拉表状态，拉表找正电极，调节电极夹头上的调节螺钉，调节电极两个方向的倾斜度并旋转电极，以找正电极。

④ 找正加工基准面和加工坐标。将工件装夹在工作台上，拉表找正工件，找正加工位置。机床横向行程和纵向行程上分别装有数显尺，可以用碰边定位法找正加工位置。也就是机床置于对刀状态，摇动横向或纵向行程使电极位于工件外面，控制主轴向下运动使电极停在低于工件加工面的位置，摇动行程使电极靠近工件，当蜂鸣器响时记下此时的位置。对于以所碰边为定位的尺寸，可以摇动行程，从尺上读出移动值，而定出加工位置；需要取中心的工件，可以先从一边取到位置，把此点清零后，再从对边依此方法取出另一边位置，按下“1/2”键即可定出加工中心。

⑤ 设置电加工规准和各个电参数。

⑥ 启动油泵设置液位到合适位置。

⑦ 放电加工。完成设定并对正主轴起始位置后，按下加工键。可按快下键让主轴快速接近工件，当快接近工件时，放开快下键，以伺服值开始进给。放电开始后，调节伺服值使间隙电压合适、放电稳定。各个加工规准电参数在加工过程中可视加工情况进行修改，但必须在指导教师的指导下进行操作。

⑧ 加工完毕，升起主轴，按下急停按钮。

⑨ 关油泵。

⑩ 关闭总电源，清扫机床卫生。

5. 机床报警及报警处理

在下列几种情况下系统会报警：

① 对刀短路，且消声灯灭。

② 按加工键时，有设定错误，报警时间约为 3 秒。设定的错误可能包括两种情况：一是 Z 轴值大于深度值；二是自动加工，但深度设定有误。

③ 加工完成，回退到位，报警时间约为 10 秒。

④ 自动加工进行段调用时，报警时间约为 0.5 秒。

⑤ 加工时，液面或油温未达到要求，且消声灯灭。

⑥ 加工时，积碳报警，同时防碳数码管闪烁（出现此种情况时，按消声键（BEEP）可停止报警）。

⑦ 着火时报警。

任务 5-7-2（4） 思考与交流

试比较粗、中、精加工时电流、脉宽、脉间、抬刀等参数的设置。

任务 5-8 数控电火花成型机床的加工工艺

任务 5-8-1（1） 学习电火花成型加工的常用术语

结合图 5-25，了解数控电火花成型加工过程中的常用术语，熟知图中各参数所代表的含义。

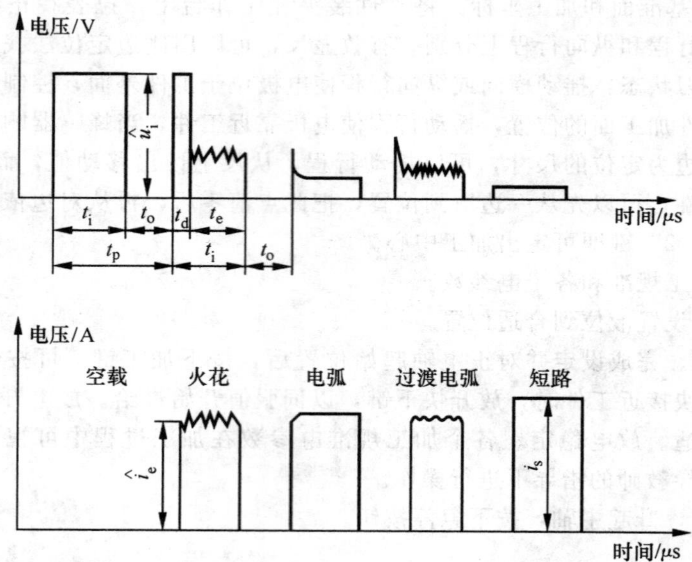

图 5-25　脉冲参数与脉冲电压、电流波形关系图

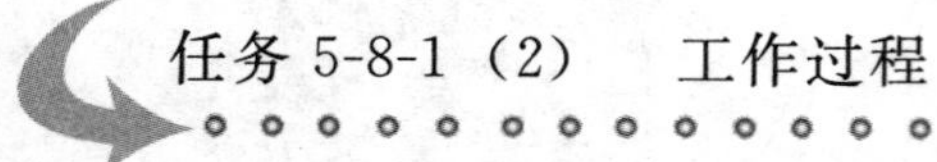

任务 5-8-1（2）　工作过程

第 1 步　阅读与该任务相关的知识。

第 2 步　图 5-25 中各参数所代表的含义如表 5-9 所示。

表 5-9　电火花成型加工的常用术语及其含义

序　号	参　　数	符　号	含　义
1	脉冲宽度	$t_i/\mu s$	加到电极和工件上放电间隙两端的电压脉冲的持续时间
2	脉冲间隔	$t_o/\mu s$	两个电压脉冲之间的间隔时间
3	电流脉宽	$t_e/\mu s$	工作液介质击穿后放电间隙中流过放电电流的时间
4	击穿延时	$t_d/\mu s$	从加上脉冲电压到介质被击穿之间的一小段延续时间
5	脉冲周期	$t_p/\mu s$	两相邻电压脉冲之间的时间

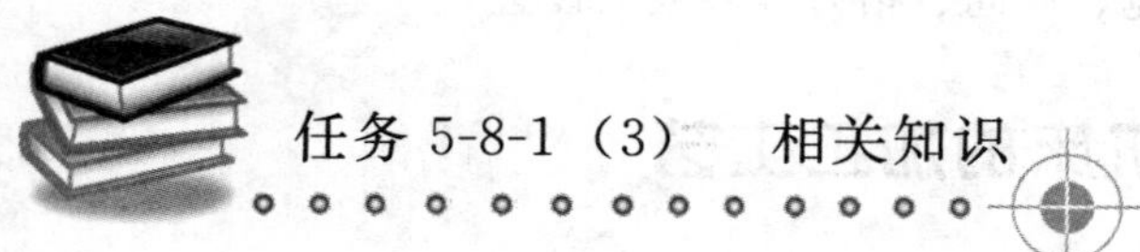

任务 5-8-1（3）　相关知识

电火花成型加工过程中常用的名词术语和符号如下。

1）工具电极

电火花加工用的工具是电火花放电时的电极之一，故称为工具电极，有时简称电极。

2）放电间隙

放电间隙是放电时工具电极与工件间的距离，放电间隙一般在 0.01～0.5 mm 之间，粗加工时间隙较大，精加工时则较小。

3）脉冲宽度

脉冲宽度（t_i/μs）简称脉宽（也常用 ON、TON 等符号表示），是加到电极和工件上放电间隙两端的脉冲电压的持续时间。为了防止电弧烧伤，电火花加工只能用断断续续的脉冲电压波。一般来说，粗加工时可用较大的脉宽，精加工时只能用较小的脉宽。

4）脉冲间隔

脉冲间隔（t_o/μs）简称脉间或间隔（也常用 OFF、TOFF 表示），它是两个脉冲电压之间的间隔时间。间隔时间过短，放电间隙来不及消电离和恢复绝缘，容易产生电弧放电，烧伤电极和工件；脉间选得过长，将降低加工的生产率。加工面积、加工深度较大时，脉间也应稍大。

5）放电时间（电流脉宽）

放电时间（t_e/μs）是工作液介质击穿后放电间隙中流过放电电流的时间，即电流脉宽。它比电压脉宽稍小，二者相差一个击穿延时 t_d。脉冲宽度和电流脉宽对电火花加工的生产率、表面粗糙度和电极损耗有很大影响，但实际起作用的是电流脉宽。

6）击穿延时

从间隙两端加上脉冲电压后，一般都要经过一小段延续时间工作液介质才能被击穿放电，这一小段时间称为击穿延时（t_d/μs）。击穿延时与平均放电间隙的大小有关，工具欠进给时，平均放电间隙变大，平均击穿延时 t_d 就大；反之，工具过进给时，放电间隙变小，平均击穿延时 t_d 就小。

7）脉冲周期

一个电压脉冲开始到下一个电压脉冲开始之间的时间称为脉冲周期（t_p/μs）。显然，脉冲周期等于脉冲宽度加上脉冲间隔，即 $t_p=t_i+t_o$。

8）开路电压或峰值电压

开路电压是间隙开路和间隙击穿之前击穿延时时间内电极间的最高电压（V）。一般晶体管方波脉冲电源的峰值电压为 60～80 V，高低压复合脉冲电源的峰值电压为 175～300 V。峰值电压高时，放电间隙大，生产率高，但成型复制精度较差。

9）加工电压或间隙平均电压

加工电压或间隙平均电压（U/V）是指加工时电压表上指示的放电间隙两端的平均电压，它是多个开路电压、火花放电维持电压、短路和脉冲间隔等电压的平均值。

10）加工电流

加工电流（I/A）是加工时电流表上指示的流过放电间隙的平均电流。加工电流精加工时小，粗加工时大，间隙偏开路时小，间隙合理或偏短路时大。

11）峰值电流

峰值电流（A）是火花放电时脉冲电流的最大值（瞬时），在日本、英国、美国常用

I_p 表示。虽然峰值电流不易测量，但它是影响加工速度、表面质量等的重要参数。在设计制造脉冲电源时，每一功率放大管的峰值电流是预先计算好的，因此，选择峰值电流实际上是选择几个功率管。

12）短路（短路脉冲）

放电间隙直接短路，这是由于伺服进给系统瞬时进给过多或放电间隙中有电蚀产物搭接所致。间隙短路时电流较大，但间隙两端的电压很小，没有蚀除加工作用。

13）电弧放电（稳定电弧放电）

由于排屑不良，放电点集中在某一局部而不分散，导致局部热量积聚，温度升高，如此恶性循环，火花放电就成为电弧放电。由于放电点固定在某一点或某一局部，因此也称为稳定电弧放电。电弧常使电极表面积碳、烧伤。电弧放电的波形特点是击穿延时和高频振荡的小锯齿波形基本消失。

14）过渡电弧放电（不稳定电弧放电，或称不稳定火花放电）

过渡电弧放电是正常火花放电与稳定电弧放电的过渡状态，是稳定电弧放电的前兆。其波形特点是，击穿延时很小或接近于零，仅成为一尖刺，电压、电流表上的高频分量变低或成为稀疏的锯齿形波。

任务 5-8-1（4） 思考与交流

试比较火花放电、过渡电弧放电和电弧放电各自的特点，并思考如何避免过渡电弧放电和电弧放电现象。

任务 5-8-2（1） 了解影响材料放电腐蚀的因素

试分析如图 5-26、图 5-27 所示的两种不同接线方法对材料放电腐蚀的影响。

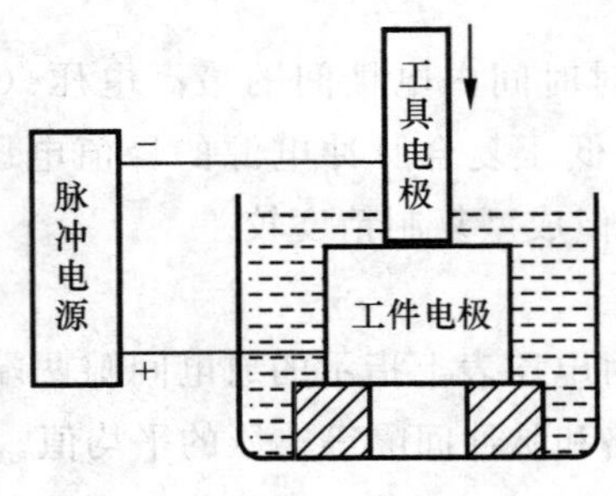

图 5-26 “正极性”接线法

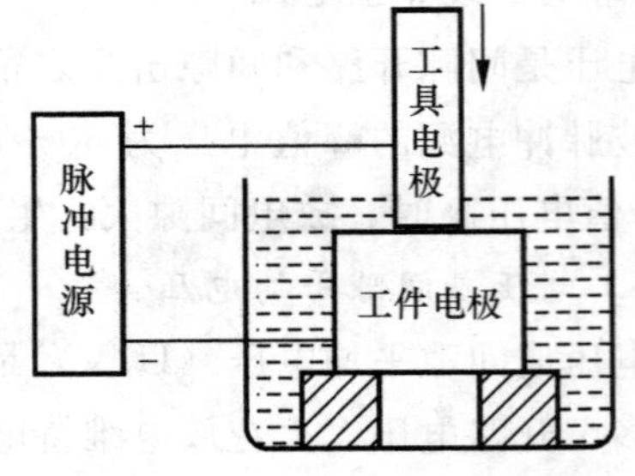

图 5-27 “负极性”接线法

任务 5-8-2（2） 工作过程

第 1 步 阅读与该任务相关的知识，熟知材料放电腐蚀的主要影响因素有：极性效应、覆盖效应、电参数、金属材料、工作液等。

第 2 步　通过分析，可知图 5-26 为正极性加工，正极的电蚀量大于负极的电蚀量适合于脉冲宽度比较窄的情况；图 5-27 为负极性加工，负极的电蚀量大于正极的电蚀量，适合于脉冲宽度比较宽的情况。

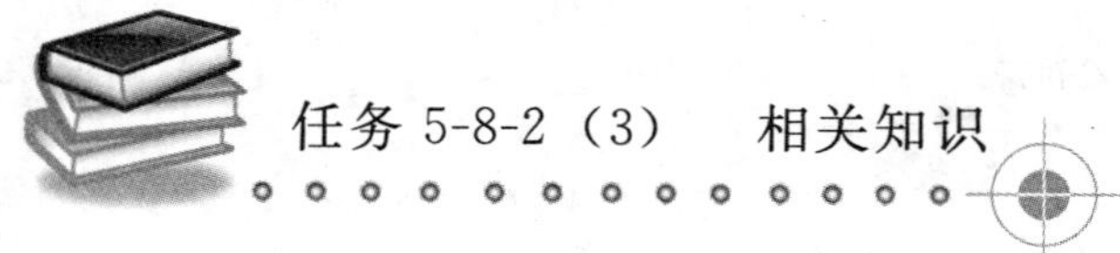

任务 5-8-2（3）　相关知识

电火花成型加工会腐蚀材料，其影响因素主要表现在以下几个方面。

1. 极性效应对电蚀量的影响

电火花加工的两电极对材料的腐蚀速度是不同的，这种现象称为极性效应。如果两电极材料不同，则极性效应更加明显。在生产中，将工件接脉冲电源正极（工具电极接脉冲电源负极）的加工称为正极性加工（如图 5-26 所示），反之称为负极性加工（如图 5-27 所示）。

极性效应受电极及电极材料、加工介质、电源种类、单个脉冲能量等多种因素的影响，其中主要因素是脉冲宽度。

在电场的作用下，放电通道中的电子奔向正极，正离子奔向负极。在窄脉冲宽度加工时，由于电子惯性小，运动灵活，大量的电子奔向正极，并轰击正极表面，使正极表面迅速熔化和气化；而正离子惯性大，运动缓慢，只有一小部分正离子能够到达负极表面，而大量的正离子不能到达负极表面，因此电子的轰击作用大于正离子的轰击作用，正极的电蚀量大于负极的电蚀量，这时应采用正极性加工。

在宽脉冲宽度加工时，质量和惯性都大的正离子将有足够的时间到达负极表面，由于正离子的质量大，它对负极表面的轰击破坏作用要比电子强，同时到达负极表面的正离子又会牵制电子的运动，故负极的电蚀量将大于正极的电蚀量，这时应采用负极性加工。

在实际加工中，要充分利用极性效应，正确选择极性，最大限度地提高工件的蚀除量，降低工具电极的损耗。

2. 覆盖效应对电蚀量的影响

在材料放电腐蚀过程中，一个电极的电蚀产物转移到另一个电极表面上，形成一定厚度的覆盖层，这种现象叫做覆盖效应。合理利用覆盖效应，有利于降低电极损耗。

在油类介质中加工时，覆盖层主要是石墨化的碳素层，其次是粘附在电极表面的金属微粒粘结层。

3. 工作液对电蚀量的影响

电火花加工一般在液体介质中进行，液体介质通常叫做工作液。

目前，电火花成型加工多采用油类作工作液。机油粘度大、燃点高，用它作工作液有利于压缩放电通道，提高放电的能量密度，强化电蚀产物的抛出效果。但粘度大，不利于电蚀产物的排出，影响正常放电。而煤油粘度小、流动性好，有利于排屑。

粗加工时，要求速度快，放电能量大，放电间隙大，故常选用机油等粘度大的工作液；在中、精加工时，放电间隙小，往往采用煤油等粘度小的工作液。

在精密加工中，可采用比较纯的蒸馏水、去离子水或乙醇水溶液来作工作液，其绝缘强度比普通水高。

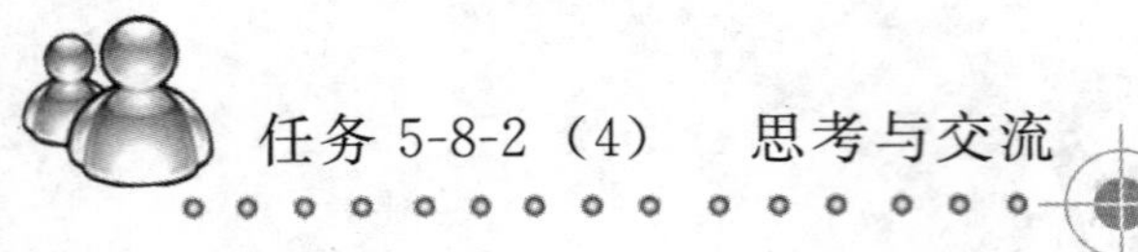

任务 5-8-2（4） 思考与交流

试说出适合正极性加工的条件。

任务 5-8-3（1） 学习电火花加工的基本工艺规律

利用增减符号描述电火花加工的工艺参数变化规律，并填写在表 5-10 中。

表 5-10 电火花加工的工艺参数变化规律

	加工速度	电极损耗	表面粗糙度	备 注
峰值电流↑				加工间隙↑，型腔加工锥度↑
脉冲宽度↑				加工间隙↑，加工稳定性↑
脉冲间隔↑				加工稳定性↑
介质清洁度↑				加工稳定性↑

注：○表示影响较小，↓表示降低或减小，↑表示增大。

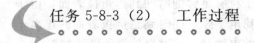

任务 5-8-3（2） 工作过程

第 1 步 阅读与该任务相关的知识。

第 2 步 电火花加工的基本工艺规律主要是通过适当调整电参数与非电参数，处理好加工速度、电极损耗、表面粗糙度、加工精度之间的相互关系。表 5-11 给出各种工艺参数的变化规律。

表 5-11 电火花加工的工艺参数的变化规律

	加工速度	电极损耗	表面粗糙度	备 注
峰值电流↑	↑	↑	↑	加工间隙↑，型腔加工锥度↑
脉冲宽度↑	↑	↓	↑	加工间隙↑，加工稳定性↑
脉冲间隔↑	↓	↑	○	加工稳定性↑
介质清洁度↑	中、粗加工↓ 精加工↑	○	○	加工稳定性↑

注：○表示影响较小，↓表示降低或减小，↑表示增大。

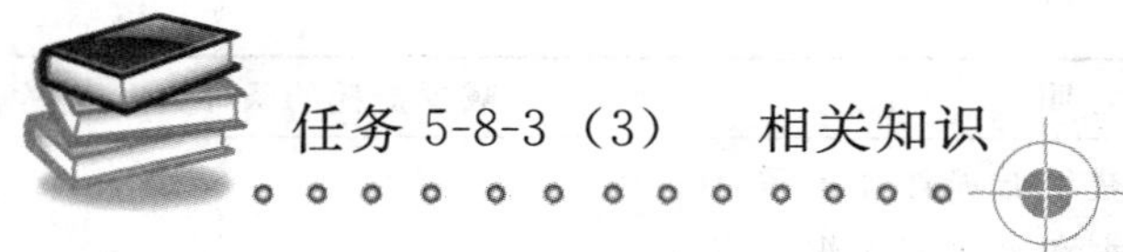

任务 5-8-3（3）　相关知识

数控电火花成型加工的脉冲放电是一个快速复杂的动态过程，干扰因素多，加工效果较难掌握。要想达到满意的加工效果，必须从加工速度、电极损耗、加工精度、表面粗糙度以及加工的稳定性等多方面来进行考虑。

1. 影响加工速度的因素

电火花成型加工的加工速度，是指在一定电规准下，单位时间内工件被蚀除的体积 V 或质量 m。一般常用体积加工速度 $V_v = V/T$（单位为 mm^3/min）来表示，有时为了测量方便，也可用质量加工速度 $V_m = m/t$（单位为 g/min）来表示。

在规定的表面粗糙度、规定的相对电极损耗条件下的最大加工速度是电火花机床的重要工艺性能指标。一般电火花机床说明书上所指的最高加工速度是该机床在最佳状态下所达到的，在实际生产中的正常加工速度要大大低于机床的最大加工速度。

影响加工速度的因素有电参数和非电参数两大类。电参数主要是脉冲电源输出波形与参数；非电参数包括加工面积、深度、工作液种类、冲油方式、排屑条件及电极的材料、形状等。

2. 影响电极损耗的因素

影响电极损耗的主要因素如表 5-12 所示。

表 5-12　影响电极损耗的主要因素

序　号	因　素	说　明	减少损耗的条件
1	脉冲宽度	脉宽愈大，损耗愈小，至一定数值后，损耗可降低至少 1%	脉宽足够大
2	峰值电流	峰值电流增大，电极损耗增加	减小峰值电流
3	加工面积	影响不大	大于最小加工面积
4	极性	影响很大。应根据不同电源、不同电规准、不同工作液、不同电极材料、不同工件材料，选择合适的极性	一般脉宽大时用正极性，小时用负极性，钢电极时用负极性
5	电极材料	常用电极材料中黄铜的损耗最大，紫铜、铸铁、钢次之，石墨和铜钨、银钨合金较小。紫铜在一定的电规准和工艺条件下，也可以得到低损耗加工	石墨作粗加工电极，紫铜作精加工电极
6	工件材料	加工硬质合金工件时电极损耗比钢工件大	用高压脉冲加工或用水作工作液，在一定条件下可降低损耗

续表

序号	因素	说明	减少损耗的条件
7	工作液	常用的煤油、机油获得低损耗加工需具备一定的工艺条件；水和水溶液比煤油容易实现低损耗加工（在一定条件下），如硬质合金工件的低损耗加工，黄铜和钢电极的低损耗加工	
8	排屑条件和二次放电	在损耗较小的加工时，排屑条件愈好，则损耗愈大，如紫铜，有些电极材料则对此不敏感，如石墨。损耗较大的电规准加工时，二次放电会使损耗增加	在许可条件下，最好不强制冲（抽）油

3. 影响表面粗糙度的因素

电火花加工的工件，其表面与机加工不同，它是由若干电蚀小凹坑组成的，能存润滑油，其耐磨性比同样粗糙度的机加工要好，在相同表面粗糙度的情况下，电加工表面比机加工表面亮度低。

电火花加工的工件，其表面的凹坑大小与单个脉冲放电能量有关：单个脉冲能量越大，则凹坑越大。若把粗糙度值大小简单地看成与电蚀凹坑的深度成正比，则电火花加工的表面粗糙度随单个脉冲能量的增加而增大。

当峰值电流一定时，脉冲宽度越大，单个脉冲的能量就越大，放电腐蚀的凹坑也越大、越深，所以表面粗糙度就越差。

在脉冲宽度一定的条件下，随着峰值电流的增加，单个脉冲能量也增加，表面粗糙度就变差。

在一定的脉冲能量条件下，熔点高的材料表面粗糙度值要比熔点低的材料小。

工具电极的粗糙度也影响工件的粗糙度。例如，石墨电极比较粗糙，它加工出的工件粗糙度就较大。

由于电极的相对运动，工件侧边的粗糙度比端面小。

干净的工作液有利于得到理想的粗糙度。因为工作液中含蚀除产物等杂质越多，越容易发生积炭等现象，从而造成粗糙度增大。

4. 影响加工精度的因素

电加工精度包括尺寸精度和仿型精度（或形状精度）。影响精度的因素很多，这里重点讨论与电火花加工工艺有关的因素。

① 放电间隙。工具电极与工件间存在着放电间隙，因此工件的尺寸、形状与工具并不一致。如果加工过程中放电间隙是常数，就可以根据工件加工表面的尺寸、形状预先对工具尺寸、形状进行修正。但放电间隙是随电参数、电极材料、工作液的绝缘性能等因素的变化而变化的，因而将工具的尺寸、形状复制到工件上就会产生精度误差。

② 加工斜度。产生斜度的情况如图 5-28 所示。

由于工具电极下面部分加工时间长，损耗大，因此电极变小，而入口处由于电蚀产物的存在，易发生因电蚀产物的介入而再次进行的非正常放电（即“二次放电”），因而产生加工斜度。

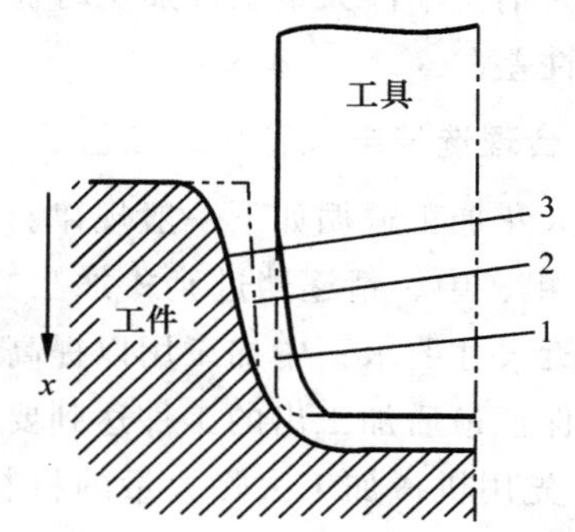

图 5-28　加工斜度示意图

1—电极无损耗时的工具轮廓线；

2—电极有损耗而不考虑二次放电时的工件轮廓线；

3—实际工件轮廓线

③ 工具电极的损耗。随着加工深度的增加，工具电极进入放电区域的时间是从端部向上逐渐减少的。实际上，工件侧壁主要是靠工具电极底部端面的周边加工出来的。因此，电极的损耗也必然从端部向上逐渐减少，从而形成了损耗锥度（如图 5-29 所示），工具电极的损耗锥度反映到工件上就是加工斜度。

5. 电火花加工的稳定性

在电火花加工中，加工的稳定性是一个很重要的概念。加工的稳定性不仅关系到加工的速度，而且关系到加工的质量。

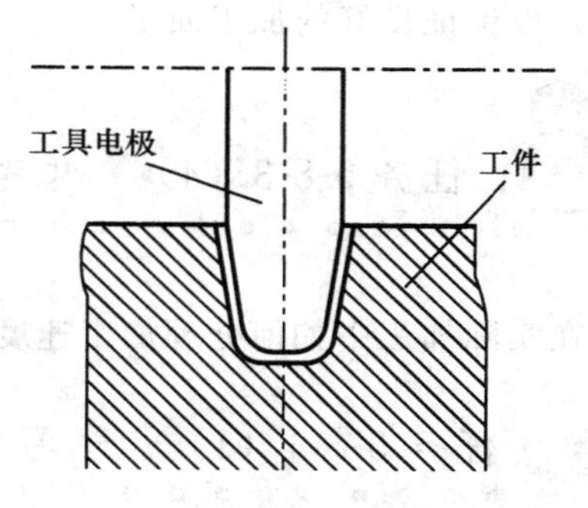

图 5-29　工具损耗锥度示意图

① 电规准与加工稳定性。一般来说，单个脉冲能量较大的规准，容易达到稳定加工。但是，当加工面积很小时，不能用很强的规准加工。另外，加工硬质合金不能用太强的规准加工。

脉冲间隔太小常易引起加工不稳定。在微细加工、排屑条件很差、电极与工件材料不太合适时，可增加间隔来改善加工的稳定性，但这样会引起生产效率下降。t_i/I_p 很大的规准比 t_i/I_p 较小的规准加工稳定性差。当 t_i/I_p 大到一定数值后，加工很难进行。

每种电极材料都有合适的加工波形和适当的击穿电压，以实现稳定加工。当平均加工电流超过最大允许加工电流密度时，将出现不稳定现象。

② 电极进给速度。电极的进给速度应与工件的蚀除速度相适应，以使加工稳定进行。进给速度大于蚀除速度时，加工不易稳定。

③ 蚀除物的排除情况。良好的排屑是保证加工稳定的重要条件。单个脉冲能量大，则放电爆炸力强，电火花间隙大，蚀除物容易从加工区域排出，加工就稳定。在用弱规准加工工件时，必须采取各种方法保证排屑良好，实现稳定加工。冲油压力不合适也会造成加工不稳定。

④ 电极材料及工件材料。对于钢工件，各种电极材料的加工稳定性好坏次序为：紫铜（铜钨合金、银钨合金）> 铜合金（包括黄铜）> 石墨 > 铸铁 > 不相同的钢 > 相同的钢。

淬火钢比不淬火钢工件加工时稳定性好；硬质合金、铸铁、铁合金、磁钢等工件的加工稳定性差。

6. 合理选择电火花加工工艺

电火花加工遵循如下一般规律。

① 粗、中、精逐档过渡式加工方法。粗加工用以蚀除大部分加工余量，使型腔按预留量接近尺寸要求；中加工用以提高工件表面粗糙度等级，并使型腔基本达到要求；精加工主要保证最后加工出的工件达到要求的尺寸与粗糙度。

② 先用机械加工去除大量的材料，再用电火花加工以保证加工精度和加工质量。电火花成型加工的材料去除率不能与机械加工相比。因此，在工件型腔电火花加工中，有必要先用机械加工方法去除大部分加工量，使各部分余量均匀，从而大幅度提高工件的加工效率。

③ 采用多电极。在加工中及时更换电极，当电极绝对损耗量达到一定程度时，及时更换，以保证良好的加工质量。

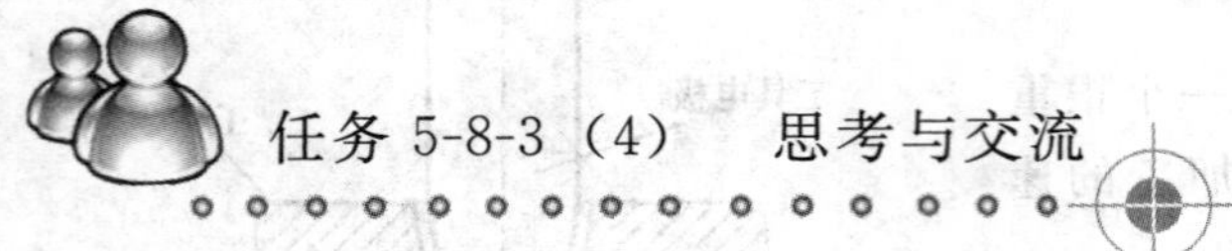

在实际加工中如何处理加工速度、电极损耗、表面粗糙度之间的矛盾关系？

任务 5-8-4（1）　学习电火花成型加工的常用工艺方法

如图 5-30 所示为小孔零件，毛坯尺寸为 40 mm×40 mm×35 mm，材料为 45 钢。请确定其电火花电工的工艺方法。

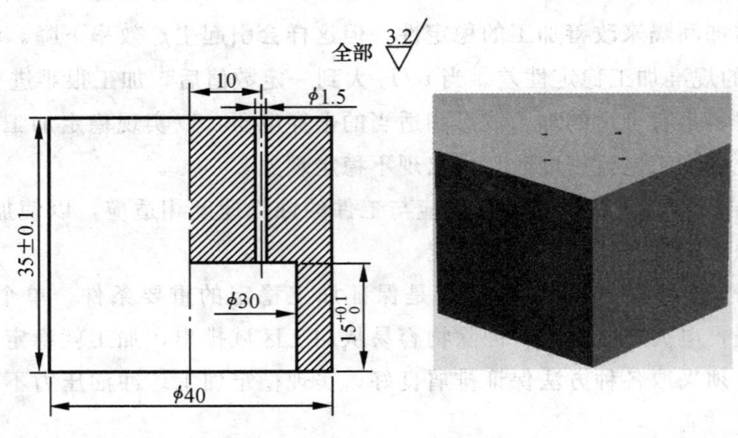

图 5-30　小孔零件图及实体图

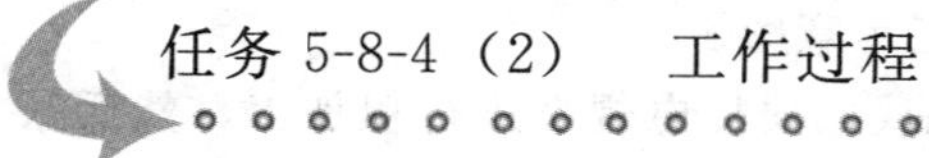

任务 5-8-4（2）　工作过程

第 1 步　电火花成型加工的常用工艺方法如下。

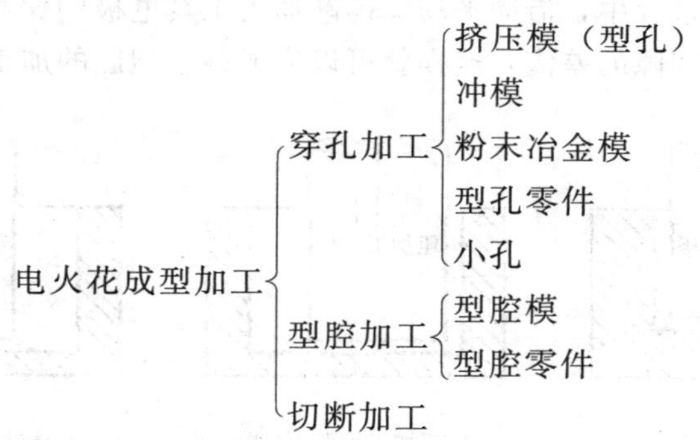

第 2 步　分析图 5-30 所示零件，小孔深 20 mm，直径仅为 1.5 mm，属窄孔加工，故适宜用电火花成型机床加工，且采取穿孔加工的工艺方法。

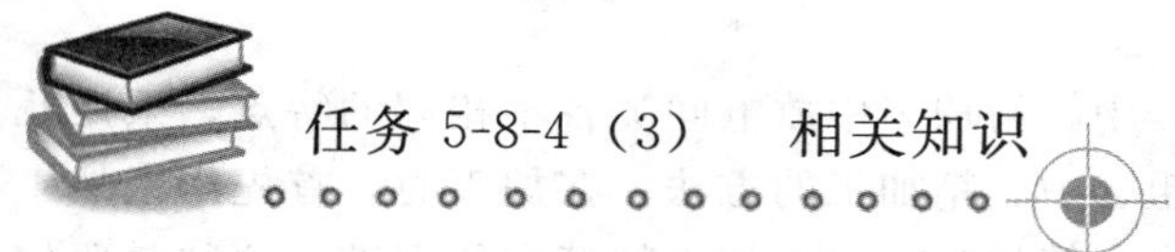

任务 5-8-4（3）　相关知识

电火花加工可以加工通孔和盲孔，前者习惯上称为电火花穿孔加工，后者习惯上称为电火花成型加工。它们不仅名称不同，而且加工工艺方法也有较大的差别。

1. 电火花穿孔加工

电火花穿孔加工一般应用于冲裁模具加工、粉末冶金模具加工、拉丝模具加工、螺纹加工等。下面以加工冲裁模具的凹模为例说明电火花穿孔加工的方法。

凹模的尺寸精度主要靠工具电极来保证，因此，对工具电极的精度和表面粗糙度都应有相应的要求。如凹模的尺寸为 L_2，工具电极相应的尺寸为 L_1（如图 5-31 所示），单边火花间隙值为 S_L，则 $L_2=L_1+2S_L$。

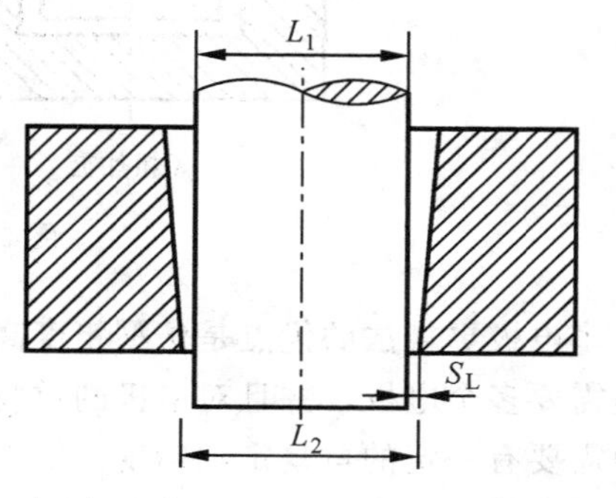

图 5-31　凹模的电火花加工

其中，火花间隙值 S_L 主要取决于脉冲参数与机床的精度。只要加工规准选择恰当，加工稳定，火花间隙值 S_L 的波动范围会很小。因此，只要工具电极的尺寸精确，用它加工出的凹模的尺寸就是比较精确的。

2. 电火花成型加工

电火花成型加工主要有单工具电极直接成型法和多电极更换法等。

1) 单工具电极直接成型法

单工具电极直接成型法是指采用同一个工具电极完成模具型腔的粗、中及精加工的方法。

图 5-32 所示为单工具电极直接成型法粗、精加工示意图。

对普通的电火花机床，在加工过程中先用无损耗或低损耗电规准进行粗加工，然后采用平动头使工具电极作圆周平移运动，按照粗、中、精的顺序逐级改变电规准，进行侧面平动修整加工。在加工过程中，借助平动头逐渐加大工具电极的偏心量，可以补偿前后两个加工电规准之间放电间隙的差值，这样就可以完成整个型腔的加工。

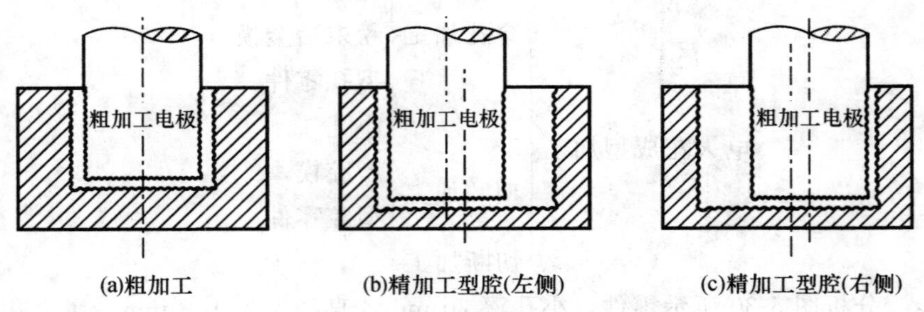

图 5-32　单工具电极直接成型法

2）多电极更换法

多电极更换法是根据一个型腔在粗、中、精加工中放电间隙各不相同的特点，采用几个不同尺寸的工具电极完成一个型腔的粗、中、精加工的方法。在加工时，首先用粗加工电极蚀除大量金属，然后更换电极进行中、精加工。对于加工精度高的型腔，往往需要较多的电极来精修型腔。图 5-33 所示为多电极更换法进行粗、精加工的示意图。

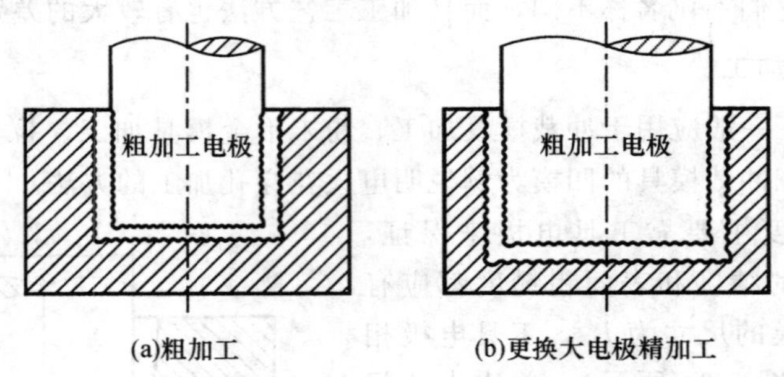

图 5-33　多电极更换法

多电极更换法的优点是仿型精度高，尤其适合于尖角、窄缝多的型腔模加工。它的缺点是需要多个电极，并且对电极的重复精度要求很高。另外，在加工过程中，电极的依次更换需要有一定的重复定位精度。

早期的非数控电火花机床，为了加工出高质量的工件，多采用多电极更换法。

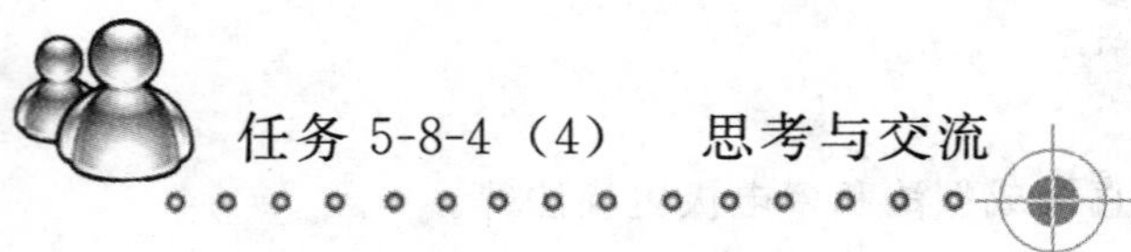

说说电火花穿孔加工和成型加工各自的特点。

任务 5-8-5（1）　认识电极材料对加工的影响

目前常用的电极材料有紫铜（纯铜）、黄铜、钢、石墨、铸铁、银钨合金、铜钨合金等。这些材料的加工性能各异，试将它们的性能好坏填写在表 5-13 中。

表 5-13　常用电极材料的性能差异

电极材料	电加工性能		机加工性能	说　明
	稳定性	电极损耗		
钢				在选择电规准时注意加工稳定性
铸铁				在加工冷冲模时常用的电极材料
黄铜				电极损耗太大
紫铜				磨削困难，难与凸模连接后同时加工
石墨				机械强度较差，易崩角
铜钨合金				价格贵，在深孔、直壁孔、硬质合金模具加工中使用
银钨合金				价格贵，一般少用

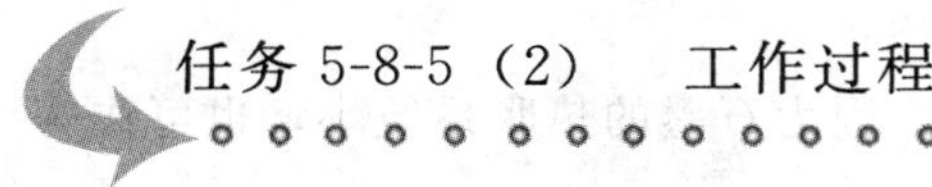

任务 5-8-5（2）　工作过程

第 1 步　阅读与该任务相关的知识。

第 2 步　电极材料众多，且性能各有特色，目前常用电极材料的性能差异如表 5-14 所示。

表 5-14　常用电极材料的性能差异

电极材料	电加工性能		机加工性能	说　明
	稳定性	电极损耗		
钢	较差	中等	好	在选择电规准时注意加工稳定性
铸铁	一般	中等	好	在加工冷冲模时常用的电极材料
黄铜	好	大	尚好	电极损耗太大
紫铜	好	较大	较差	磨削困难，难与凸模连接后同时加工
石墨	尚好	小	尚好	机械强度较差，易崩角
铜钨合金	好	小	尚好	价格贵，在深孔、直壁孔、硬质合金模具加工中使用
银钨合金	好	小	尚好	价格贵，一般少用

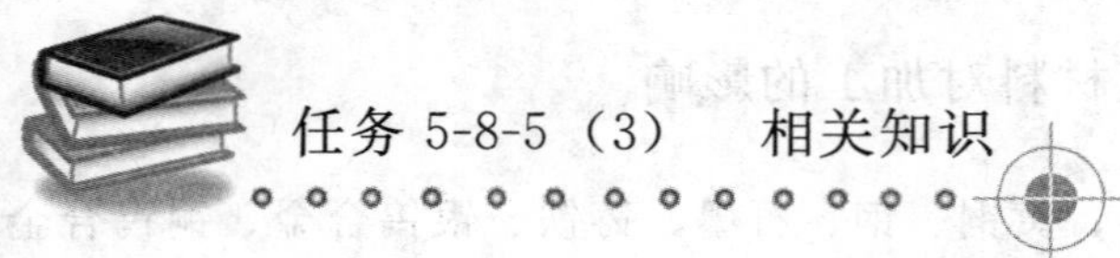

任务 5-8-5（3） 相关知识

从理论上讲，任何导电材料都可以作电极。但是，电极材料不同，电火花加工速度、加工质量、电极损耗、加工稳定性有很大的差异。因此，在实际加工中应综合考虑各个方面的因素，选择最合适的电极材料。

目前常用的电极材料有钢、紫铜（纯铜）、黄铜、石墨、铸铁、银钨合金、铜钨合金等。以下重点介绍钢、紫铜、石墨三种电极材料。

1）钢

钢作为电极加工稳定性较差，电极损耗较大。但因钢来源丰富，价格便宜，具有良好的机械加工性能，是一种较常用的电极材料，多用于穿孔加工。

2）紫铜（纯铜）

虽然铜的韧性大，磨削加工困难，机械加工性能差，但铜电极具有稳定性好，生产效率高，特别是铜易于加工成精密、微细的花纹，表面粗糙度 R_a 可达 1.25 μm，所以适宜于作电火花成型加工的精加工电极材料。

3）石墨

石墨机械强度差，尖角处易崩裂。但石墨电极加工稳定性能较好，在长脉宽、大电流加工时电极损耗小。并且石墨机加工成型容易，容易修正。

所以适合于作电火花成型加工的粗加工电极材料。因为石墨的热胀系数小，也可作为穿孔加工的大电极材料。

任务 5-9 数控电火花成型加工的 G 代码编程

任务 5-9-1（1） 学习数控电火花机床的 G 代码编程格式

如图 5-34 所示的 $\phi10$ 的圆形型腔，加工深度为 10 mm，试编写加工程序。

任务 5-9-1（2） 工作过程

第 1 步 阅读与该任务相关的知识。

第 2 步 编写加工程序。

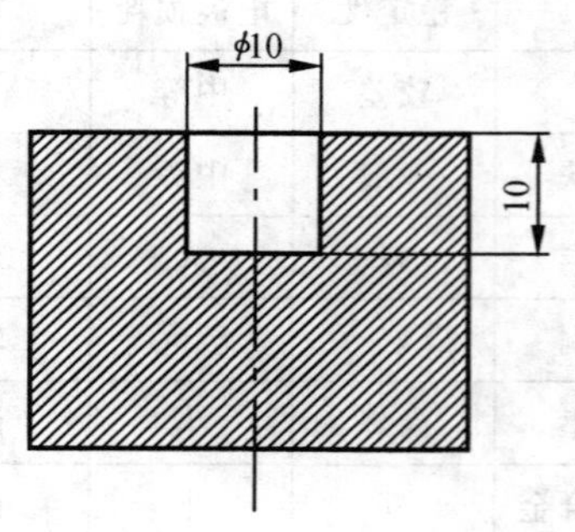

图 5-34 零件图

加工程序如下：

```
T84;                          开冷却液
G90;                          绝对坐标系
```

G30 Z+；	抬刀方向为 Z+
H970＝10.0；	加工深度为 10 mm
H980＝1.0；	停止位置为 Z 轴 1 mm 处
G00 Z0＋H980；	主轴快速移至 Z 轴 1 mm 处
M98 P0130；	调用 P0130 子程序，第一个加工条件 C130 加工
T85；	关冷却液
M02；	程序结束
N0130；	子程序的顺序号是 N0130
G00 Z＋0.5；	主轴快速移至 Z 轴 0.5 mm 处
C130；	放电条件为 C130
G01 Z＋0.23－H970；	加工深度为（0.23－10）mm
M05 G00 Z0＋H980；	忽视接触感知，主轴快速移至 Z 轴 1 mm 处
M99；	子程序结束

任务 5-9-1（3）　相关知识

与其他数控加工的程序相比，由于电火花加工的运动轨迹比较简单，所以电火花加工的程序相对来说也比较简单。数控电火花程序以 .NC 为后缀，其结构没有严格规定，只要能被数控系统识别，适合机床执行就可以了。总的来讲，数控电火花加工与其他数控加工编程的方法、指令、技巧是基本一致的。

1. 电火花加工的常用编程指令

以下介绍数控电火花加工的常用编程指令。

1）*抬刀控制指令 G30*

G30 为指定抬刀方向，后接轴向指定指令，如“G30 Z+”表示抬刀方向为 Z 轴正向。

2）*选择坐标系指令 G54、G55、G56、G57、G58、G59*

这组代码用来选择坐标系，可与 G92、G00、G91 等一起使用。

3）*感知指令 G80*

G80 指定电极沿指定方向前进，直到电极与工件接触为止。方向用“＋”、“－”号表示（“＋”、“－”号均不能省略）。如“G80X－”表示使电极沿 X 轴负方向以感知速度前进，接触到工件后，回退一小段距离，再接触工件，再回退。上述动作重复数次后停止，确认已找到了接触感知点，并显示“接触感知”。

接触感知可由如下三个参数设定：

感知速度：即电极接近工件的速度，从数值 0～255，数值越大，速度越慢；

回退长度：即电极与工件脱离接触的距离，一般为 250 μm；

感知次数：即重复接触次数，从 0～127，一般为 4 次。

4）*电极居中指令 G82*

G82 使电极移到指定轴当前坐标的 1/2 处，假如电极当前位置的坐标是 X100. Y60.，执行“G82X”命令后，电极将移动到 X50. Y60. 处。

5）坐标参考点指令 G90、G91

G90 为绝对坐标编程指令，即所有点的坐标值均以坐标系的零点为参考点；

G91 为增量坐标编程指令，即当前点的坐标值是以上一点为参考点度量的。

6）坐标系设定指令 G92

G92 把当前点设置为指定的坐标值，如“G92 X0 Y0”把当前点设置为（0，0），又如“G92 Xl0 Y0”把当前点设置为（10，0）。

注意，G92 只能定义当前点在当前坐标系中的坐标值，而不能定义该点在其他坐标系的坐标值。

7）变量值 H

H 从 H000 到 H999 共有 1 000 个补偿码，可通过赋值语句“H *** = ____”赋值，范围为 0～99 999 999。

8）M 代码、C 代码、T 代码

（1）M 代码。

执行 M00 代码后，程序暂停运行，按 Enter 键后，程序接着运行下一段。

执行 M02 代码后，整个程序结束运行，所有模态代码的状态都被复位，也就是说，上一个程序的模态代码不会影响下一个程序。

执行 M05 代码后，脱离接触一次（M05 代码只在本程序段有效）。当电极与工件接触时，要用此代码才能把电极移开。

（2）C 代码。

在程序中，C 代码用于选择加工条件，格式为 C ***，C 和数字间不能有别的字符，数字也不能省略，不够三位要补“0”，如 C005。各参数显示在加工条件显示区中，加工中可随时更改。系统可以存储 1 000 种加工条件，其中 0～99 为用户自定义加工条件，其余为系统内定加工条件。

（3）T 代码。

T 代码有 T84 和 T85。T84 为打开液泵指令，T85 为关闭液泵指令。

2. 主程序和子程序

数控电火花程序的主体分为主程序和子程序。数控系统执行程序时，按主程序指令运行，在主程序中遇到调用子程序的情形时，数控系统将转入子程序按其指令运行，当子程序调用结束后，便重新返回主程序继续执行。

在大多数系统中，主程序和子程序必须在同一个程序中，一般将子程序编写在主程序的尾端。

1）主程序

主程序是整个数控程序的主体，我们把第一次调用子程序的程序称为主程序。主程序通常包括工件坐标系、尺寸单位、工作平面、设备控制、变量值等基本加工状态和命令。主程序调用子程序的指令为 M98，主程序终止运行的指令为 M02。

2）子程序

子程序由以 N 开头的顺序号、程序主体和结束子程序的指令“M99”组成。

顺序号与主程序或上一层子程序的调用顺序号（P）相对应；程序主体包括加工的具体内容；“M99”作为子程序的结束标识。

子程序是由主程序或上一层子程序调用执行的。子程序调用指令格式为：

M98 P×××× L×××× （P为调用子程序指令，××××为程序顺序号，L×××为子程序调用次数）

“L×××”省略时，则子程序调用次数为默认值1，如为“L0”，则不调用此子程序。例如，M98 P0001 L5表示顺序号为N0001的子程序被连续调用5次。

注意：① 调用子程序的顺序号（P）与子程序的顺序号（N）必须相同，否则会出现找不到指定子程序时的报警；

② 子程序结束部分必须要有“M99”指令，否则会发生程序循环运行的现象。

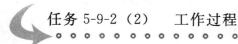

任务 5-9-2（1） 学习自由平动加工的编程方法

加工如图5-35所示的ϕ10的圆形型腔，已知电极的单边缩放量为0.3 mm，加工深度为10 mm，侧面和底面的表面粗糙度R_a为0.4 μm，试编写加工程序。

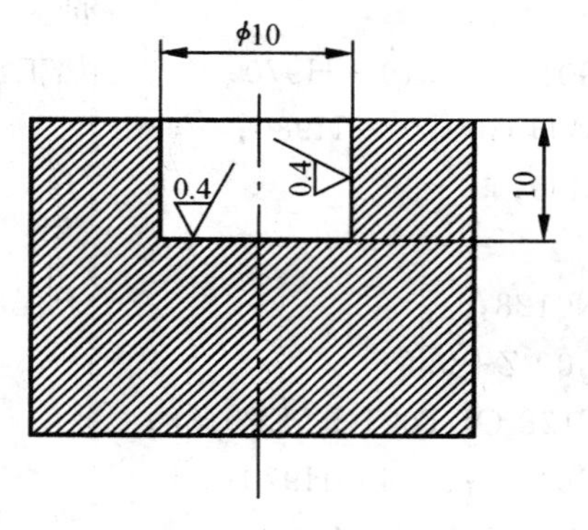

图5-35 零件图

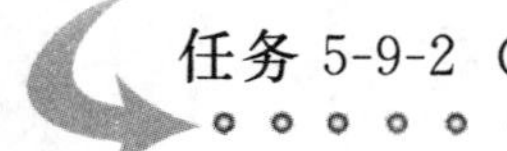

任务 5-9-2（2） 工作过程

第1步 阅读与该任务相关的知识。

第2步 工艺分析。由于侧面和底面的表面粗糙度R_a为0.4 μm，两者都要保证，因此宜采用自由平动加工方法。

第3步 加工程序如下。

```
T84;                 开冷却液
G90;                 绝对坐标系
G30 Z+;              抬刀方向为Z+
H970=10.0;           加工深度为10 mm
H980=1.0;            停止位置为Z轴1 mm处
G00 Z0+H980;         主轴快速移至Z轴1 mm处
M98 P0130;           调用P0130子程序，第一个加工条件C130加工
M98 P0129;           调用P0129子程序，第二个加工条件C129加工
M98 P0128;           调用P0128子程序，第三个加工条件C128加工
M98 P0127;           调用P0127子程序，第四个加工条件C127加工
M98 P0126;           调用P0126子程序，第五个加工条件C126加工
M98 P0125;           调用P0125子程序，第六个加工条件C125加工
T85;                 关冷却液
```

```
M02;                        程序结束
;
N0130;                      子程序的顺序号是N0130
G00 Z+0.5;                  主轴快速移至Z轴0.5 mm处
C130 OBT001 STEP0070;       放电条件为C130，XOY平面内圆形自由平动方式，平动
                            量为70 μm
G01 Z+0.23-H970;            加工深度为（0.23-10）mm
M05 G00 Z0+H980;            忽视接触感知，主轴快速移至Z轴1 mm处
M99;                        子程序结束
;
N0129;                      子程序的顺序号是N0129
G00 Z+0.5;
C129 OBT001 STEP0148;       放电条件为C129，XOY平面内圆形自由平动方式，平动
                            量为148 μm
G01 Z+0.19-H970;            加工深度为（0.19-10）mm
M05 G00 Z0+H980;
M99;
;
N0128;                      子程序的顺序号是N0128
G00 Z+0.5;
C128 OBT001 STEP0188;
G01 Z+0.14-H970;
M05 G00 Z0+H980;
M99;
;
N0127;                      子程序的顺序号是N0127
G00 Z+0.5;
C127 OBT001 STEP0212;
G01 Z+0.11-H970;
M05 G00 Z0+H980;
M99;
;
N0126;                      子程序的顺序号是N0126
G00 Z+0.5;
C126 OBT001 STEP0244;
G01 Z+0.07-H970;
M05 G00 Z0+H980;
M99;
```

```
;
N0125;                        子程序的顺序号是 N0125
G00 Z+0.5;
C125 OBT001 STEP0272;
G01 Z+0.027-H970;
M05 G00 Z0+H980;
M99;
```

任务 5-9-2（3）　相关知识

1. 电极的单边缩放量

如图 5-36 所示，电极的单边缩放量 A=（加工后尺寸－电极尺寸）/2。

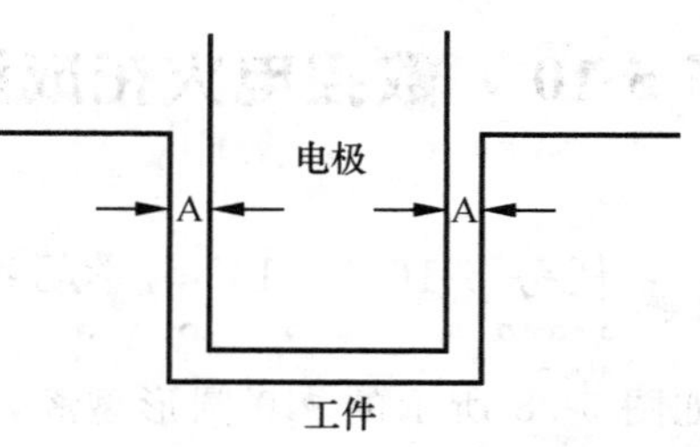

图 5-36　电极单边缩放量示意图

2. 自由平动

自由平动是指主轴伺服加工时，另外两轴同时按一定轨迹作扩大运动，一直加工到指定深度。自由平动方式在加工中最常用，采用不同的电规准，把加工深度分为多段，加工中随着电规准的减弱和深度的递增，相应地逐段增大平动量，其加工方式如图 5-37 所示。

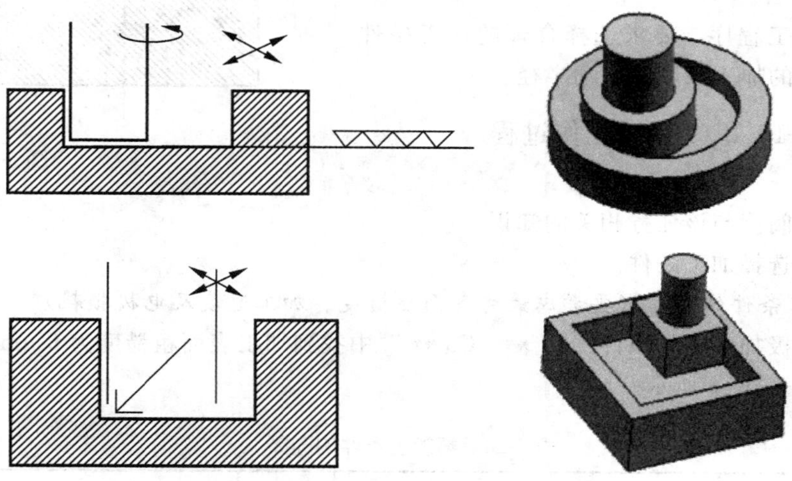

图 5-37　自由平动加工示意图

自由平动加工过程中的相对运动改善了排屑效果，使加工尺寸更容易控制，从而能获得底面与侧面更均匀的表面粗糙度，提高加工效率。其缺点是容易造成电极底部边角的损耗。这种加工方式编程较简单，应用广泛。

自由平动的编程是在加工参数条件选定后，指定其平动类型（OBT）、平动半径（STEP）。平动类型（OBT）由三位十进制数组成，每一位有特定的定义，见表 5-15。

表 5-15　自由平动的类型定义

伺服平面＼图形		不平动	○	□	◇	×	+
自由平动	*XOY* 平面	000	001	002	003	004	005
	XOZ 平面	010	011	012	013	014	015
	YOZ 平面	020	021	022	023	024	025

任务 5-10　数控电火花成型加工编程

任务 5-10-1（1）　学习冲模的电火花穿孔加工编程方法

如图 5-38 所示的 $\phi10$ 圆形型腔，工件材料为 SKD11 模具钢，用紫铜电极加工，电极单边缩放量为 0.2 mm，电极尺寸为 9.6 mm×9.6 mm，电极数目 1 个，加工深度为5 mm，最终表面粗糙度为 6 μmR_{max}左右。

试编写加工程序，要求选择合理的加工条件，每个加工条件的加工深度和平动半径。

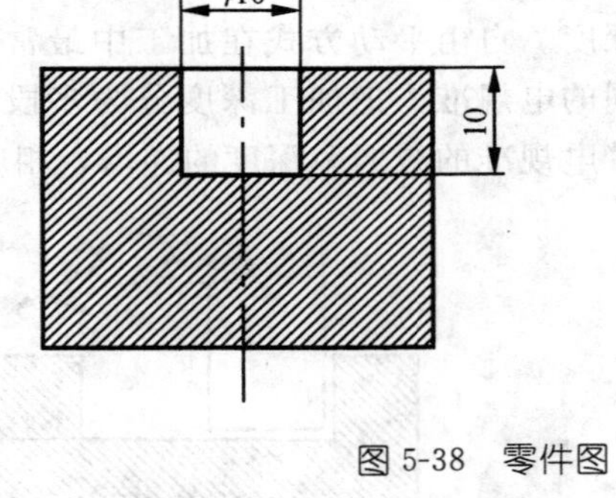

图 5-38　零件图

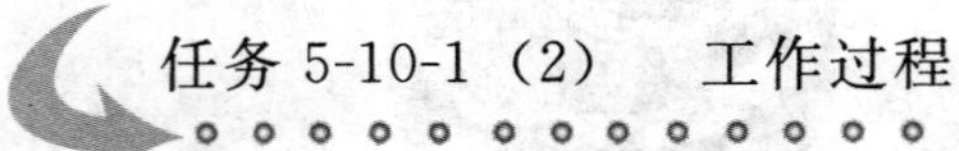

任务 5-10-1（2）　工作过程

第 1 步　阅读与该任务相关的知识。

第 2 步　选择加工条件。

1）精加工条件的选择（要考虑最终表面粗糙度、加工速度及电极损耗）

从用铜电极加工钢的条件“C1 ** --C3 ** ”中找到加工表面粗糙度为 6 μmR_{max} 的条件只有 3 个，如表 5-16 所示。

表 5-16　精加工条件的选择

条件号	表面粗糙度	加工速度	电极损耗	IP	ON	备　注
C100	6 μmR_{max}	0.5 mm^3/min	1%	1	11	加工速度慢
C300	6 μmR_{max}	0.9 mm^3/min	4%	1	5	ON 值小，看上去加工表面漂亮些
C310	6 μmR_{max}	0.7 mm^3/min	3%	1	8	

由于 C100 加工速度慢，故选择 C310→C300 两种条件进行精加工（用 C300 加工，表面粗糙度看上去好一些）。

2）*初次粗加工条件的选择*

初次粗加工的条件为：

① 电极单边缩放厚度（0.2 mm）≥初次粗加工放电间隙（γ）＋表面粗糙度；

② 平均加工电流≤（10A/cm^2）×电极面积＝10 A×0.96×0.96＝9.2 A；

③ 最大的平均加工电流可作为初次粗加工的电流。

从用铜电极加工钢的条件“C1 ** --C3 **”中找到可满足以上条件的有 3 个，如表 5-17所示。

表 5-17　粗次粗加工条件的选择

条 件 号	间　隙	表面粗糙度	加工速度	电极损耗	平均加工电流
C150	160 μm	36 μmR_{max}	0.5 mm^3/min	0.1%	8 A
C250	140 μm	35 μmR_{max}	0.9 mm^3/min	0.5%	7 A
C360	120 μm	35 μmR_{max}	0.7 mm^3/min	2.0%	7.5 A

由于加工量较大，必须重视电极损耗，而 C150 条件加工时电极损耗最小，故选择 C150 条件进行粗加工。

3）*粗加工条件到最后精加工条件的选择*

初次粗加工条件（C150）36 μmR_{max}→第二次粗加工条件 18 μmR_{max}。根据相关知识，加工条件的选择如下：

C150	→ ?	→ ?	→ C310	→ C300
IP6	IP3	IP2	IP1	IP1
36 μmR_{max}	18 μmR_{max}	12 μmR_{max}	6 μmR_{max}	6 μmR_{max}

从用铜电极加工钢的条件“C1 ** --C3 **”中找到可满足 IP3 条件的有 3 个，如表 5-18 所示。

表 5-18　粗加工条件到最后精加工条件的选择（1）

条 件 号	表面粗糙度	加 工 速 度	电 极 损 耗
C120	17 μmR_{max}	5.6 mm^3/min	0.7%
C220	17 μmR_{max}	8.0 mm^3/min	1.0%
C320	17 μmR_{max}	5.9 mm^3/min	2.0%

由于中加工必须重视加工速度，而用 C220 条件加工时的加工速度较高，故选择 C220 条件作为进行粗加工的第二条件。

从用铜电极加工钢的条件“C1 ** --C3 **”中找到可满足 IP3 条件的有 3 个，如表 5-19所示。

表 5-19　粗加工条件到最后精加工条件的选择（2）

条件号	表面粗糙度	加工速度	电极损耗
C110	12 μmR_{max}	2.6 mm^3/min	0.8%
C210	13 μmR_{max}	3.2 mm^3/min	1.7%
C310	11 μmR_{max}	2.8 mm^3/min	2.0%

原理同上，选择 C210 条件作为进行粗加工的第三条件。

最终条件选择如下：

C150 → C220 → C210 → C310 → C300

第 3 步　计算 Z 方向加工深度、每次加工条件的摇动距离 STEP

加工条件、间隙、加工深度、平动半径综合列表如表 5-20 所示。

表 5-20　加工条件、间隙、加工深度、平动半径综合列表

条件号	IP	表面粗糙度 /μmR_{max}	间隙			Z 方向靠近距离	Z 方向加工深度	对侧面靠近距离	对侧面靠近距离	STEP
			α	β	γ					
C150	6	36	80	120	160	A1	Z1	B1	S1	
C220	3	17	35	80	100	A2	Z2	B2	S2	
C210	2	13	30	70	90	A3	Z3	B3	S3	
C310	1	6	20	45	60	A4	Z4	B4	S4	
C300	1	6	20	40	60	A5	Z5	B5	S5	

根据公式“实际使用的靠近距离＝（粗间隙＋粗粗糙）－精间隙＋精粗糙”，并参照表 5-22 中一般的自由平动的加工放电间隙的选用原则，可得：

A1＝（C150 间隙 β＋ C150 粗糙）－（C220 间隙 α＋ C220 间隙 β）/2＋ C220 粗糙＝116

A2＝((C220 间隙 α＋C220 间隙 β)/2＋ C220 粗糙)

－（C210 间隙 α＋ C210 间隙 β）/2＋ C210 粗糙＝38

A3＝((C210 间隙 α＋C210 间隙 β）/2＋ C210 粗糙)

－（C310 间隙 α＋ C310 间隙 β）/2＋ C310 粗糙＝37

A4＝((C310 间隙 α＋C310 间隙 β）/2＋ C310 粗糙)

－（C300 间隙 α＋ C300 间隙 β）/2＋ C300 粗糙＝15

A5＝（C300 间隙 α＋C300 间隙 β）/2＋ C300 粗糙＝36

根据公式：

“加工深度 1＝靠近距离 1＋靠近距离 2＋靠近距离 3＋靠近距离 4＋靠近距离 5；

加工深度 2＝靠近距离 2＋靠近距离 3＋靠近距离 4＋靠近距离 5；

加工深度 3＝靠近距离 3＋靠近距离 4＋靠近距离 5；

加工深度 4＝靠近距离 4＋靠近距离 5；

加工深度 5＝靠近距离 5”

可得：

Z1＝116＋38＋37＋15＋36＝242

Z2＝38＋37＋15＋36＝126

Z3＝37＋15＋36＝88

Z4＝15＋36＝51

Z5＝36

根据公式“对侧面靠近距离＝对 Z 方向靠近距离×0.7～0.8”，同理可计算出：

B1＝0.8＊A1＝93

B2＝0.8＊A2＝30

B3＝0.8＊A3＝30

B4＝0.8＊A4＝12

B5＝0.8＊A5＝29

根据公式：

“摇动靠近距离 S1＝摇动距离 1＋摇动距离 2＋摇动距离 3＋摇动距离 4＋摇动距离 5；

摇动靠近距离 S2＝摇动距离 2＋摇动距离 3＋摇动距离 4＋摇动距离 5；

摇动靠近距离 S3＝摇动距离 3＋摇动距离 4＋摇动距离 5；

摇动靠近距离 S4＝摇动距离 4＋摇动距离 5；

摇动靠近距离 S5＝摇动距离 5”

可得：

S1＝B1＋B2＋B3＋B4＋B5＝194

S2＝B2＋B3＋B4＋B5＝101

S3＝B3＋B4＋B5＝71

S4＝B4＋B5＝41

S5＝B5＝29

根据公式“STEP＝电极收缩厚度－摇动靠近距离”，可得电极在每个加工条件时的平动半径为：

STEP1＝200－194＝6；　STEP2＝200－101＝99；　STEP3＝200－71＝129；

STEP4＝200－41＝159；　STEP5＝200－29＝171

最终加工条件、间隙、加工深度、平动半径等综合列表如表 5-21 所示。

表 5-21　最终加工条件、间隙、加工深度、平动半径等综合列表

条件号	IP	表面粗糙度 /$\mu m R_{max}$	间隙			Z 方向靠近距离	Z 方向加工深度	对侧面靠近距离	STEP
			α	β	γ				
C150	6	36	80	120	160	116	242	194	6
C220	3	17	35	80	100	38	126	101	99
C210	2	13	30	70	90	37	88	71	129
C310	1	6	20	45	60	15	51	41	159
C300	1	6	20	40	60	36	36	29	171

第 4 步　加工程序如下。

```
T84;                        开冷却液
G90;                        绝对坐标系
G30 Z+;                     抬刀方向为Z+
H970=5.0;                   加工深度为5 mm
H980=1.0;                   停止位置为Z轴1 mm处
G00 Z0+H980;                主轴快速移至Z轴1 mm处
M98 P0150;                  调用P0150子程序，第一个加工条件C150的加工
M98 P0220;                  调用P0220子程序，第二个加工条件C220的加工
M98 P0210;                  调用P0210子程序，第三个加工条件C210的加工
M98 P0310;                  调用P0310子程序，第四个加工条件C310的加工
M98 P0300;                  调用P0300子程序，第五个加工条件C300的加工
T85;                        关冷却液
M02;                        程序结束
;
N0150;                      子程序的顺序号是N0150
G00 Z+0.5;                  主轴快速移至Z轴0.5 mm处
C150 OBT002 STEP0006;       放电条件为C150，XOY平面内方形自由平动方式，平动
                            半径为6 μm
G01 Z+0.242-H970;           加工深度为0.242-5 mm
M05 G00 Z0+H980;            忽视接触感知，主轴快速移至Z轴1 mm处
M99;                        子程序结束
;
N0220;                      子程序的顺序号是N0220
G00 Z+0.5;
C220 OBT002 STEP0099;       放电条件为C220，XOY平面内方形自由平动方式，平动
                            半径为99 μm
G01 Z+0.126-H970;           加工深度为0.126-5 mm
M05 G00 Z0+H980;
M99;
;
N0210;                      子程序的顺序号是N0210
G00 Z+0.5;
C210 OBT002 STEP0129;       放电条件为C210，XOY平面内方形自由平动方式，平动
                            半径为129 μm
G01 Z+0.088-H970;           加工深度为0.088-5 mm
M05 G00 Z0+H980;
```

```
M99;
;
N0310;                      子程序的顺序号是 N0310
G00 Z+0.5;
C310 OBT002 STEP0159;       放电条件为 C310，XOY 平面内方形自由平动方式，平动
                            半径为 159 μm
G01 Z+0.051-H970;           加工深度为 0.051-5 mm
M05 G00 Z0+H980;
M99;
;
N0300;                      子程序的顺序号是 N0300
G00 Z+0.5;
C300 OBT002 STEP0171;       放电条件为 C310，XOY 平面内方形自由平动方式，平动
                            半径为 171 μm
G01 Z+0.036-H970;           加工深度为 0.036-5 mm
M05 G00 Z0+H980;
M99;
```

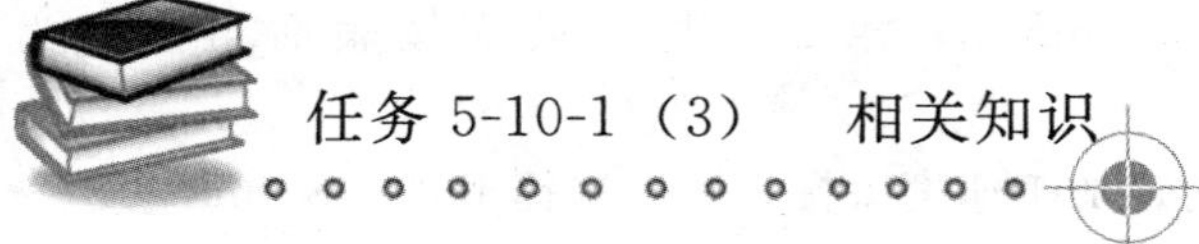

1. 电火花加工的放电间隙

如图 5-39 所示，电极出口侧宽度为 α，入口侧宽度为 β，最大宽度为 γ。

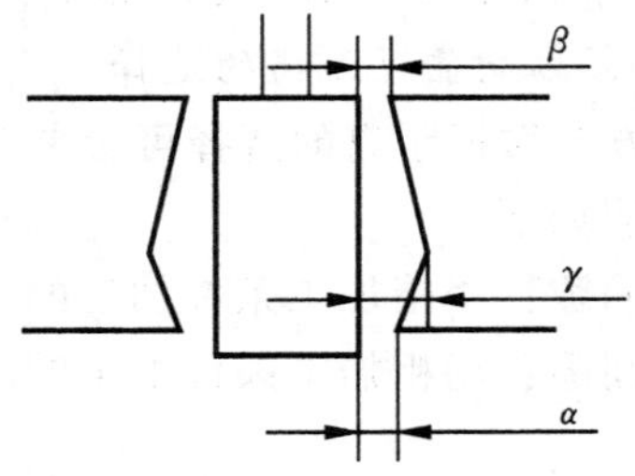

图 5-39　放电间隙示意图

放电间隙的选择可参考表 5-22 所列的数据。

表 5-22　放电间隙的选择

加工前状态	粗加工至第二个条件放电间隙	第二个条件以后的放电间隙	应　用　例
难以排除加工屑的加工	γ	β	深度大的加工
一般自由平动的加工	β	$(\alpha+\beta)/2$	深度为 5～10 mm 左右的加工
难以排除加工屑的加工	β	α	轮廓加工三轴加工

2. 电火花加工条件的选择

1）选择加工条件要考虑的因素

选择加工条件要考虑的因素包括加工速度、表面粗糙度、电极消耗比以及放电间隙等因素。值得说明的是，要注意电极消耗比及电极消耗值的区别。另外，如果选择表面粗糙度为1/2的条件，就会使加工速度降低到1/5以下。

2）最后精加工条件的选择

最后精加工条件应选择满足技术要求的表面粗糙度。

3）初次粗加工条件的选择

初次粗加工条件主要应满足以下三个条件：

① 电极单边缩放量≥初次粗加工放电间隙量＋表面粗糙度；

② 平均加工电流≤10 A/cm²，取峰值电流较小的情况；

③ 放电间隙＝最大放电间隙。

值得注意的是，当放电面积发生变化时，加工速度与电极消耗比也会随之变化；

用较大的电流加工时，容易产生过电流和电弧现象（在电极表面形成皱折）。

4）从初次粗加工到精加工条件的选择

从初次粗加工到精加工，后一次加工条件的选择应按前一次表面粗糙度折半递减的原则进行。

例如，初次加工的表面粗糙度为50 μmR_{max}，第二次加工就应按表面粗糙度为25 μmR_{max}选择加工条件，依此类推。

值得说明的是，IP3以下的条件加工时，加工速度太慢，所以选择IP3（18 μmR_{max}）→IP2（12 μmR_{max}）→IP1（6 μmR_{max}）的加工条件，加工速度就会快一些。

5）*Z*方向靠近距离的选择

*Z*方向靠近距离的选择可参考图5-40、图5-41所示进行计算。其中的相关概念和计算方法说明如下。

精间隙：用精加工条件加工的放电间隙。

粗间隙：用粗加工条件加工的放电间隙。

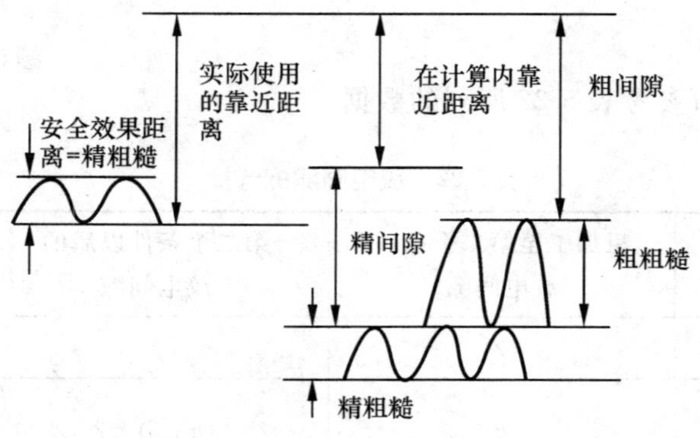

图5-40 靠近距离说明图

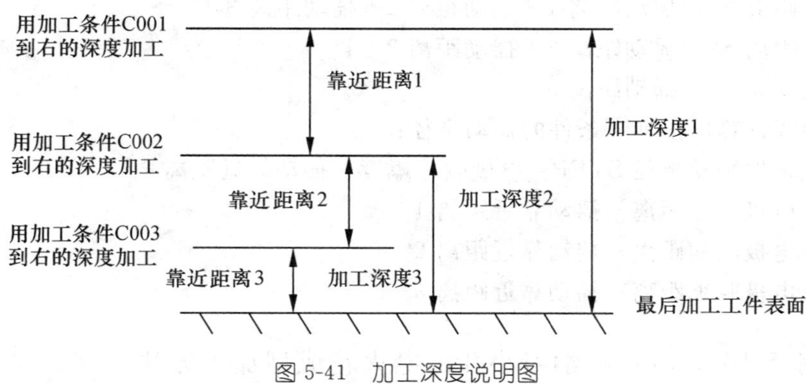

图 5-41　加工深度说明图

精粗糙：精加工后的工件表面粗糙度。

粗粗糙：粗加工后的工件表面粗糙度。

在计算内靠近距离：在计算内使用的要靠近的移动距离

实际使用的靠近距离：实际使用的要靠近的移动距离

在计算内靠近距离＝（粗间隙＋粗粗糙）－精间隙

实际使用的靠近距离＝（粗间隙＋粗粗糙）－精间隙＋精粗糙

加工深度 1＝靠近距离 1＋靠近距离 2＋靠近距离 3

加工深度 2＝靠近距离 2＋靠近距离 3

加工深度 3＝靠近距离 3

6）侧面靠近距离及每个加工条件平动半径的选择

由于电火花加工侧面的表面粗糙度较底面小一些，所以侧面加工的靠近距离为 Z 方向的靠近距离的 70％～80％左右，即：

对侧面靠近距离＝对 Z 方向靠近距离×（0.7～0.8）

摇动靠近距离、平动半径等相关概念在图 5-42 中进行了标示。

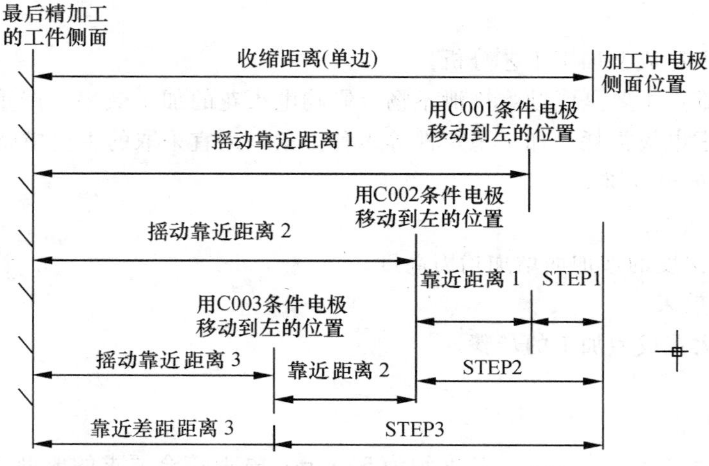

图 5-42　摇动靠近距离和平动半径说明图

摇动靠近距离 S1＝摇动距离 1＋摇动距离 2＋摇动距离 3

摇动靠近距离 S2＝摇动距离 2＋摇动距离 3

摇动靠近距离 S3＝摇动距离 3

用靠近距离计算出按加工条件的摇动半径：

每个加工条件平动半径 STEP＝电极收缩厚度－摇动靠近距离

STEP1＝电极收缩距离－摇动靠近距离 1

STEP2＝电极收缩距离－摇动靠近距离 2

STEP3＝电极收缩距离－摇动靠近距离 3

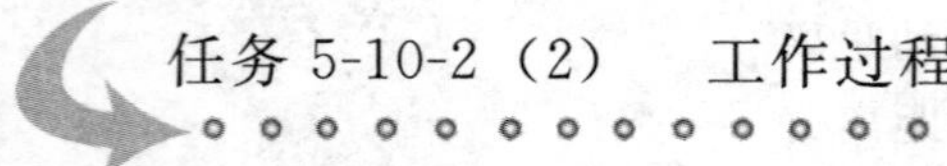

任务 5-10-2（1） 学习小孔的电火花成型加工方法

如图 5-43 所示为小孔零件图，材料为 45 钢，试用数控电火花成型机床完成其加工。

任务 5-10-2（2） 工作过程

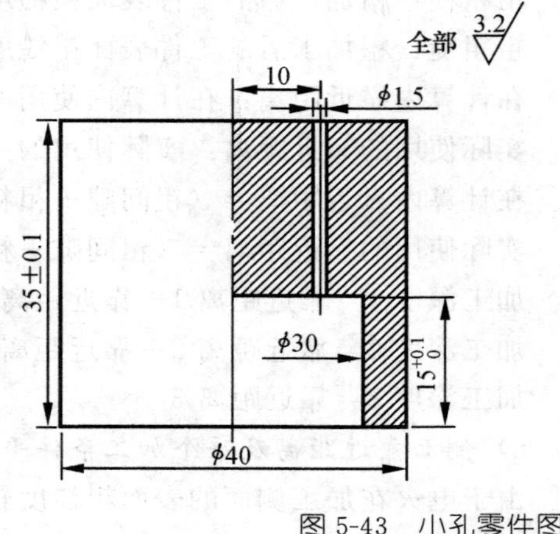

图 5-43 小孔零件图

第 1 步 分析零件图样，确定加工路线。

根据图 5-57 所示：小孔深 20 mm，直径仅为 1.5 mm，故适宜用电火花成型机床加工。加工工艺路线如下。

① 下料：在锯床上下 ϕ45 mm 的圆棒料。

② 车削：用车床把棒料车至图样要求，即 ϕ40 mm，高 35 mm；车 ϕ30 mm 内孔，孔深为 15 mm。

③ 热处理：淬火硬度 85～180 HB。

④ 电火花加工：加工小孔尺寸至图样要求。

⑤ 检验。

第 2 步 电火花成型加工工艺分析。

小孔加工的难点主要是电蚀物排泄不畅，影响电火花的加工效率，严重时甚至无法进行加工。综合考虑电极损耗、加工稳定性等多种因素，适宜采取的主要措施有如下几点。

① 选择合适的电规准。

② 采用平动加工。

③ 随着加工深度的增加而增加抬刀高度。

④ 增强冲油效果。

第 3 步 电火花成型加工的步骤。

① 电极准备。

电极材料：紫铜。

电极规格：面尺寸为 ϕ1 mm，长度约为 55 mm；选取符合要求的成型线材（或拔丝成型）。

② 电极安装。

把电极牢固地装夹在主轴的电极夹具上，并使电极轴线与主轴进给轴线一致，保证电极与工件的垂直和相对位置正确。将电极与夹具的安装面擦洗干净，保证接触面导电性良好。

③ 工件安装。

用磁力吸盘直接将工件固定在电火花机床上。首先用机床自动找中心的功能将 X、Y 方向坐标原点定在工件的中心。找正后将电极移到所要加工的位置（$X=10$ mm，$Y=0.0$ mm），缓慢向下移动电极，用手辅助引导电极插入工装的导向孔中。尽管电极的垂直度不好，调整 X、Y 坐标原点也有误差，但通过工装导向孔的引导，所加工的位置是准确的。利用机床接触感知功能，将 Z 方向的坐标原点定在工件的上表面。

④ 工艺数据。

停止位置为 1.00 mm，加工轴向为 $Z-$，材料组合为铜-钢，工艺选择为低损耗，加工深度为 20.20 mm，电极收缩厚度为 0.5 mm，粗糙度为 3.2 μm，投影面积为 1 cm^2，平动方式为打开，型腔坐标为 $X=10.0$ mm、$Y=0.0$ mm。

第 4 步　编制数控电火花加工程序，程序如下。

N0010 T84；	启动电解液泵
N0020 G90；	使用绝对坐标
N0030 G30Z+；	按 Z 轴正方向抬刀
N0040 G17	XOY 平面加工
N0050 H970=20.200；	加工深度
N0060 H980=1.000；	停止位置
N0070 G00Z0+H980；	快速移动到 $Z=1$ mm 处
N0080 G00X10.000；	快速移动到 $X=10.0$ mm 处
N0090 G00Y0.000；	快速移动到 $Y=0.0$ mm 处
N0100 M98P0200；	调用 200 号子程序
N0110 G00X10.000；	快速移动到 $X=10.0$ mm 处
N0120 G00Y0.00；	快速移动到 $Y=0.0$ mm 处
N0130 M98P0300；	调用 300 号子程序
N0140 G00X10.000；	快速移动到 $X=10.0$ mm 处
N0150 G00Y0.000；	快速移动到 $Y=0.0$ mm 处
N0160 M98P0400；	调用 400 号子程序
N0170 T85M02；	关闭电解液泵，程序结束
；	；
O0200；	200 号子程序

续表

N0210 G00Z+0.500；	快速移动到 $Z=0.5$ mm 处
N0220 C200OBT001STEP0110；	按 200 号条件进行圆形自由平动加工，平动半径=0.11 mm
N0230 G01Z+0.140−H970；	加工到 $Z=-20.06$ mm 处
N0240 M05G00Z0+H980；	忽略接触感知，快速移到 $Z=1$ mm 处
N0250 M99；	子程序结束
；	；
O0300；	300 号子程序
N0310 G00Z+0.500；	快速移动到 $Z=0.5$ mm 处
N0320 C300OBT001STEP0174；	按 300 号条件进行圆形自由平动加工，平动半径=0.174 mm
N0330 G01Z+0.095−H970；	加工到 $Z=-20.105$ mm 处
N0340 M05G00Z0+H980；	忽略接触感知，快速移到 $Z=1$ mm 处
N0350 M99；	子程序结束
；	；
O0400；	400 号子程序
N0410 G00Z+0.500；	快速移动到 $Z=0.5$ mm 处
N0420 C400OBT001STEP0215；	按 400 号条件进行圆形自由平动加工，平动半径=0.215 mm
N0430 G01Z+0.035−H970；	加工到 $Z=-20.165$ mm 处
N0440 M05G00Z0+H980；	忽略接触感知，快速移到 $Z=1$ mm 处
N0450 M99；	子程序结束

第 5 步　检验。

小孔的尺寸用通、止规检测，位置用一个标准的芯棒插入孔中进行测量。

任务 5-10-2（3）　思考与交流

① 如何在机床主轴上装夹细长电极？

② 如何保证装夹在主轴上的细长电极与工件的垂直度符合要求？

操作规程和日常保养

【教学重点】

· 线切割安全操作规程

· 线切割日常保养知识

· 电火花机床的安全操作规程及机床保养

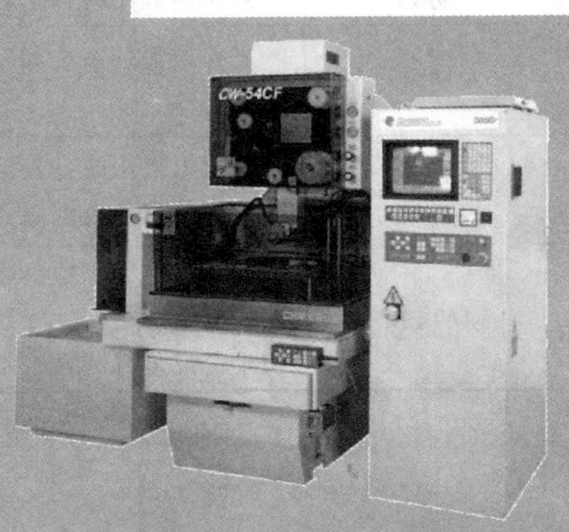

附录 1　线切割安全操作规程

序　号	操作规程说明
1	开机前应做全面检查，无误后方可进行操作
2	按规定的操作顺序操作，防止造成意外断丝、超范围切割等现象发生
3	用摇柄操作丝筒后，应及时把摇柄拔出，以防丝筒转动将摇柄甩出伤人，换下的丝应放在指定的容器内，防止混入电气柜内或运丝机构中
4	防止因丝筒惯性造成的断丝及传动件的碰撞，因此停机时要在丝筒刚换向完时，按下停止按钮
5	切割工件前，应确认装夹位置是否合适，防止碰撞丝架及因超行程撞坏丝杠和螺母，对于无超行程限位的工作台，要防止坠落事故发生
6	禁止用湿手按开关或接触器部分，防止冷却液进入机床电气柜内，一旦发生事故应立即切断电源，用灭火器把火扑灭，严禁用水灭火
7	运丝时，人不要站在 X 轴手轮位置和丝筒的正后方，以防止突然断丝伤人及污水飞溅
8	非专业人员不得随意打开机床电气柜前后箱门，以防发生危险
9	高频电源开启时，不允许同时接触工件和电极丝，以免发生触电危险
10	因机床工作时会产生火花放电，故机床不得在易燃易爆危险区域使用

附录 2　线切割机床日常保养知识

线切割机床日常保养表

序　号	保养项目	保养内容
1	清洁	机床应保持清洁，飞溅出来的工作液应及时擦掉。停机后应将工作台面上的蚀出物清理干净，特别是导轮及导电块部位，应该常用煤油清洗干净，以使其保持良好的工作状态
2	防锈	停机达 8 小时以上时，除应将机床擦净外，加工区域的部分应涂油防护
3	防堵	工作液循环系统如发现堵塞应及时疏通，特别要防止工作液渗入机床内造成短路
4	防超电压	当供电电压超过额定电压 10%时，应停机。如供电电压长期处于这种状态，应使用稳压电源
5	防磨损	加工前应仔细检查导轮及排丝轮的“V”形槽的磨损情况，如出现严重磨损应及时更换。安装导轮时，精密轴承要轻轻地静压在导轮轴承座内，切不可反复拆装，否则会破坏装配精度

续表

序 号	保养项目	保养内容
6	工作液保养	工作液要经常更换，一般使用60小时左右更换一次，否则会影响加工效果
7	清除断丝	在加工中，要清除断丝，更换新丝
8	防止导电块磨损	经常检查电极丝和导电块是否接触良好，如导电块磨损严重，应及时更换，否则会影响加工稳定性及加工效率
9	故障处理	在工作中，如发现有故障，应迅速停机检查进行修理

线切割机床定期保养表

<table>
<tr><th>序 号</th><th colspan="3">润滑部位</th><th>加油时间</th><th>加油方法</th><th>润滑油种类</th></tr>
<tr><td>1</td><td rowspan="4">工作台部位</td><td rowspan="2">滚珠丝杠</td><td>横向</td><td rowspan="4">每周1次</td><td rowspan="4">油枪</td><td rowspan="4">20＃机油</td></tr>
<tr><td>2</td><td>纵向</td></tr>
<tr><td>3</td><td rowspan="2">机床导轨</td><td>横向</td></tr>
<tr><td>4</td><td>纵向</td></tr>
<tr><td>5</td><td rowspan="2">运丝部件</td><td colspan="2">丝杠及螺母</td><td rowspan="2">每班1次
（8小时）</td><td rowspan="2">油枪</td><td rowspan="2">20＃机油</td></tr>
<tr><td>6</td><td colspan="2">拖板导轨</td></tr>
<tr><td>7</td><td colspan="3">导轮轴承</td><td>每班1～2次</td><td>油枪</td><td>20＃机油</td></tr>
<tr><td>8</td><td colspan="3">其他滚动轴承</td><td>每月1次</td><td>油枪</td><td>20＃机油</td></tr>
<tr><td>9</td><td colspan="3">电机轴承</td><td colspan="3">按电机规定</td></tr>
</table>

附录3 电火花机床的安全操作规程及机床保养

电火花机床的基本安全操作规程

序 号	操作规程说明
1	熟悉机床的结构、原理、性能及用途等方面的知识，按照工艺规程做好加工前的一切准备工作，严格检查工具电极与工件电极是否都已校正和固定好
2	调节好工具电极与工件电极之间的距离，锁紧工作台面，启动油泵，使工作液高于工件加工表面至少5 mm的距离后，才能启动脉冲电源进行加工
3	工具电极的装夹与校正，必须保证工具电极进给加工方向垂直于工作台面
4	操作中要注意检查工作液系统过滤器的滤芯，如果出现堵塞要及时更换，以确保工作液能自动保持一定的清洁度
5	在加工过程中，工作液的循环方法根据加工方式可采用冲油或浸油，以免失火。对于采用易燃类型的工作液，使用中要注意防火

续表

序　号	操作规程说明
6	机床运行时，不要把身体靠在机床上，不要把工具和量具放在移动的工件或部件上
7	中途停机时，应先使控制电流到最小值，待主轴回升原位，再将调压器退至零位，再切断电源
8	停机时，应先停脉冲电源，之后停工作液。加工中发生紧急事故时，可按紧急停止按钮来停止机床的运行
9	高频开启时，不允许同时接触工件和工具电极，以免发生触电危险
10	做到文明生产，加工操作结束后，必须打扫干净工作场地、擦拭干净机床，并且切断系统电源后才能离开

图书在版编目(CIP)数据

电加工项目教程/韩喜峰　主编．—武汉：华中科技大学出版社，2009年6月
ISBN 978-7-5609-5377-9

Ⅰ．电…　Ⅱ．韩…　Ⅲ．电火花加工-专业学校-教材　Ⅳ．TG661

中国版本图书馆CIP数据核字(2009)第080622号

电加工项目教程　　韩喜峰　主编

策划编辑：孙基寿
责任编辑：孙基寿　　封面设计：耀午书装
责任校对：朱　霞　　责任监印：周治超

出版发行：华中科技大学出版社(中国·武汉)
武昌喻家山　邮编：430074　电话：(027)87557437

录　排：武汉众心图文激光照排中心
印　刷：武汉鑫昶文化有限公司

开本：787 mm×1092 mm　1/16　印张：13　字数：300 000
版次：2009年6月第1版　印次：2017年1月第3次印刷　定价：21.80元
ISBN 978-7-5609-5377-9/TG·102